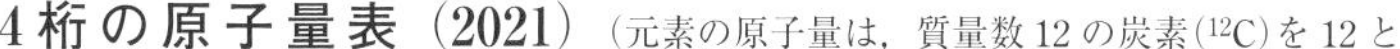

4桁の原子量表（2021）（元素の原子量は，質量数12の炭素(^{12}C)を12とし

元素名		元素記号	原子番号	原子量
アインスタイニウム	einsteinium	Es	99	(252)
亜　鉛	zinc	Zn	30	65.38*
アクチニウム	actinium	Ac	89	(227)
アスタチン	astatine	At	85	(210)
アメリシウム	americium	Am	95	(243)
アルゴン	argon	Ar	18	39.95
アルミニウム	alumin(i)um	Al	13	26.98
アンチモン	antimony	Sb	51	121.8
硫　黄	sulfur	S	16	32.07
イッテルビウム	ytterbium	Yb	70	173.0
イットリウム	yttrium	Y	39	88.91
イリジウム	iridium	Ir	77	192.2
インジウム	indium	In	49	114.8
ウラン	uranium	U	92	238.0
エルビウム	erbium	Er	68	167.3
塩　素	chlorine	Cl	17	35.45
オガネソン	oganesson	Og	118	(294)
オスミウム	osmium	Os	76	190.2
カドミウム	cadmium	Cd	48	112.4
ガドリニウム	gadolinium	Gd	64	157.3
カリウム	potassium	K	19	39.10
ガリウム	gallium	Ga	31	69.72
カリホルニウム	californium	Cf	98	(252)
カルシウム	calcium	Ca	20	40.08
キセノン	xenon	Xe	54	131.3
キュリウム	curium	Cm	96	(247)
金	gold	Au	79	197.0
銀	silver	Ag	47	107.9
クリプトン	krypton	Kr	36	83.80
クロム	chromium	Cr	24	52.00
ケイ素	silicon	Si	14	28.09
ゲルマニウム	germanium	Ge	32	72.63
コバルト	cobalt	Co	27	58.93
コペルニシウム	copernicium	Cn	112	(285)
サマリウム	samarium	Sm	62	150.4
酸　素	oxygen	O	8	16.00
ジスプロシウム	dysprosium	Dy	66	162.5
シーボーギウム	seaborgium	Sg	106	(271)
臭　素	bromine	Br	35	79.90
ジルコニウム	zirconium	Zr	40	91.22
水　銀	mercury	Hg	80	200.6
水　素	hydrogen	H	1	1.008
スカンジウム	scandium	Sc	21	44.96
スズ	tin	Sn	50	118.7
ストロンチウム	strontium	Sr	38	87.62
セシウム	caesium(cesium)	Cs	55	132.9
セリウム	cerium	Ce	58	140.1
セレン	selenium	Se	34	78.97
ダームスタチウム	darmstadtium	Ds	110	(281)
タリウム	thallium	Tl	81	204.4
タングステン	tungsten(wolfram)	W	74	183.8
炭　素	carbon	C	6	12.01
タンタル	tantalum	Ta	73	180.9
チタン	titanium	Ti	22	47.87
窒　素	nitrogen	N	7	14.01
ツリウム	thulium	Tm	69	168.9
テクネチウム	technetium	Tc	43	(99)
鉄	iron	Fe	26	55.85
テネシン	tennessine	Ts	117	(293)
テルビウム	terbium	Tb	65	158.9
テルル	tellurium	Te	52	127.6
銅	copper	Cu	29	63.55
ドブニウム	dubnium	Db	105	(268)
トリウム	thorium	Th	90	232.0
ナトリウム	sodium	Na	11	22.99
鉛	lead	Pb	82	207.2
ニオブ	niobium	Nb	41	92.91
ニッケル	nickel	Ni	28	58.69
ニホニウム	nihonium	Nh	113	(278)
ネオジム	neodymium	Nd	60	144.2
ネオン	neon	Ne	10	20.18
ネプツニウム	neptunium	Np	93	(237)
ノーベリウム	nobelium	No	102	(259)
バークリウム	berkelium	Bk	97	(247)
白　金	platinum	Pt	78	195.1
ハッシウム	hassium	Hs	108	(277)
バナジウム	vanadium	V	23	50.94
ハフニウム	hafnium	Hf	72	178.5
パラジウム	palladium	Pd	46	106.4
バリウム	barium	Ba	56	137.3
ビスマス	bismuth	Bi	83	209.0
ヒ　素	arsenic	As	33	74.92
フェルミウム	fermium	Fm	100	(257)
フッ素	fluorine	F	9	19.00
プラセオジム	praseodymium	Pr	59	140.9
フランシウム	francium	Fr	87	(223)
プルトニウム	plutonium	Pu	94	(239)
フレロビウム	flerovium	Fl	114	(289)
プロトアクチニウム	protactinium	Pa	91	231.0
プロメチウム	promethium	Pm	61	(145)
ヘリウム	helium	He	2	4.003
ベリリウム	beryllium	Be	4	9.012
ホウ素	boron	B	5	10.81
ボーリウム	bohrium	Bh	107	(272)
ホルミウム	holmium	Ho	67	164.9
ポロニウム	polonium	Po	84	(210)
マイトネリウム	meitnerium	Mt	109	(276)
マグネシウム	magnesium	Mg	12	24.31
マンガン	manganese	Mn	25	54.94
メンデレビウム	mendelevium	Md	101	(258)
モスコビウム	moscovium	Mc	115	(289)
モリブデン	molybdenum	Mo	42	95.95
ユウロピウム	europium	Eu	63	152.0
ヨウ素	iodine	I	53	126.9
ラザホージウム	rutherfordium	Rf	104	(267)
ラジウム	radium	Ra	88	(226)
ラドン	radon	Rn	86	(222)
ランタン	lanthanum	La	57	138.9
リチウム	lithium	Li	3	6.941†
リバモリウム	livermorium	Lv	116	(293)
リン	phosphorus	P	15	30.97
ルテチウム	lutetium	Lu	71	175.0
ルテニウム	ruthenium	Ru	44	101.1
ルビジウム	rubidium	Rb	37	85.47
レニウム	rhenium	Re	75	186.2
レントゲニウム	roentgenium	Rg	111	(280)
ロジウム	rhodium	Rh	45	102.9
ローレンシウム	lawrencium	Lr	103	(262)

本表は，実用上の便宜を考えて，国際純正・応用化学連合（IUPAC）で承認された最新の原子量に基づき，日本化学会原子量専門委員会が独自に作成した表を改変したものである．本来，同位体存在度の不確定さは，自然に，あるいは人為的に起こりうる変動や実験誤差のために，元素ごとに異なる．したがって，個々の原子量の値は，正確度が保証された有効数字の桁数が大きく異なる．本表の原子量を引用する際には，このことに注意を喚起することが望ましい．なお，本表の原子量の信頼性は有効数字の4桁目で±1以内である．また，安定同位体がなく，天然で特定の同位体組成を示さない元素については，その元素の放射性同位体の質量数の一例を（　）内に示した．したがって，その値を原子量として扱うことはできない．＊ 亜鉛に関しては原子量の信頼性は有効数字4桁目で±2である．† 市販品中のリチウム化合物の原子量は6.938から6.997の幅をもつ．

スミス 基礎生化学

Janice Gorzynski Smith 著

村 田 滋 訳

東京化学同人

家族に捧ぐ

General, Organic, and Biological
CHEMISTRY
Fourth Edition

Janice Gorzynski Smith

訳者まえがき

本書は，米国ハワイ大学のJanice Gorzynski Smithによる“General, Organic, & Biological Chemistry”第4版のうち，Biological Chemistryにあたる19～24章の邦訳である．著者のSmithは，ハーバード大学においてノーベル化学賞受賞者のE. J. Coreyのもとで博士号を取得した有機化学者である．マウント・ホリヨーク大学とハワイ大学において化学の教師として40年を超える経歴をもち，“Organic Chemistry”（邦訳『スミス有機化学』）の著者として有名である．彼女の“Organic Chemistry”は効果的な図版と簡潔な解説によりとてもわかりやすいとの定評があり，現在も版を重ねている．彼女は教科書を執筆する際には“student-friendly”であることを信条としており，本書の原著“General, Organic, & Biological Chemistry”もそれが十分に発揮された内容になっている．

欧米では，化学を専門とはしないものの，化学的な知識が必要な職業につく学生を対象として，General, Organic, & Biological Chemistryという表題の教科書がいくつか出版されている．内容は，日本でも多数の訳書があるGeneral Chemistryよりも平易であり，化学の基本概念から有機化学と生化学の基礎的な内容まで，1年間で学ぶことができる教科書となっている．邦訳はほとんどないが，日本でも医学系，薬学系，農学系の大学生，あるいは医療，看護，栄養，食品などにかかわる大学生や専門学校の学生が，将来の職業に必要な化学の知識を身につけるための教科書として適しているものと思う．本書は，Smithによる原著を日本の学校で使用しやすいように，「基礎化学」,「有機化学」,「生化学」の3分冊に分割したうちの一冊である．

本書を構成する6章のうち，最初の4章では生体を構成する物質の性質を扱い，後の2章では生体における代謝反応が説明されている．これらの内容は，生体を対象とする多くの学問の基礎であるのみならず，何よりも私たちの体内で起こっている最も身近な事象に関するものである．さらに現代では，「遺伝子組換え」や「PCR検査」といった用語が日常的に使われるようになり，生化学の基礎知識はすべての社会人にとって，必須のものとなりつつある．しかし，生化学で扱う内容が“生物”と“化学”の境界領域にあるためか，現行の高等学校の学習課程では，これらを体系的に学ぶ機会がない．このような現状において本書は，医療や食品など生体に関連する学問や職業にかかわる学生や技術者が，彼らの学問や職業に必要な生化学の基礎を学びなおすための教科書として最適の書物である．また一般の人々にとっては，本書を読むことによって，現代における生命科学に関する技術を理解するための基礎知識を得ることができるであろう．著者も述べているとおり，生体を構成する分子は基本的に有機分子である．また，前述のように著者は有機化学者であるから，本書では生体を構成する物質の性質や反応が，化学の立場から，すなわち原子・分子の視点から解説されている．このため本書は，高等学校において“生物”に含まれる内容も扱いながら，有機化学の基礎的な知識があれば十分に読むことができる．さらに本書では，写真や図を多用して，内容に関連する身近な事物や現象がいくつも紹介されている．このようなトピックスに触れながら，興味をもって生化学の基礎を学ぶことができるであろう．

体裁に関する本書の特徴として，要点が箇条書きにされ，色をつけて強調されていることがあげられる．また本文に図を挿入し，説明をその図に書き込む方法が用いられている．これらによって，本書は初学者にとってとても学びやすく，また教科書として使いやすいものとなっている．さらに，重要な事項は，問題を解くことによって理解させる工夫がなされている．「例題」には丁寧な解答がつけられており，それに付随した「練習問題」によって，例題で学んだ内容を確認できるようになっている．さらに「問題」としてやや応用的な問題があり，それを解くことによって理解を深めることができる．訳書で取上げた「練習問題」と「問題」の解答は東京化学同人のホームページに収載したので，学習の際の参考にしていただきたい．

原著の邦訳を出版するにあたり，上記のような原著の優れた特徴を維持するように心がけた．ただし，教師や学生の使いやすさ，および日本の事情を考慮して，原著におけるいくつかの重複を整理し，写真や図も部分的に割愛した．また，生化学の基礎として学ぶべき内容を明確にするために，原著では本文で説明されていたトピックスも基本的にコラムに移動させた．

生体を構成する分子は一般に多様，かつ複雑であるため，高等学校の“化学”でも，糖やタンパク質に関する学習は疎かになりがちである．しかし本書を読むと，生体を構成する分子も一般の有機分子と同様に扱うことができ，それらの化学反応によって，遺伝や代謝といった生命現象が営まれることが自然に理解できる．医療，看護，栄養，食品など生体に関連する学問や職業に従事する人々にはもちろんのこと，一般の多くの人々にも，生命現象は原子・分子のふるまいに基づいて理解できるものであることを知って欲しい．本書がその一助になれば，これ以上の喜びはない．千葉大学名誉教授の山本啓一先生には校正刷を査読していただき，数々の有意義なご指摘をいただいた．心よりお礼を申し上げたい．また，東京化学同人編集部の橋本純子氏，岩沢康宏氏，杉本夏穂子氏には，本書の企画から出版に至るまで大変お世話になった．本書の刊行をもって Smith の“General, Organic, & Biological Chemistry”第 4 版の邦訳が完成することになり，格別の思いである．ここに至ることができたのは，編集部の皆様の献身的なお仕事によるものである．心から感謝の意を表したい．

2021 年 10 月

村　田　　滋

原著者まえがき

この教科書 “General, Organic, & Biological Chemistry” 第 4 版を執筆した目的は，基礎化学，有機化学，生化学の基礎的な概念を私たちの身のまわりの世界と関係づけ，これによって日常生活の多くのできごとが，化学によってどのように説明できるかを示すことであった．執筆にあたり，次の二つの指針に従った．

- すべての化学の基礎的な概念に対して，関連する興味深い応用を用いる．
- 箇条書き，大きな挿入図，段階的な問題の解法を用いながら，学生にとってなじみやすい方法で題材を提示する．

この教科書は変わっている．それは意図的なものである．今日の学生は，学習の際にこれまでよりもずっと視覚的なイメージに頼っている．そこで本書では，化学の主要なテーマに対する学生の理解を固めるために，文章よりもダイヤグラムや挿入図を多用した．一つの重要な特徴は，私たちが日常的によく出会う現象を図示し説明するために，分子図を用いたことである．それぞれのトピックスは，少ない情報をもついくつかの内容に分割し，扱いやすく学びやすいようにした．基礎的な概念，たとえばせっけんが汚れを落とすしくみやトランス脂肪酸が食事に好ましくない理由について，学生がそれらに圧倒されることなく理解できるように，十分な詳しい説明を与えた．

この教科書は，看護学，栄養学，環境科学，食品科学，そのほかさまざまな健康に関連する職業に興味をもつ学生のために書かれたものである．本書は，化学に関する前提のない入門課程を想定したものであり，2 学期連続かあるいは 1 学期の課程に適切な内容となっている．私はこれまでの経験から，これらの課程の多くの学生が，人体とさらに大きな身のまわりの世界について新しい知識を習得するには，新しい概念は一つずつ導入し，基礎的なテーマに焦点を合わせ，また複雑な問題は小さな部分に分割することが有効であることを知っている．

教科書の製作

教科書を執筆する過程は多面的である．McGraw-Hill 社では，正確で革新的な出版物とデジタル教材を作り上げるため市場志向型の手法をとっている．それは多様な顧客による評価の繰返しと点検によって進められ，継続的な改良がなされている．この手法は，計画の初期段階から始まり，出版とともに，次の版の執筆を見越して再び開始される．この過程は，学生と指導者の両方に対して，教材の改良と刷新のための幅広い包括的な範囲のフィードバックを与えるために計画されている．具体的には，市場調査，内容の再評価，教員と学生によるグループ対話，課程および製品に特化した討論会，正確さの検査，図版の再評価などが行われる．

本書で用いる学習システム

- **文章形式**　学生が基礎化学，有機化学，生化学における主要な概念やテーマの学習に集中できるためには，文体が簡潔でなければならない．概念を説明するために日常生活から関連する題材を取上げ，またトピックスは少ない情報をもついくつかの内容に分割し，学びやすいようにした．

- **章の概要**　各章の内容の構成に関する学生の理解を助けるために，各章の冒頭に「章の概要」を掲げた．
- **マクロからミクロへの挿入図**　今日の学生は視覚的に学ぶことに慣れており，また巨視的な現象を分子の視点から見ることは，あらゆる化学の課程において化学的な理解のために重要である．このため，日常のできごとの背景にある化学に対する学生の理解を助けるために，本書の多くの挿入図には，それらの分子レベルの表記とともに，日常生活でみられる事物の写真や図を加えた．
- **問題の解法**　例題では，解答の項によって，正しい問題の解法につながる思考過程に学生を導いた．例題には練習問題が付随しており，それによって学生は，そこで学んだ内容を応用することができる．例題は章の構成に対応して，トピックスによって順に分類した．また，表題からそれぞれの例題で学ぶべき内容を知ることができる．章内には他に，例題と練習問題で学んだ考え方に基づいた問題も収載してある．
- **How To**　例題と多くの詳細な段階を用いることにより，学生は直接的で理解しやすい方法で問題を解くための重要な過程を学ぶことができる．
- **応用**　コラムや欄外図において，日常生活に対する化学の一般的な応用を取上げた．

教員や学生に対して

教員へ　　化学の教科書を執筆することは，途方もなく大きな仕事である．25 年以上にわたり，米国の私立大学の教養学部と大きな州立大学で化学を教えた経験から，私はこの教科書を執筆するための独特の考え方を得た．私は学生たちの授業に対する準備の程度が著しく異なり，また彼らの大学生活に対する期待もきわめて異なっていることを知っている．私は指導者として，あるいはいまや著者として，このようなさまざまな学生が化学という学問をもっとはっきりと理解し，そして日常的な現象に対して新しい見方ができるようなやり方へ，私の化学に対する愛情と知識を向けようと思う．

学生へ　　私は本書が，あなたが化学の世界をもっとよく理解し，そのおもしろさがわかるために役立つことを願っている．私の教師としての長い経歴における何千という学生とのかかわりは，化学に関する私の教え方や書き方に大きな影響を与えた．したがって，もし本書に関するコメントや質問があれば，遠慮なく jgsmith@hawaii.edu へメールを送ってほしい．

謝　辞

現代の化学の教科書を出版するには，著者の原稿を現実の出版物にすることができる知識をもった仕事熱心な人々からなるチームが必要である．私は，McGraw-Hill 社のこのような出版の専門家からなる献身的なチームと仕事ができたことをうれしく思っている．

特に，製作責任者の Mary Hurley と再び仕事ができたことに感謝している．彼女はタイミングよく，また高いプロ意識をもって，この仕事における日々の細かいことを管理してくれた．彼女はいつも，すべきことは何か，また版が進むとともに早くなってきたと思われる締切を守るにはどうしたらよいか，を知っていた．また，製作過程を手際よく指揮してくれた編集長の David Spurgeon 博士と，企画責任者の Sherry Kane にも感謝したい．本書と学生のための解答集の製作におけるフリーの編集者 John Murdzek の仕事にも感謝している．また私は，初版の製作に協力してくれた多くの助言者や，完成した本に見られる美しい図版の作成を指導してくれた多くの美術校閲者から多大な恩恵を受けた．

最後に，本書を出版するまでの長い過程における援助と忍耐に対して，私の家族に感謝したい．救急医療医師である夫の Dan は，本書で用いたいくつかの写真を撮影し，多くの医学的応用に関する相談相手になってくれた．私の娘の Erin は“学生のための学習の手引き/解答集（Student Study Guide/Solutions Manual）”の共著者であり，元気な息子の養育と救急医療の常勤医師として多忙ななかでそれを執筆してくれた．

査読者

次の人々が，本書の以前の版を読み，それについて意見をくれたことはとても有益であった．それは私の考えを集約し，書物の形にするために大いに役立った．

Madeline Adamczeski, *San Jose City College*
Edward Alexander, *San Diego Mesa College*
Julie Bezzerides, *Lewis-Clark State College*
John Blaha, *Columbus State Community College*
Nicholas Burgis, *Eastern Washington University*
Mitchel Cottenoir, *South Plains College*
Anne Distler, *Cuyahoga Community College*
Stacie Eldridge, *Riverside City University*
Daniel Eves, *Southern Utah University*
Fred Omega Garces, *San Diego Miramar College, SDCCD*
Bobbie Grey, *Riverside City College*
Peng Jing, *Indiana University-Fort Wayne University*
Kenneth O'Connor, *Marshall University*
Shadrick Paris, *Ohio University*
Julie Pigza, *Queensborough Community College*
Raymond Sadeghi, *The University of Texas at San Antonio*
Hussein Samha, *Southern Utah University*
Susan T. Thomas, *The University of Texas at San Antonio*
Tracy Thompson, *Alverno College*
James Zubricky, *University of Toledo*

本書のための McGraw-Hill 社の LearnSmart™ における学習目標を明確にした内容の執筆と査読に協力してくれた Vistamar School の David G. Jones に感謝したい．また，本書第 4 版に伴う補助的な出版物の著者，すなわち教員のための解答集を執筆した米国オハイオ大学の Lauren McMills，パワーポイント資料の著者であるフロリダ州立カレッジ ジャクソンビル校の Harpreet Malhotra，Test Bank を執筆したルイジアナ大学ラファイエット校の Andrea Leonard に多大な謝意を表したい．

著者について

Janice Gorzynski Smith 博士は米国ニューヨーク州スケネクタディで生まれた．ハイスクールで化学に興味をもった彼女は，コーネル大学に進学して化学を専攻し，そこで主席で教養学士の称号を得た．その後，ハーバード大学においてノーベル賞受賞者の E. J. Corey 博士の指導のもとで有機化学の博士号を取得し，さらにそこで 1 年間，米国国立科学財団の博士研究員として過ごした．Corey 研に在籍している間に，彼女は植物ホルモンであるジベレリン酸の全合成を達成した．

博士研究員として仕事をした後，Smith 博士はマウント・ホリヨーク大学の教員となり，そこで 21 年間勤務した．その間に彼女は，化学の講義と実験授業に意欲的に取組み，有機合成に関する研究プロジェクトを指揮し，また学部長を務めた．彼女の有機化学の授業は，雑誌 *Boston* による調査において，マウント・ホリヨーク大学の“必ず聴講すべき科目”の一つに選定された．1990 年代に彼女は，2 回の研究休暇をハワイの美しい自然と多様な文化のなかで過ごし，その後 2000 年に家族とともにそこへ移り住んだ．最近，彼女はハワイ大学マノア校の教員に就任し，そこで看護学生のための 1 学期間の有機化学と生化学の授業，および 2 学期間の有機化学の講義と実験授業を教えている．また彼女は，米国化学会の学生加入支部の顧問を務めている．2003 年には，教育への功績により学長表彰を受けた．

Smith 博士は，救急医療医師である夫の Dan とともにハワイに住んでいる．写真は，2016 年に夫と一緒に，パタゴニアにハイキングに行ったときのものである．彼女には 4 人の子供と 5 人の孫がいる．講義や執筆，あるいは家族と楽しく過ごすとき以外は，彼女は晴天のハワイで自転車に乗ったり，ハイキングをしたり，シュノーケルをつけた潜水やスキューバダイビングをし，時間があれば，旅行やハワイアンキルトを楽しんでいる．

目　　次

1. 脂　　質 1

1・1　序　論 1
1・2　脂肪酸 3
1・3　ろ　う 5
1・4　トリアシルグリセロール：脂肪と油 7
　1・4A　一般的な特徴 7
　1・4B　食事における脂肪と油 10
1・5　トリアシルグリセロールの加水分解 11
　1・5A　トリアシルグリセロールの代謝 12
　1・5B　セッケンの合成 14
1・6　リン脂質 15
　1・6A　グリセロリン脂質 15
　1・6B　スフィンゴリン脂質 17
1・7　細胞膜 19
　1・7A　細胞膜の構造 19
　1・7B　細胞膜を横断する輸送 21
1・8　コレステロール：最も重要なステロイド 22
1・9　ステロイドホルモン 24
1・10　脂溶性ビタミン 26
1・11　プロスタグランジンとロイコトリエン 28
　プロスタグランジン 28

2. 炭 水 化 物 31

2・1　序　論 31
2・2　単　糖 33
　2・2A　フィッシャー投影式 34
　2・2B　複数のキラル中心をもつ単糖 35
　2・2C　一般的な単糖 37
2・3　単糖の環状形 38
　2・3A　D-グルコースの環状形 39
　2・3B　ハース投影式 40
　2・3C　フルクトース（ケトヘキソース）の環状形 41
2・4　単糖の還元と酸化 43
　2・4A　ホルミル基の還元 43
　2・4B　ホルミル基の酸化 44
2・5　二　糖 46
2・6　多　糖 51
　2・6A　セルロース 51
　2・6B　デンプン 52
　2・6C　グリコーゲン 53
2・7　有用な炭水化物の誘導体 54
　2・7A　グリコサミノグリカン 54
　2・7B　キチン 55

3. アミノ酸，タンパク質，酵素 57

3・1　序　論 57
3・2　アミノ酸 58
　3・2A　アミノ酸の一般的特徴 58
　3・2B　アミノ酸の立体化学 60
3・3　アミノ酸の酸性と塩基性 61
3・4　ペプチド 63
3・5　生理学的に活性なペプチド 66
　3・5A　神経ペプチド：エンケファリンと鎮痛薬 66
　3・5B　ペプチドホルモン：オキシトシンとバソプレッシン 67
3・6　タンパク質 69
　3・6A　一次構造 69
　3・6B　二次構造 69
　3・6C　三次構造と四次構造 72
3・7　一般的なタンパク質 75
　3・7A　αケラチン 75
　3・7B　コラーゲン 75
　3・7C　ヘモグロビンとミオグロビン 76
3・8　タンパク質の加水分解と変性 78
　3・8A　タンパク質の加水分解 78
　3・8B　タンパク質の変性 79
3・9　酵素：特徴と分類 80
　3・9A　酵素の特徴 80
　3・9B　酵素の分類 81
　3・9C　酵素の命名法 84

3・10 酵素が働くしくみ …… 85
3・10A 酵素の特異性 …… 85
3・10B 酵素の活性に影響を与える因子 …… 86
3・10C アロステリック制御 …… 87
3・10D 酵素阻害剤 …… 88
3・10E 酵素前駆体 …… 89

4. 核酸とタンパク質の合成 …… 91

4・1 ヌクレオシドとヌクレオチド …… 91
4・1A ヌクレオシド: 単糖と塩基の結合 …… 92
4・1B ヌクレオチド: ヌクレオシドとリン酸基の結合 …… 94
4・2 核 酸 …… 96
4・3 DNA二重らせん …… 98
4・4 複 製 …… 101
4・5 RNA …… 103
4・6 転 写 …… 104
4・7 遺伝暗号 …… 106
4・8 翻訳とタンパク質合成 …… 107
4・9 突然変異と遺伝病 …… 110
4・10 組換えDNA …… 112
4・10A 一般的な原理 …… 113
4・10B ポリメラーゼ連鎖反応 …… 114
4・10C ヒトゲノム計画 …… 115
4・11 ウイルス …… 117

5. 代謝とエネルギーの生産 …… 119

5・1 序 論 …… 119
5・2 代謝の概要 …… 120
5・2A 段階［1］消化 …… 121
5・2B 異化の段階［2］〜段階［4］ …… 122
5・3 ATPとエネルギーの生産 …… 123
5・3A ATPの加水分解と生成の一般的特徴 …… 124
5・3B 代謝経路における共役反応 …… 125
5・3C クレアチンと運動能力 …… 128
5・4 代謝における補酵素 …… 129
5・4A 補酵素 NAD^+ と NADH …… 129
5・4B 補酵素 FAD と $FADH_2$ …… 131
5・4C 補酵素 A …… 132
5・5 クエン酸回路 …… 133
5・5A クエン酸回路の概要 …… 133
5・5B クエン酸回路の特定の段階 …… 134
5・6 電子伝達系と酸化的リン酸化 …… 137
5・6A 電子伝達系 …… 138
5・6B 酸化的リン酸化による ATP 合成 …… 139
5・6C 酸化的リン酸化から生成する ATP の収量 …… 140

6. 炭水化物，脂質，タンパク質の代謝 …… 142

6・1 序 論 …… 142
6・2 生化学的な反応の理解 …… 143
6・3 解 糖 …… 145
6・3A 解糖の段階 …… 146
6・3B 解糖の正味の結果 …… 149
6・3C 解糖と他のヘキソース …… 150
6・4 ピルビン酸の運命 …… 150
6・4A アセチル CoA への変換 …… 151
6・4B 乳酸への変換 …… 151
6・4C エタノールへの変換 …… 152
6・5 グルコースから生成する ATP の収量 …… 153
6・6 糖新生 …… 155
6・7 トリアシルグリセロールの異化 …… 156
6・7A グリセロールの異化 …… 156
6・7B β酸化による脂肪酸の異化 …… 157
6・7C 脂肪酸の異化によって生成するエネルギーの収量 …… 160
6・8 ケトン体 …… 161
6・9 アミノ酸の代謝 …… 162
6・9A アミノ酸の分解: アミノ基の代謝 …… 163
6・9B アミノ酸の分解: 炭素骨格の代謝 …… 165

掲載図出典 …… 167

索 引 …… 168

コ ラ ム

人体に注目

血液型……56
DNA指紋鑑定法……116

健康と医療に注目

血清コレステロール……22
デザイナーステロイド……25
非ステロイド性抗炎症薬……29
気管支喘息とロイコトリエン……30
グルコース濃度の測定……46
乳糖不耐症……47
人工甘味料……49
母乳のオリゴ糖……50
インスリンのアミノ酸配列……74
酵素を用いる病気の診断と治療……90
ヒト免疫不全ウイルス……118
シアン化水素……141
解糖とがん細胞……149
乳酸の影響……152
飲料と食料品における発酵……153
炭水化物抜きダイエット……162

環境に注目

クモの糸……71

How To

鎖状アルドヘキソースからハース投影式を書く方法……40
二つのアミノ酸からジペプチドを書く……65
ポリメラーゼ連鎖反応を用いてDNA試料を増幅させる方法……115
脂肪酸から生成するATP分子数を決定する方法……160

1 脂　質

1・1　序　論
1・2　脂肪酸
1・3　ろ　う
1・4　トリアシルグリセロール：脂肪と油
1・5　トリアシルグリセロールの加水分解
1・6　リン脂質
1・7　細胞膜
1・8　コレステロール：最も重要なステロイド
1・9　ステロイドホルモン
1・10　脂溶性ビタミン
1・11　プロスタグランジンとロイコトリエン

写真のような農園のヤシから得られる油は，飽和脂肪酸の含有量が高い．飽和脂肪酸は，心臓疾患の危険性を増大させると考えられている．

1章から四つの章にわたり**生体分子**，すなわち生体内にみられる有機分子の化学を扱う．本章で取上げる脂質は多数の炭素−炭素結合と炭素−水素結合をもち，そのため有機溶媒に溶け，水に溶けない生体分子である．次章以降では炭水化物，タンパク質，核酸を扱う．これらはすべて有機分子であるので，そのふるまいは有機分子として一般的な原理や反応性に従う．しかし，それぞれの化合物群は特有の性質をもっており，それについても各章で説明する．

1・1　序　論

- **脂質**は有機溶媒に溶け，水に溶けない生体分子である．

脂質はその定義が，特定の官能基の存在ではなく物理的性質に基づいている点で，有機分子のなかでも特異な化合物群である．このため，脂質にはきわめてさまざまな構造の化合物が存在し，それらは多くの異なる機能をもつ．一般的な脂質として，植物油に含まれるトリアシルグリセロール*，卵黄のコレステロール，葉野菜に含まれるビタミンEなどがある．

脂質 lipid

lipidという用語は，“脂肪”を意味するギリシャ語のliposに由来する．

＊　訳注：トリグリセリドともいう．1,2,3-プロパントリオール［$(HOCH_2)_2$-CHOH］はグリセリンとよばれることが多いが，本書では生化学分野でなじみのあるグリセロールを用いた (p.7)．それに伴って，そのトリアシル誘導体はトリアシルグリセロールとした．

トリアシルグリセロール
（三つのエステル基を赤色で示した）

HO
コレステロール
（ヒドロキシ基OHを青色で示した）

HO
O
ビタミンE
（フェノールのヒドロキシ基OHを青色で，エーテル酸素を緑色で示した）

脂質はきわめて多数の無極性の炭素－炭素結合と炭素－水素結合をもつ．それに加えて，ほとんどの脂質は，さまざまな官能基にみられるいくつかの極性結合をもっている．たとえば，トリアシルグリセロールは三つのエステル基をもち，コレステロールにはヒドロキシ基，ビタミンEにはフェノール（ベンゼン環に結合したOH基）とエーテルが存在する．しかし，これらの官能基の大きさは，分子全体の大きさに比べて小さい．その結果，脂質は無極性か，あるいは極性の小さい分子であり，ヘキサン C_6H_{14} や四塩化炭素 CCl_4 のような有機溶媒には溶けるが，水のような極性媒体には溶けない．

例題 1・1　脂質を識別する

次の化合物のうち，脂質に分類できるものはどれか．ソルビトールは無糖のハッカ香料やチューインガムに用いられる甘味料である．β-カロテンはニンジンに含まれる有機色素であり，ビタミンAの前駆物質である．

(a)
CH₂OH
H—C—OH
HO—C—H
H—C—OH
H—C—OH
CH₂OH
ソルビトール

(b)
β-カロテン

解答　(a) ソルビトールは炭素原子6個だけからなり，それに結合した6個の極性のOH基をもつので，脂質には分類できない．
(b) β-カロテンは無極性の炭素－炭素結合と炭素－水素結合だけからなるので，脂質に分類できる．

練習問題 1・1　次の化合物のうち，脂質に分類できるものはどれか．

(a) メバロン酸　(b) メントール　(c) エストラジオール

脂質は加水分解性脂質と非加水分解性脂質に分類することができる．

加水分解性脂質 hydrolyzable lipid

1. 加水分解によってさらに小さい分子に分解できる脂質を，**加水分解性脂質**という．この分類に属する脂質のうち，本書では，ろう，トリアシルグリセロール，リン脂質の三つの化合物群について述べる．

加水分解性脂質
ろう　トリアシルグリセロール　リン脂質

ほとんどの加水分解性脂質はエステル基を含む．酸，塩基，あるいは酵素の存在下では，エステル基の炭素－酸素結合が開裂し，カルボン酸とアルコールが生成する．

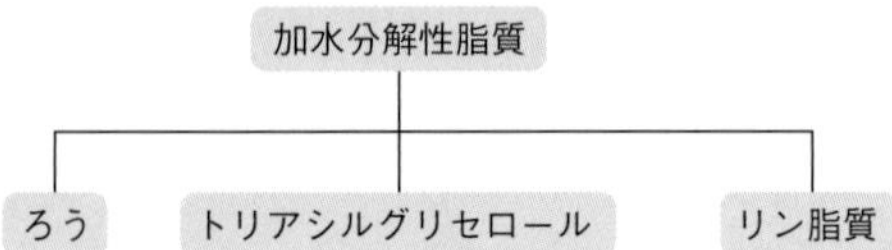

2. 加水分解によってさらに小さい分子に分解することができない脂質を，**非加水分解性脂質**という．非加水分解性脂質には，さまざまな構造の化合物が含まれる．本書では，ステロイド，脂溶性ビタミン，エイコサノイドの三つの異なる化合物群について述べる．

非加水分解性脂質 nonhydrolyzable lipid

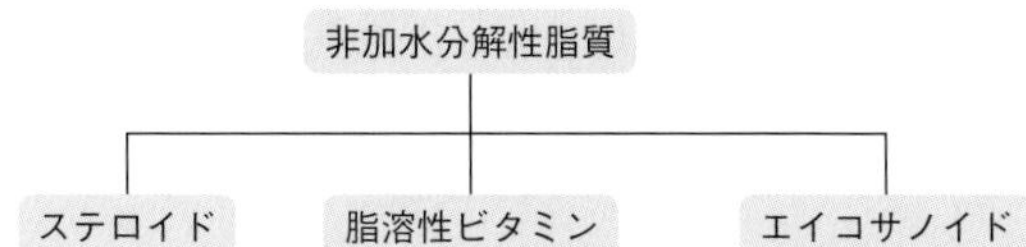

脂質は生体内において，多くの重要な役割を果たしている．脂質は炭化水素やタンパク質と比べて，同じ質量当たり2倍以上のエネルギーを放出する（炭化水素とタンパク質が4 kcal/gに対して脂質は9 kcal/g*）ので，脂質は優れたエネルギー供給源となる．さらに，脂質は細胞膜の重要な構成要素であり，また生体における化学的な伝達体として機能する．植物の葉の表面は乾燥しないように，脂質の被膜で覆われている．アヒルは羽毛に脂質の保護層を形成し，羽毛の濡れを防いでいる．

＊ 訳注：cal（カロリー）はエネルギーの単位．栄養学などではよく用いられる．1 cal = 4.184 J

1・2 脂 肪 酸

加水分解性脂質は脂肪酸から誘導される．**脂肪酸**はカルボン酸の一種である．

- 12〜20個の炭素原子からなる長い炭素鎖をもつカルボン酸RCOOHを**脂肪酸**という．

脂肪酸 fatty acid

脂肪酸は多数の無極性の炭素−炭素結合と炭素−水素結合をもち，極性結合をほとんどもたない．したがって，脂肪酸は脂質であり，有機溶媒に溶けるが，水には溶けない．パルミチン酸は16個の炭素原子をもつ一般的な脂肪酸である．以下に，パルミチン酸の簡略構造式，骨格構造式，および三次元的な表示である球棒模型を示す．

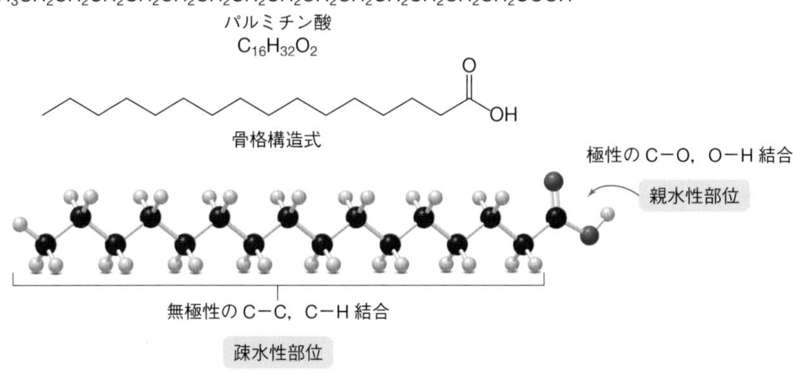

分子の無極性部分（炭素−炭素結合と炭素−水素結合から構成される）は，水との間に引力的な相互作用をもたないので，**疎水性**であるという（-phobicは“〜を嫌う”を意味する）．分子の極性部分には，水との間に引力的な相互作用が働くので，**親水性**であるという（-philicは“〜を好む”を意味する）．一般に脂質では，疎水性部位は親水性部位よりもかなり大きい．

疎水性 hydrophobic
親水性 hydrophilic

天然に存在する脂肪酸は，偶数個の炭素原子をもつ．脂肪酸には二つの種類がある．

飽和脂肪酸 saturated fatty acid

不飽和脂肪酸 unsaturated fatty acid

シス形アルケンは二重結合の同一側に二つのアルキル基をもち，トランス形アルケンは二重結合の反対側に二つのアルキル基をもつ．

- 長い炭化水素鎖に二重結合をもたない脂肪酸を，**飽和脂肪酸**という．
- 長い炭化水素鎖に一つあるいは複数の二重結合をもつ脂肪酸を，**不飽和脂肪酸**という．一般に，天然に存在する脂肪酸の二重結合はシス形である．

以下に，飽和脂肪酸のステアリン酸と，一つのシス形二重結合をもつ不飽和脂肪酸のオレイン酸の球棒模型を示す．表1・1には，最も一般的な飽和脂肪酸と不飽和脂肪酸について，簡略構造式と名称を一覧表に示した．

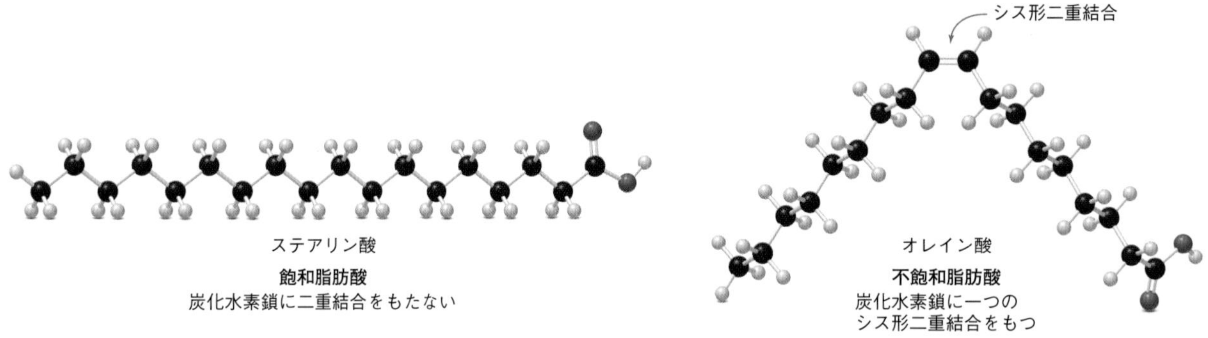

表 1・1　一般的な脂肪酸

炭素原子数	C=C の数	構造式	名称	融点(℃)
		飽和脂肪酸		
12	0	$CH_3(CH_2)_{10}COOH$	ラウリン酸	44
14	0	$CH_3(CH_2)_{12}COOH$	ミリスチン酸	58
16	0	$CH_3(CH_2)_{14}COOH$	パルミチン酸	63
18	0	$CH_3(CH_2)_{16}COOH$	ステアリン酸	71
20	0	$CH_3(CH_2)_{18}COOH$	アラキジン酸	77
		不飽和脂肪酸		
16	1	$CH_3(CH_2)_5CH{=}CH(CH_2)_7COOH$	パルミトレイン酸	1
18	1	$CH_3(CH_2)_7CH{=}CH(CH_2)_7COOH$	オレイン酸	16
18	2	$CH_3(CH_2)_4CH{=}CHCH_2CH{=}CH(CH_2)_7COOH$	リノール酸	−5
18	3	$CH_3CH_2CH{=}CHCH_2CH{=}CHCH_2CH{=}CH(CH_2)_7COOH$	リノレン酸	−11
20	4	$CH_3(CH_2)_4(CH{=}CHCH_2)_4(CH_2)_2COOH$	アラキドン酸	−49

最も一般的な飽和脂肪酸はパルミチン酸とステアリン酸である．最も一般的な不飽和脂肪酸はオレイン酸である．リノール酸とリノレン酸は，ヒトがそれらを合成することができず，食事から得なければならないため，**必須脂肪酸**（essential fatty acid）とよばれている．

不飽和脂肪酸は，**ω-*n* 脂肪酸**（ギリシャ文字ωはオメガと読む）と分類されることがある．ここで *n* は，CH_3 基をもつ炭素鎖の末端から始めて，最初の二重結合が現れる炭素の番号である．たとえば，リノール酸はω-6 脂肪酸であり，リノレン酸はω-3 脂肪酸である．

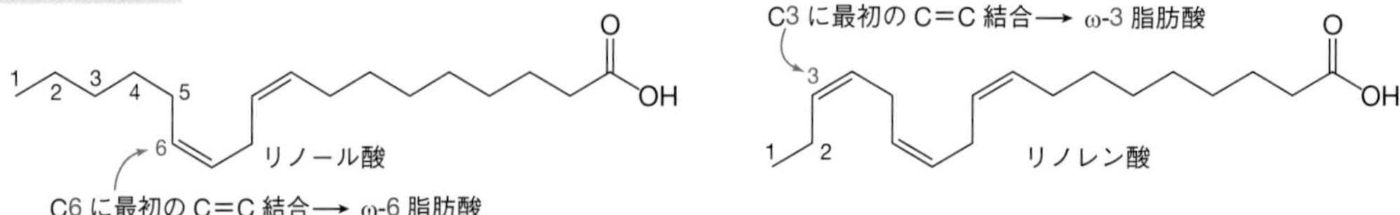

ω-*n* 脂肪酸 omega-*n* fatty acid

ω-3 脂肪酸に由来する油は，心血管疾患をもつ患者にとって健康上の利益があるとされている．

シス形二重結合の存在は，その脂肪酸の融点に大きな影響を与える．

- 脂肪酸における二重結合の数が増加すると，脂肪酸の融点は低下する．

シス形二重結合が存在すると，長い炭化水素鎖にねじれが生じる．それによって，固体において脂肪酸分子が密接に配列することが難しくなる．シス形二重結合の数が多いほど，炭化水素鎖におけるねじれも多くなり，融点もより低下する．

例題 1・2　脂肪酸の特性を推定する

ガドレイン酸 $CH_3(CH_2)_9CH{=}CH(CH_2)_7COOH$ は，魚油から単離される 20 個の炭素原子をもつ脂肪酸である．次の問いに答えよ．

(a) ガドレイン酸の骨格構造式を書け．

(b) ガドレイン酸の疎水性部位と親水性部位を示せ．

(c) ガドレイン酸の融点が，アラキジン酸およびアラキドン酸の融点（表 1・1）と比較して高いか低いかを予測せよ．

解答　(a), (b) ガドレイン酸の骨格構造式を以下に示す．親水性部位は COOH 基であり，それ以外の残りの部分は疎水性部位である．

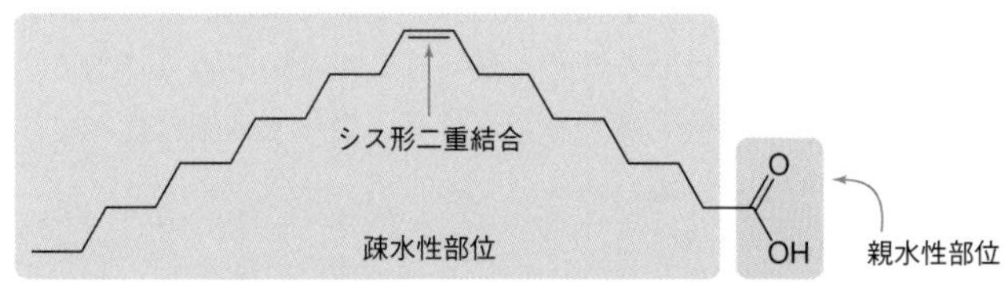

(c) ガドレイン酸は一つのシス形二重結合をもつ．したがって，その融点は，二重結合をもたないアラキジン酸の融点よりも低く，四つの二重結合をもつアラキドン酸の融点より高いと予測される．

ガドレイン酸（例題 1・2）と DHA（問題 1・1）はマグロの魚油から得られる 2 種類の脂肪酸である．

練習問題 1・2　以下に簡略構造式を示した二つの脂肪酸 **A** と **B** について，次の問いに答えよ．

(a) それぞれの脂肪酸の骨格構造式を書け．

(b) それぞれの分子の疎水性部位と親水性部位を示せ．

(c) 表 1・1 を参照せずに，どちらの脂肪酸の融点がより高いかを推測せよ．判断した理由も説明せよ．

$CH_3(CH_2)_{16}COOH$ 　**A**

$CH_3(CH_2)_4CH{=}CHCH_2CH{=}CH(CH_2)_7COOH$ 　**B**

問題 1・1　以下に簡略構造式を示した DHA（4,7,10,13,16,19-ドコサヘキサエン酸）は一般的な脂肪酸であり，マグロなどの魚油に存在する．

(a) DHA の骨格構造式を書け．

(b) DHA に対する ω-*n* 脂肪酸の名称を記せ．

$CH_3CH_2CH{=}CHCH_2CH{=}CHCH_2CH{=}CHCH_2CH{=}CHCH_2CH{=}CHCH_2CH{=}CHCH_2CH_2COOH$

1・3 ろ　う

ろうは最も単純な加水分解性脂質である．

ろう wax

- 脂肪酸 ROOH と高分子量のアルコール R′OH から生成するエステル RCOOR′ をろうという．

ろう一般式：$RC(=O)OR'$（R，R′：長い炭素鎖）

生成：$RC(=O)OH$（脂肪酸） + $H{-}OR'$（アルコール） ⟶ $RC(=O)OR'$（ろう） + H_2O

商業捕鯨が普通に行われていた頃には，マッコウクジラから得られる鯨ろうは，化粧品やろうそくに広く利用されていた．

たとえば，マッコウクジラの頭部から単離される鯨（げい）ろうは，ほとんどパルミチン酸セチル，すなわち $CH_3(CH_2)_{14}COO(CH_2)_{15}CH_3$ の構造をもつエステルである．パルミチン酸セチルは16個の炭素原子をもつ脂肪酸 $CH_3(CH_2)_{14}COOH$ と，16個の炭素原子をもつアルコール $CH_3(CH_2)_{15}OH$ から生成する．

$$CH_3(CH_2)_{14}C(=O)OH + H{-}O(CH_2)_{15}CH_3 \longrightarrow CH_3(CH_2)_{14}C(=O)O(CH_2)_{15}CH_3 + H_2O$$

パルミチン酸　　　パルミチン酸セチル（鯨ろうの主成分）　←エステル

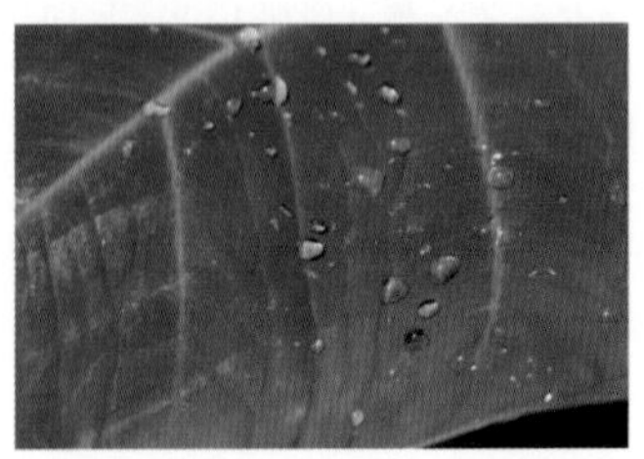

葉の表面上で水が球状になるのは，葉がろう状の物質で被覆されているためである．

長い無極性の炭素鎖のため，ろうはきわめて疎水性が高い．鳥の羽毛では水をはじく性質を保つために，また植物の葉では水の蒸散を防ぐために，それらの表面にはろうの保護層が形成されている．ヒツジの羊毛繊維の表面はラノリンというろうで覆われている．ミツバチの巣から得られる蜜（みつ）ろうは，200種類以上の化合物を含む複雑な混合物であるが，その主成分はパルミチン酸ミリシルというろうである．以下に球棒模型により，この化合物の三次元構造を示す．長い炭化水素鎖に比べて，極性のエステル基がいかに小さいかがわかるだろう．

$$CH_3(CH_2)_{14}C(=O)O(CH_2)_{29}CH_3$$

パルミチン酸ミリシル

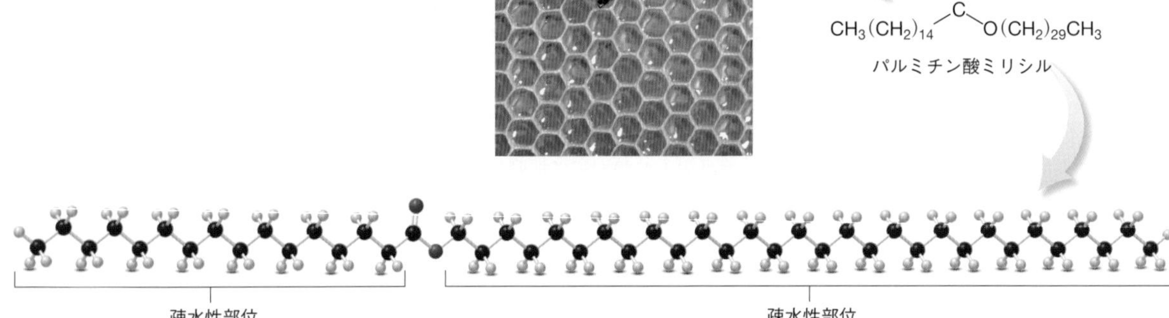

例題 1・3　ろうの構造式を書く

ミリスチン酸セチルは鯨ろうの副成分であり，14個の炭素原子をもつ脂肪酸と16個の炭素原子をもつ直鎖状のアルコールから形成される．ミリスチン酸セチルの構造式を書け．

解答　脂肪酸とアルコールの構造式を書き，14炭素からなるカルボン酸のOH基を，アルコールの $O(CH_2)_{15}CH_3$ 基で置き換える．

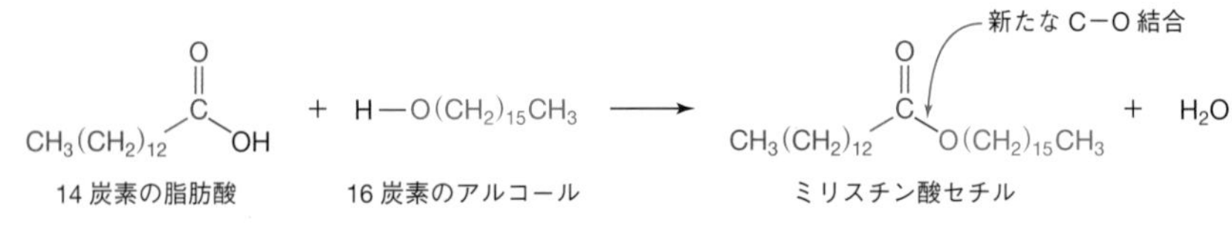

練習問題 1・3　ホホバの種子から得られるホホバ油の一つの成分は，エイコセン酸 $CH_3(CH_2)_7CH{=}CH(CH_2)_9CO_2H$ とアルコール $CH_3(CH_2)_7CH{=}CH(CH_2)_8OH$ から生成するろうである．このろうの構造式を書け．なお，二つの炭素－炭素二重結合がシス形であることを明示すること．

米国南西部で生育するホホバの種子にはろうが豊富にあり，そのろうは化粧品などに用いられている．

他のエステルと同様に，ろう RCOOR′ は酸あるいは塩基の存在下で水と反応して加水分解され，そのろうを構成するカルボン酸 RCOOH とアルコール R′OH を再生する．たとえば，パルミチン酸セチルを硫酸 H_2SO_4 の存在下で加水分解すると，エステルの炭素－酸素単結合が開裂して脂肪酸と長鎖アルコールが生成する．

問題1・2 蜜ろうは水に溶けず，エタノール CH_3CH_2OH に少し溶け，クロロホルム $CHCl_3$ によく溶ける．この理由を説明せよ．

このC−O結合が開裂する

$$CH_3(CH_2)_{14}C(=O)O(CH_2)_{15}CH_3 + H_2O \xrightarrow{H_2SO_4} CH_3(CH_2)_{14}C(=O)OH + H{-}O(CH_2)_{15}CH_3$$

パルミチン酸セチル　　脂肪酸　　アルコール

1・4 トリアシルグリセロール：脂肪と油

動物脂肪と植物油は，天然に最も豊富に存在する脂質である．これらはトリアシルグリセロールから構成される．

- **トリアシルグリセロール**はグリセロールと3分子の脂肪酸からなるトリエステルである．

トリアシルグリセロール triacylglycerol，トリグリセリド triglyceride ともいう

グリセロール + 脂肪酸（HOC(=O)R, HOC(=O)R′, HOC(=O)R″） ⟶ トリアシルグリセロール

グリセロール

脂肪酸
置換基Rは11〜19個の炭素原子をもつ

トリアシルグリセロール
（三つのエステル基を赤字で示した）

グリセロール－脂肪酸／脂肪酸／脂肪酸

構成図

1・4A 一般的な特徴

三つの脂肪酸側鎖が同一のものを**単純トリアシルグリセロール**といい，二つあるいは三つの異なる脂肪酸に由来するものを**混合トリアシルグリセロール**という．脂肪酸は飽和の場合も，不飽和の場合もある．一つの炭素－炭素二重結合をもつものを**一不飽和トリアシルグリセロール**，複数の炭素－炭素二重結合をもつものを**多不飽和トリアシルグリセロール**という．

単純トリアシルグリセロール simple triacylglycerol

混合トリアシルグリセロール mixed triacylglycerol

一不飽和トリアシルグリセロール monounsaturated triacylglycerol

多不飽和トリアシルグリセロール polyunsaturated triacylglycerol

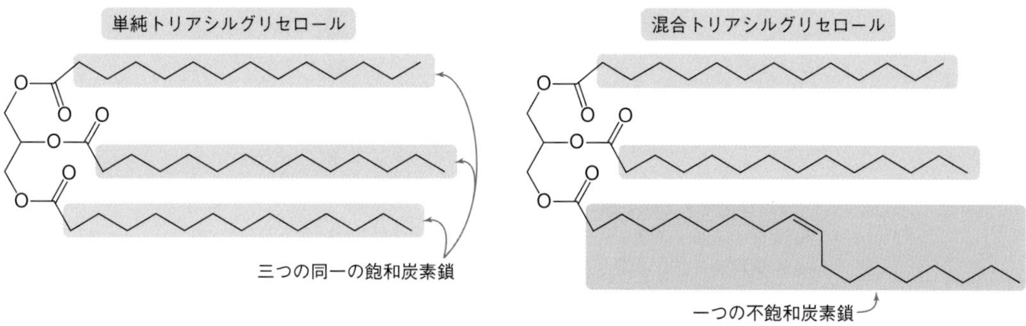

脂肪と油はいずれもトリアシルグリセロールであるが，それらの物理的性質は異なっている．

脂肪 fat
油 oil

- **脂肪**は比較的高い融点をもち，室温で固体である．
- **油**は比較的低い融点をもち，室温で液体である．

トリアシルグリセロールにおける三つの脂肪酸の種類によって，それが脂肪であるか，油であるかが決まる．脂肪酸側鎖の二重結合の数が増加すると，トリアシルグリセロールの融点が低下する．

- 脂肪を構成する脂肪酸は，二重結合をほとんどもたない．
- 油を構成する脂肪酸は，比較的多数の二重結合をもつ．

表1・2にはいくつかの一般的な脂肪と油について，脂肪酸の組成を一覧表に示した．固体の脂肪は飽和脂肪酸の割合が比較的高く，一般に起源は動物である．たとえば，ラード（豚脂），バター，クジラの脂身などは飽和脂肪酸の割合が高い．これらの飽和脂質は，炭素鎖に二重結合をもたないので，三つの脂肪酸側鎖が互いに平行に並ぶことができる．このため，結晶格子の中に，トリアシルグリセロール分子が比較的効率よく詰込まれるため分子間力が強く働き，融点が上昇する．

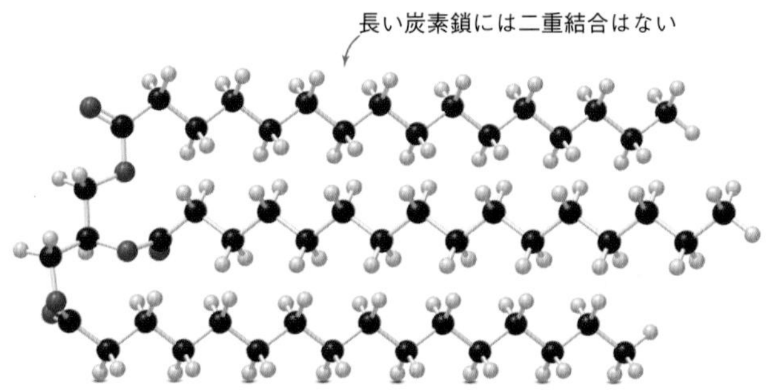

飽和トリアシルグリセロール

表 1・2　いくつかの脂肪と油の脂肪酸組成

物質	飽和%	一不飽和%	多不飽和%	トランス形%†
料理用脂肪				
ラード	39	44	11	1
バター	60	26	5	5
ショートニング	22	29	29	18
油				
キャノーラ	7	58	29	0
ベニバナ	9	12	24	0
ヒマワリ	10	20	66	0
コーン	13	24	60	0
オリーブ	13	72	8	0
ダイズ	16	44	37	0
ピーナッツ	17	49	32	0
パーム	50	37	10	0
ヤシ	87	6	2	0
マーガリンやスプレッド				
70% ダイズ油，スティック	18	2	29	23
60% 植物油スプレッド	18	22	54	5

† トランス形の二重結合は，トリアシルグリセロールが部分的に水素化されるときに生成する．

液体の油は不飽和脂肪酸の割合が比較的高く，一般に起源は植物である．たとえば，コーン油，ダイズ油，オリーブオイルなどは不飽和脂肪酸の割合が高い．これらの不飽和脂質では，シス形二重結合によって側鎖にねじれが生じている．このため，固体状態において分子が秩序的に配列することができないため分子間力が弱く，融点が低下する．

他の植物油とは異なり，パーム油とヤシ油は飽和脂肪酸の割合が高い．現在では，飽和脂肪が豊富な食事は，心臓病になる危険性が高いことを示す多くの証拠が提示されている．サケ，ニシン，サバ，イワシなどから得られる魚油には，多不飽和トリアシルグリセロールがきわめて豊富に含まれている．これらのトリアシルグリセロールは固体状態において秩序的に配列できないため，非常に低い融点をもち，きわめて冷たい水中でさえも液体である．

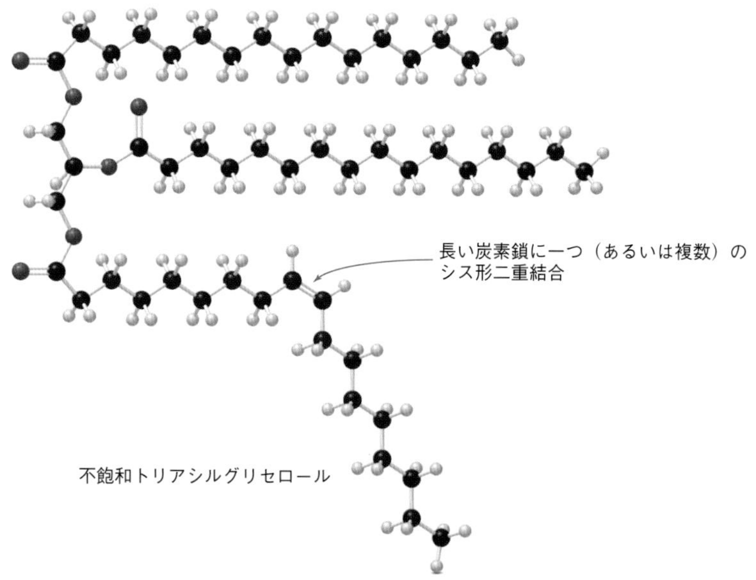

不飽和トリアシルグリセロール

例題 1・4　トリアシルグリセロールの構造式を書く

グリセロール，1分子のステアリン酸，および2分子のオレイン酸から生成するトリアシルグリセロールの構造式を書け．ただし，ステアリン酸は，グリセロールの第二級OH基（中央の炭素原子に結合したOH基）に結合させること．

解答　グリセロールのOH基と三つの脂肪酸ROOHから，三つの新たなエステル結合RCOOR′を形成させる．

グリセロール　＋　（HO–脂肪酸 ×3）→ トリアシルグリセロール ＋ 3 H_2O

グリセロール
第二級 OH
オレイン酸（R基を青で示した）
ステアリン酸（R基を赤で示した）
トリアシルグリセロール

（つづく）

チョコレートの製造に用いられるココアには，トリアシルグリセロールに加えて，抗酸化物質やカフェインが含まれている．

練習問題 1・4　多くの脂肪や油とは異なり，チョコレートをつくるときに用いるココアバターは著しく均一な組成をもっている．すなわち，すべてのトリアシルグリセロールにおいて，グリセロールの第二級 OH 基はオレイン酸のエステルであり，第一級 OH 基はパルミチン酸かステアリン酸のいずれかのエステルである．ココアバターを構成するトリアシルグリセロールとして，可能な構造式を書け．

1・4B　食事における脂肪と油

私たちの食事では，脂肪と油はさまざまな食物から供給される．たとえば，肉，乳製品，ナッツ類，ドレッシング，揚げ物，焼き菓子，油を使った加工食品などである．いくらかの脂肪は栄養素として必要である．脂肪は細胞膜の構成単位となり，また蓄えられた体脂肪は生体を保護し，後で利用するためのエネルギー源として役立つ．

飽和トリアシルグリセロールは肝臓におけるコレステロールの合成と組織への輸送を促進し，血液中のコレステロール（血清コレステロールという）の濃度の増大をひき起こすため，心臓病の発生率の増加と関連があるとされている．対照的に，不飽和トリアシルグリセロールは，血清コレステロールの濃度を減少させることによって，心臓病の危険性を低下させる．

供給源となる食物　　トリアシルグリセロール

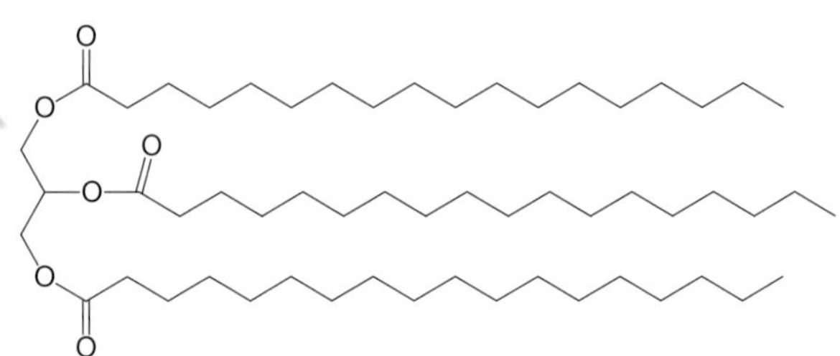

飽和トリアシルグリセロールを多く含む食物
脂肪の多い赤身，チーズ，バター，揚げ物，アイスクリーム

- 炭素鎖に二重結合をもたない
- 室温で固体
- 血清コレステロール濃度を増大させる

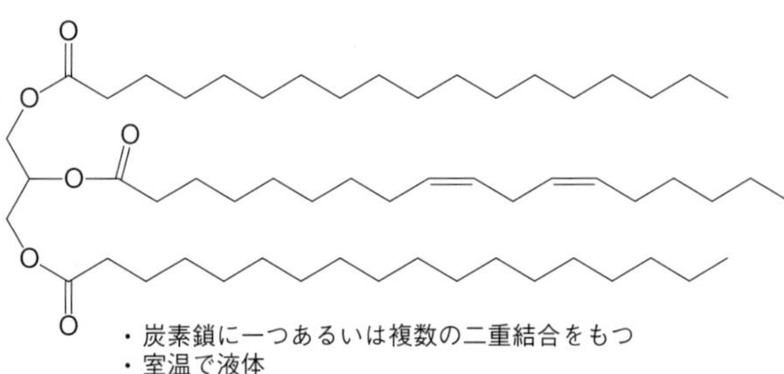

不飽和トリアシルグリセロールを多く含む食物
植物油，ナッツ類，ダイズ，魚類（サケ，ニシン，サバ）

- 炭素鎖に一つあるいは複数の二重結合をもつ
- 室温で液体
- 血清コレステロール濃度を減少させる

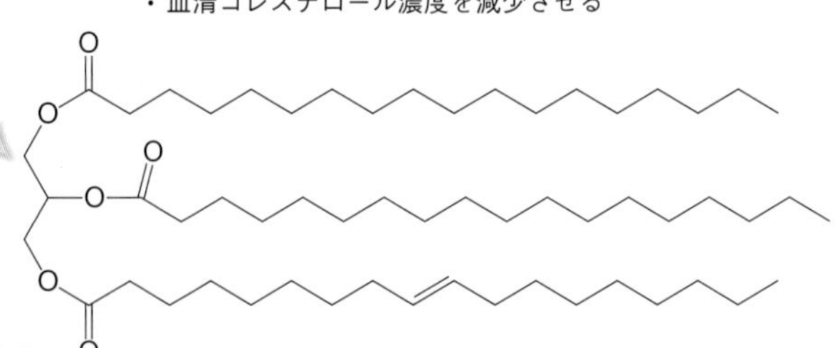

トランス形トリアシルグリセロールを多く含む食物
マーガリン，加工食品，揚げ物，焼き菓子

- 炭素鎖に一つあるいは複数のトランス形二重結合をもつ
- 室温で半固体
- 血清コレステロール濃度を増大させる

図 1・1　食物中の飽和，不飽和，およびトランス形トリアシルグリセロール

食事における脂肪の摂取に関する注意は，トランス形トリアシルグリセロール，いわゆる“トランス脂肪”についても考慮しなければならない．トランス脂肪は，液体の油が部分的に水素化され，半固体のトリアシルグリセロールが生成するときに生じる．以下に示すトランス形トリアシルグリセロールの球棒模型から，その三次元構造が飽和トリアシルグリセロールとよく似ていることがわかる．飽和脂肪と同様に，トランス脂肪もまた血清コレステロールの濃度を増大させ，これによって冠動脈疾患にかかる危険性を増大させる．

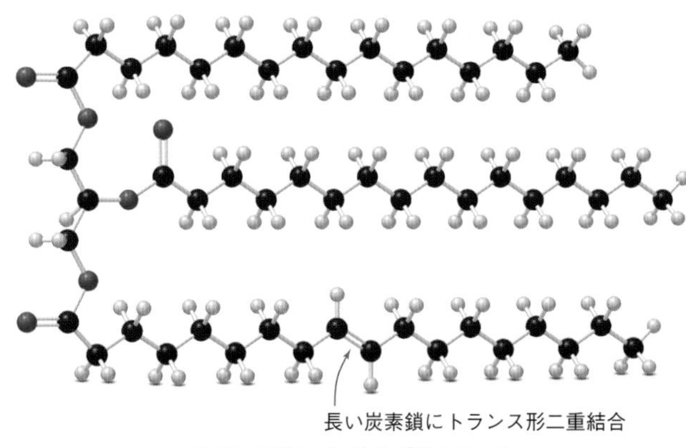

トランス形トリアシルグリセロール

このように，脂質はすべての人の食事の一部として必要ではあるが，飽和脂肪やトランス脂肪の摂取量は，制限されなければならない．図1・1には飽和，不飽和，およびトランス形トリアシルグリセロールを多く含むいくつかの食物を示した．

問題 1・3　次の記述に対応するトリアシルグリセロールの構造式を書け．
(a) 12個の炭素からなる三つの脂肪酸から生成する飽和トリアシルグリセロール
(b) 三つのシス形二重結合をもつ不飽和トリアシルグリセロール
(c) それぞれの炭化水素鎖にトランス形二重結合をもつトランス形トリアシルグリセロール

1・5　トリアシルグリセロールの加水分解

他のエステルと同様に，トリアシルグリセロールは酸や塩基の存在下，あるいは生体内では酵素の存在下で水と反応して加水分解され，グリセロールと3分子の脂肪酸が生成する．たとえば，トリステアリンを硫酸水溶液によって加水分解すると，グリセロールと3分子のステアリン酸が生成する．

加水分解により赤で示した三つの結合が開裂する

トリステアリン　+ 3 H—OH

↓ H_2SO_4

グリセロール　+ 3 HO（ステアリン酸）

加水分解によって，カルボニル炭素とエステルの酸素原子との間の三つの単結合が開裂する．トリステアリンでは三つの同一の炭化水素基がカルボニル炭素に結合しているので，3 分子の単一の脂肪酸，ステアリン酸が生成する．例題 1・5 に示すように，カルボニル炭素に結合した炭化水素基が異なるトリアシルグリセロールでは，加水分解によって脂肪酸の混合物が生成する．

例題 1・5　トリアシルグリセロールの加水分解の生成物を書く

以下に示した構造式をもつトリアシルグリセロールを，硫酸の存在下で加水分解したとき，生成する化合物の構造式を書け．

解答　加水分解によって，グリセロールとステアリン酸，パルミチン酸，パルミトレイン酸が生成する．加水分解において開裂する結合は，赤で示されている．

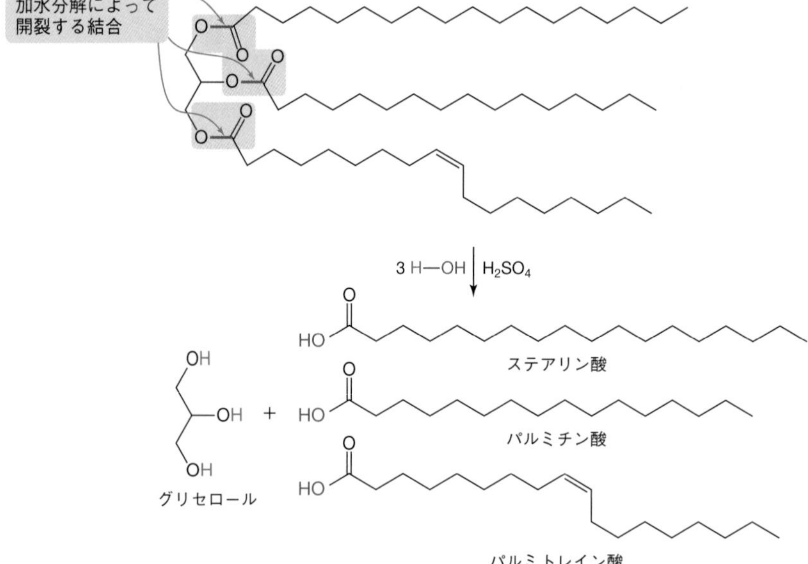

練習問題 1・5　次のトリアシルグリセロールの加水分解によって生成する化合物の構造式を書け．

(a)

(b)

1・5A　トリアシルグリセロールの代謝

脂肪細胞 adipose cell, adipocyte

人間はエネルギーをトリアシルグリセロールの形態で貯蔵し，皮膚表面の下や骨髄，女性の乳房領域，腎臓の周囲，骨盤などの**脂肪細胞**の層に保持する（図 1・2）．脂肪組織は脂肪細胞の大きな集団からなる．体重が減少したり，増加するときには，それぞれの細胞に蓄えられた脂質の量は変化するが，脂肪細胞の数は変化しない．

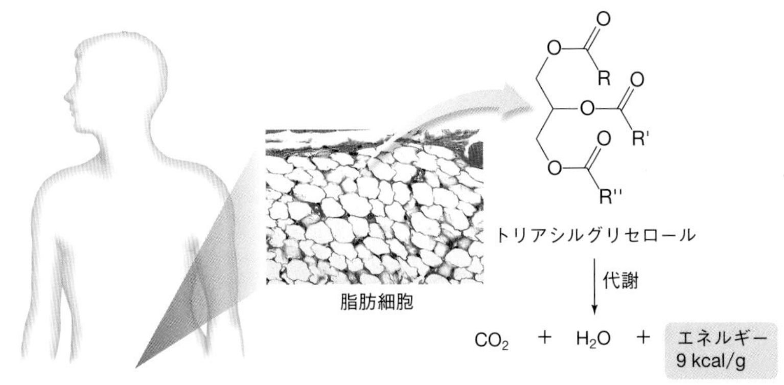

図 1・2　**トリアシルグリセロールの貯蔵と代謝**．トリアシルグリセロールは皮膚の下の脂肪細胞に貯蔵され，生体のいくつかの領域に濃縮される．男性と女性の平均的な脂肪含有量は，それぞれおよそ20%，25%である．この貯蔵された脂肪によって，生体が必要なエネルギーの2～3カ月分が供給される．

脂肪組織は生体を保護する役割を果たすとともに，長い時間にわたる代謝に必要なエネルギーを供給する．トリアシルグリセロールの代謝における最初の段階は，エステル結合の加水分解であり，これによってグリセロールと三つの脂肪酸が生成する．細胞では，この反応は**リパーゼ**という酵素によって行われる．

リパーゼ lipase

トリアシルグリセロール —(3 H—OH / リパーゼ)→ グリセロール ＋ 3分子の脂肪酸

トリアシルグリセロールが完全に代謝されると，CO_2 と H_2O とともに，多量のエネルギーが生成する（§6・7）．この反応の全体は，化石燃料に含まれるアルカンの燃焼を思い出させる．

トリアシルグリセロールは燃焼によりエネルギーを放出するので，原理的には，輸送機関の燃料として用いることができる．実際に，第一次および第二次世界大戦の間に，ガソリンやディーゼル燃料の供給が不足したとき，ヤシ油が燃料として用いられた．ヤシ油は石油に由来する燃料よりも粘性が高く，24 ℃で凝固する．そのため，ヤシ油を用いるためにはエンジンを改造する必要があり，また寒冷地では使用できなかった．現在では限られた数のトラックや船舶が，植物油をしばしばディーゼル燃料と混合して（バイオディーゼル燃料という），燃料源に用いている．

原油の価格が高いときには，バイオディーゼル燃料のような**バイオ燃料**（biofuel）を用いることが，経済的な魅力をもつ．バイオ燃料は植物油や動物脂肪のような再生可能資源から合成されるが，それらは燃焼すると依然として，気候変動の要因となる二酸化炭素 CO_2 を生成する．

問題 1・4　トリステアリンの完全燃焼（あるいは代謝）によって CO_2 と H_2O が生成する反応について，釣合のとれた反応式を書け．

トリステアリン ＋ O_2 —(酵素)→ CO_2 ＋ H_2O

1・5B セッケンの合成

セッケン soap

セッケンは，多数の炭素原子からなる長い炭化水素鎖をもつカルボン酸の金属塩である．いいかえれば，セッケンは脂肪酸の金属塩である．たとえば，セッケンの一種であるステアリン酸ナトリウムは，18 炭素の飽和脂肪酸であるステアリン酸のナトリウム塩である．

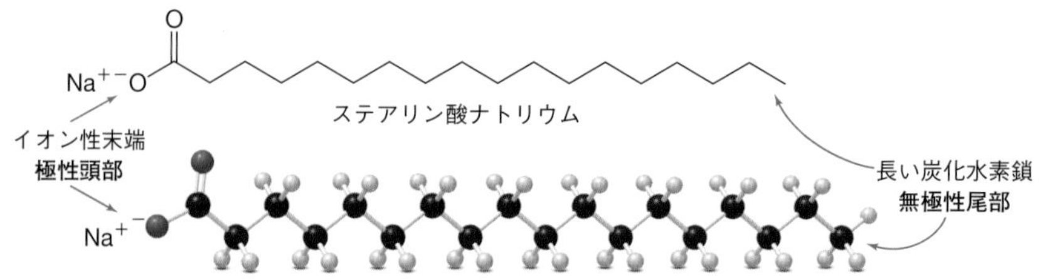

けん化の英語 saponification は，“セッケン”を意味するラテン語の sapo に由来する

セッケンは，トリアシルグリセロールの塩基性条件下における加水分解（けん化）によって合成される．塩基性水溶液中で，動物脂肪あるいは植物油を加熱すると，三つのエステル基が加水分解され，グリセロールと三つの脂肪酸のナトリウム塩が生成する．

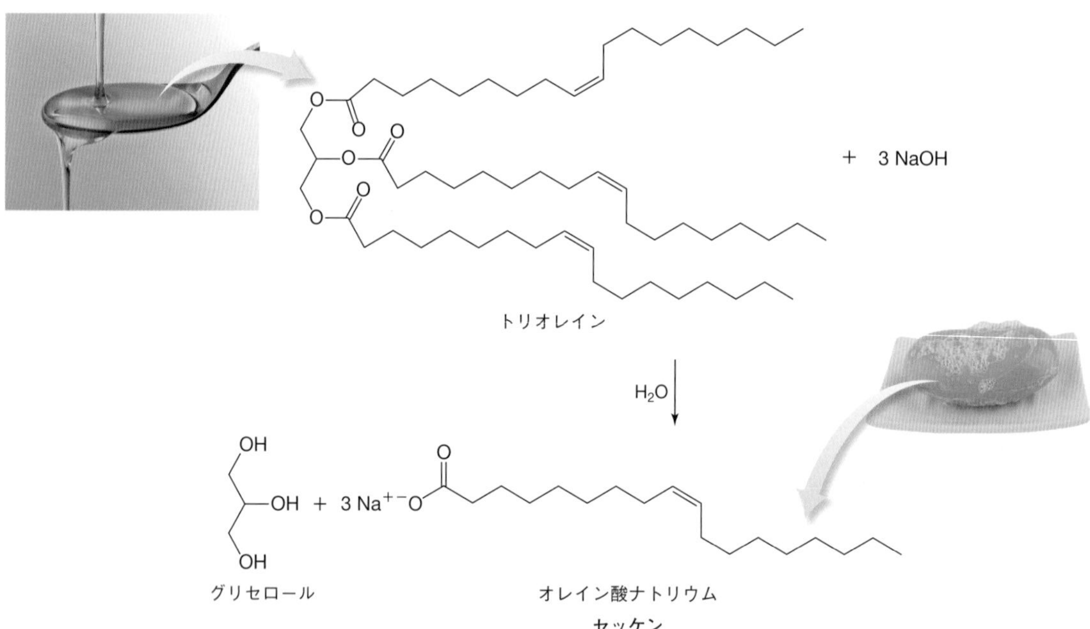

これらのカルボキシラート塩はセッケンであり，汚れをきれいに除去することができる．無極性尾部がグリースや油を溶かし，極性頭部がそれを水に溶解させる．ほとんどのトリアシルグリセロールは，その炭化水素鎖に二つあるいは三つの異なる炭化水素基をもつので，一般にセッケンは，二つあるいは三つの異なるカルボキシラート塩の混合物である．

一般にセッケンはラード（豚脂），ウシやヒツジから得られる獣脂，ヤシ油，パーム油などから製造される．汚れを落とすしくみはすべてのセッケンで同じであるが，脂質の起源によっていくらか異なった性質をもつ．脂肪酸における炭素鎖の長さや不飽和結合の数は，セッケンの性質にある程度の影響を与える．

問題 1・5 次のトリアシルグリセロールの塩基性条件下における加水分解によって生成するセッケンの組成を示せ.

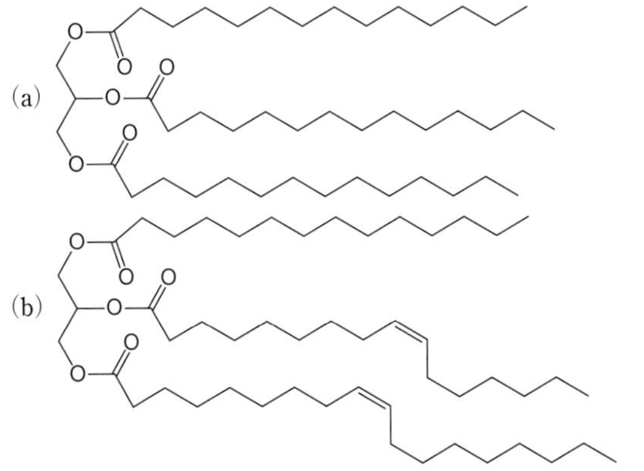

1・6 リン脂質

リン脂質はリン原子を含む脂質である. リン脂質の一般的な種類として, **グリセロリン脂質**と**スフィンゴリン脂質**の二つがある. §1・7で述べるように, いずれの種類もほとんど動植物の細胞膜だけにみられる. 以下に, トリアシルグリセロール, グリセロリン脂質, スフィンゴリン脂質の一般的な構造的特徴を比較した図を示した.

リン脂質 phospholipid

グリセロリン脂質 glycerophospholipid, ホスホグリセリド phosphoglyceride ともいう

スフィンゴリン脂質 sphingophospholipid

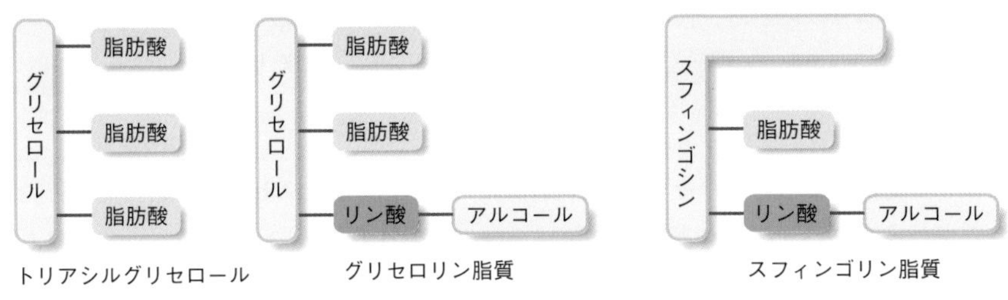

リン脂質はリン酸 H_3PO_4 の有機誘導体とみなすことができ, リン酸の水素原子のうちの二つを炭化水素基Rで置き換えることによって生成する. この形式の官能基を**リン酸ジエステル**という. 細胞内では, リン原子に残ったOH基からプロトン H^+ が失われ, リン酸ジエステル部分は正味の負電荷をもった状態で存在する.

リン酸ジエステル phosphodiester

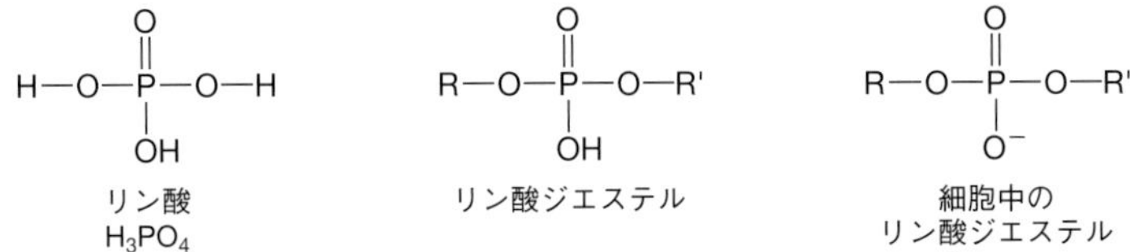

1・6A グリセロリン脂質

グリセロリン脂質は最も一般的な種類のリン脂質である. それはほとんどの細胞膜のおもな脂質成分を形成している. グリセロリン脂質の構造は前節で述べたトリアシルグリセロールと類似しているが, 一つの重要な違いがある. グリセロリン脂質では, グリセロールのOH基のうち二つだけが脂肪酸とエステルを形成している. 第三のOH基はリン酸ジエステルの一部であり, それはまた低分子量のアルコールに由来するアルキル基R″と結合している.

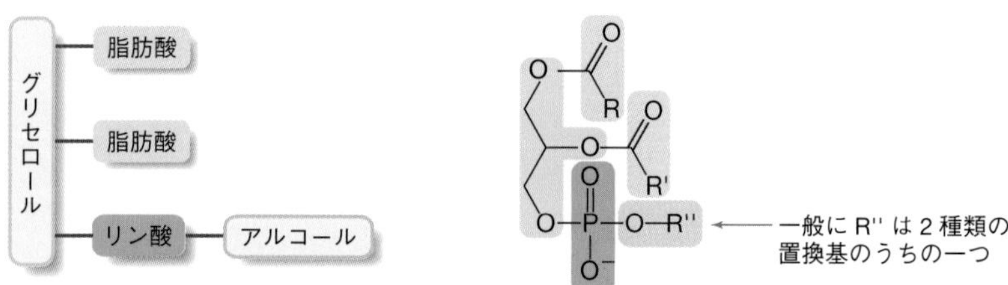

グリセロリン脂質には二つの重要な種類がある．それらはリン酸ジエステルにおけるアルキル基 R″の種類が異なっている．

ホスファチジルエタノールアミン phosphatidylethanolamine

ケファリン cephalin

ホスファチジルコリン phosphatidylcholine

レシチン lecithin

- R″= $CH_2CH_2NH_3^+$ をもつグリセロリン脂質を，**ホスファチジルエタノールアミン**あるいは**ケファリン**という．
- R″= $CH_2CH_2N(CH_3)_3^+$ をもつグリセロリン脂質を，**ホスファチジルコリン**あるいは**レシチン**という．

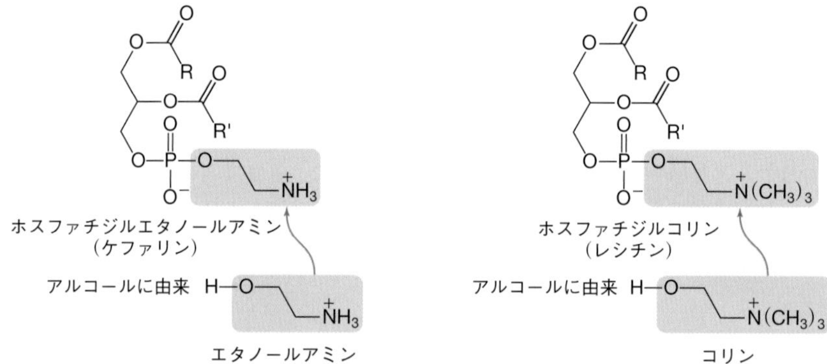

リン酸側鎖によってグリセロリン脂質には，トリアシルグリセロールとは異なった性質が与えられる．二つの脂肪酸側鎖は二つの無極性“尾部”を形成し，それらは互いに平行に並ぶ．一方，リン酸ジエステル末端は電荷をもち，極性“頭部”となる．図 1・3 に球棒模型によってグリセロリン脂質の三次元構造を示した．

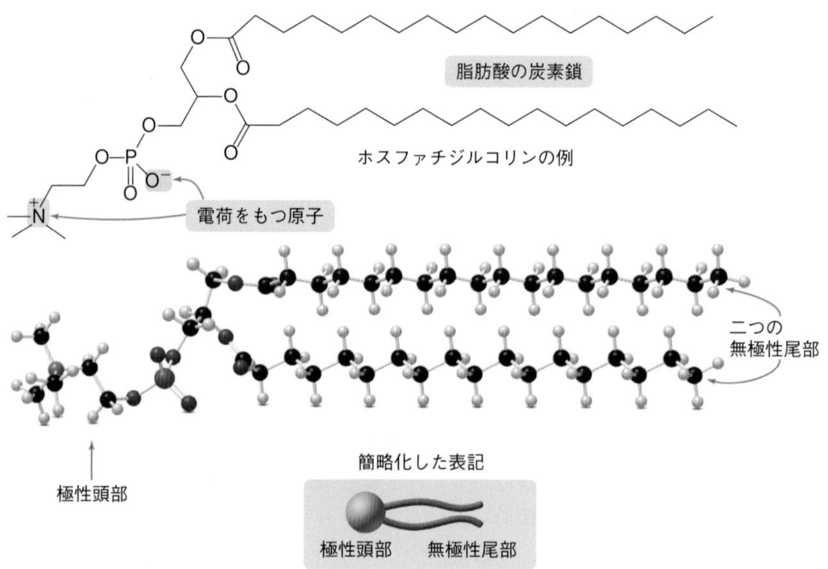

図 1・3　**グリセロリン脂質の三次元構造．** グリセロリン脂質は異なる二つの部位をもつ．すなわち，長鎖脂肪酸に由来する二つの無極性尾部と，電荷をもったリン酸ジエステルによる極性頭部である．

例題 1・6　グリセロリン脂質の構造式を書く

2分子のステアリン酸から生成するホスファチジルエタノールアミンの構造式を書け.

解答　ホスファチジルエタノールアミン分子の一般式における R 基と R′ 基に対して，ステアリン酸，すなわち 18 個の炭素原子をもつ飽和脂肪酸を置換させる．ホスファチジルエタノールアミンでは，$CH_2CH_2NH_3^+$ がリン酸ジエステルの部分を形成する．

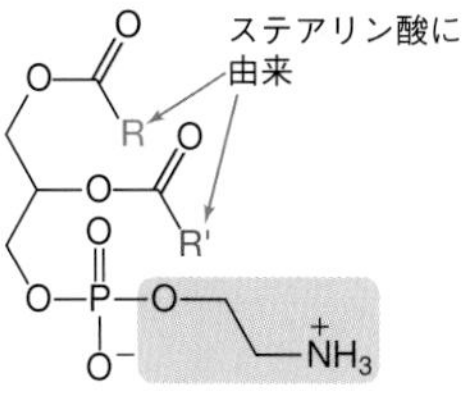

ステアリン酸に由来

一般式

答

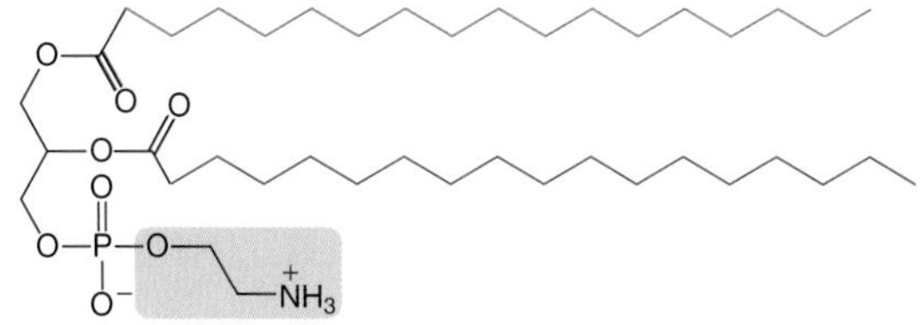

練習問題 1・6　脂肪酸側鎖として，オレイン酸とパルミチン酸をもつ2種類のホスファチジルエタノールアミンの構造式を書け.

1・6B　スフィンゴリン脂質

スフィンゴリン脂質はリン脂質の第二の主要な種類であり，トリアシルグリセロールやグリセロリン脂質と次の二つの重要な違いがある.

- スフィンゴリン脂質はグリセロール骨格をもたない．スフィンゴリン脂質はスフィンゴシンの誘導体である.
- スフィンゴリン脂質はエステル基をもたない．そのかわり，ただ一つの脂肪酸はアミド結合によって炭素骨格と結合している.

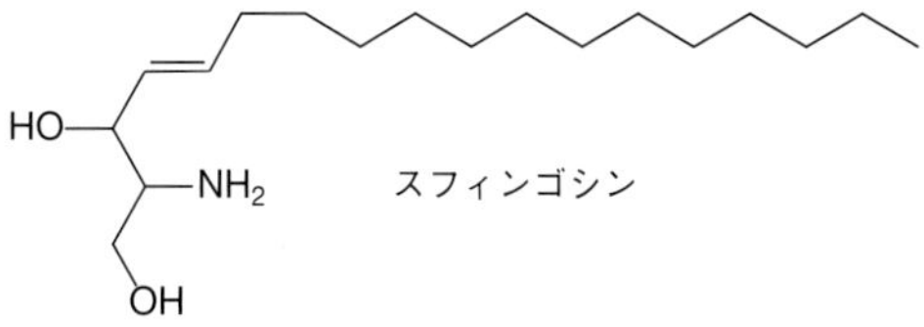

スフィンゴシン

スフィンゴリン脂質の一般式

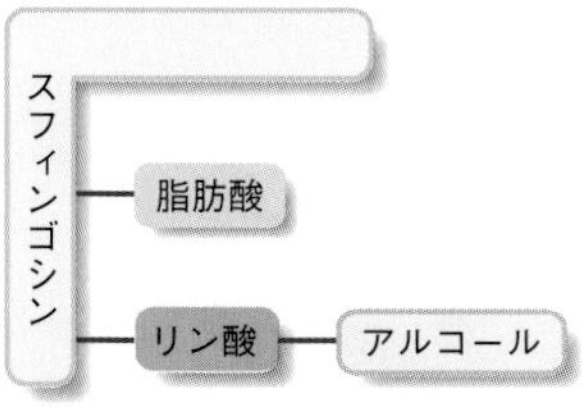

スフィンゴシン　脂肪酸　リン酸　アルコール

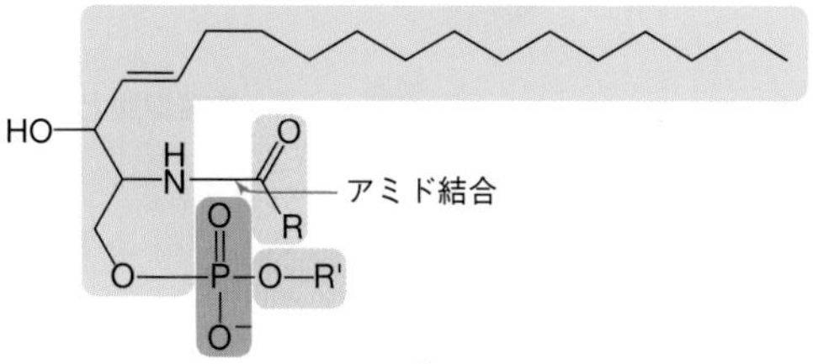

アミド結合

$R' = CH_2CH_2\overset{+}{N}H_3$ あるいは $CH_2CH_2\overset{+}{N}(CH_3)_3$

§1・6A で述べたグリセロリン脂質と同様に，スフィンゴリン脂質もエタノールアミンやコリンに由来するリン酸ジエステルをもっている．その結果，スフィンゴリン脂質も極性の（イオン性の）頭部と二つの無極性尾部をもつ．スフィンゴリン脂質の例として，スフィンゴミエリンを示す．

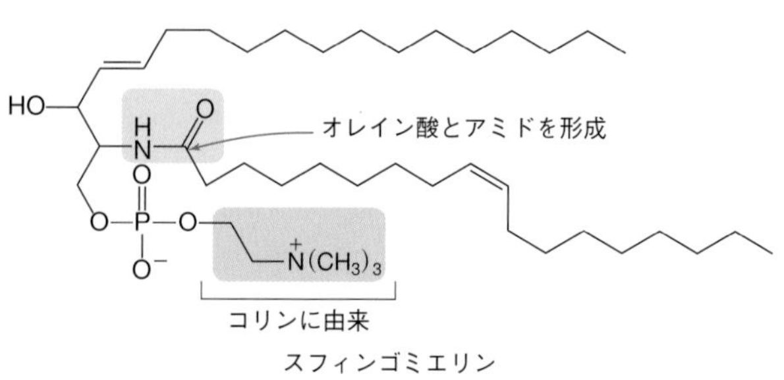

ミエリン鞘（しょう） myelin sheath，髄鞘ともいう

神経細胞を取囲み，絶縁体として働く**ミエリン鞘**（しょう）は，特にスフィンゴミエリンに富んでおり，適切な神経機能のためにきわめて重要な役割を果たしている（図1・4）．多発性硬化症にみられるようなミエリン鞘の劣化は，日常生活に支障をきたす神経性疾患をひき起こす．

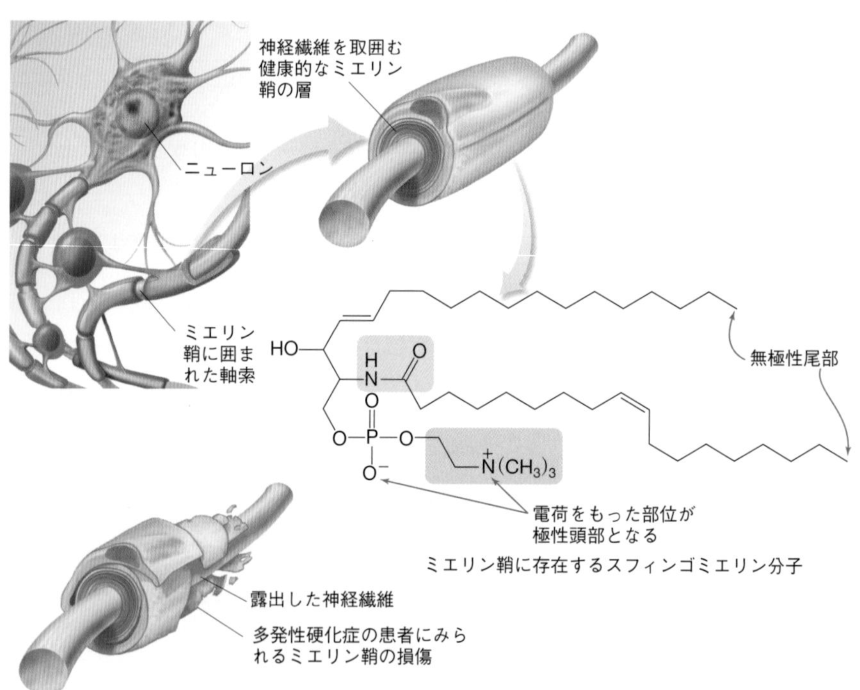

図 1・4　**神経細胞と多発性硬化症**．多発性硬化症(multiple sclerosis)は変性疾患の一つであり，神経繊維をとりまく絶縁層であるミエリン鞘が傷つくことが特徴である．ミエリン鞘による保護がなくなると，正常な神経伝達が中断され，しびれ，失明，言語障害，震えなど，さまざまな影響が現れる．

図1・5に最も一般的な加水分解性脂質であるトリアシルグリセロール，グリセロリン脂質，スフィンゴリン脂質の構造的な特徴を比較した．

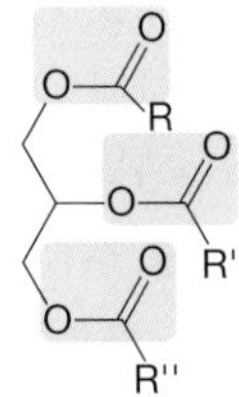

トリアシルグリセロール

- トリアシルグリセロールは三つの無極性側鎖をもつ
- 骨格はグリセロールである
- 三つの脂肪酸から生成する三つのエステルをもつ

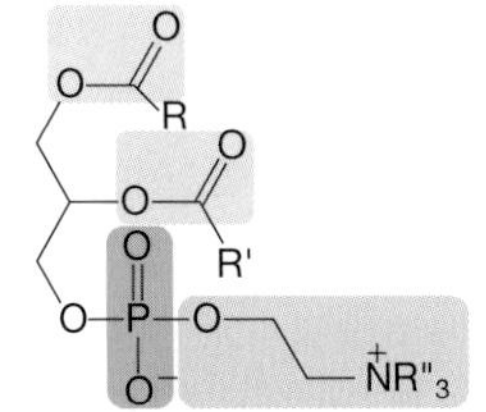

R" = H, CH_3

グリセロリン脂質

- グリセロリン脂質は二つの無極性尾部の側鎖と，一つのイオン性の極性頭部をもつ
- 骨格はグリセロールである
- 二つの脂肪酸と結合した二つのエステルをもつ
- リン酸ジエステルはグリセロールの末端炭素に位置している

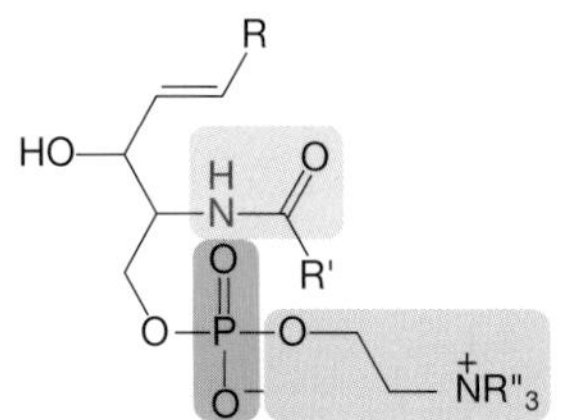

R" = H, CH_3　R=$C_{13}H_{27}$

スフィンゴリン脂質

- スフィンゴリン脂質は二つの無極性尾部の側鎖と，一つのイオン性の極性頭部をもつ
- 骨格はスフィンゴシンである
- スフィンゴリン脂質はエステルではなく，アミドをもつ
- リン酸ジエステルはスフィンゴシンの末端炭素に位置している

図 1・5　**トリアシルグリセロール，グリセロリン脂質，スフィンゴリン脂質の比較**

問題 1・6　次の脂質の成分をトリアシルグリセロール，グリセロリン脂質，スフィンゴリン脂質のいずれかに分類せよ．さらに，グリセロリン脂質については，ホスファチジルエタノールアミン，ホスファチジルコリンのいずれかに分類せよ．

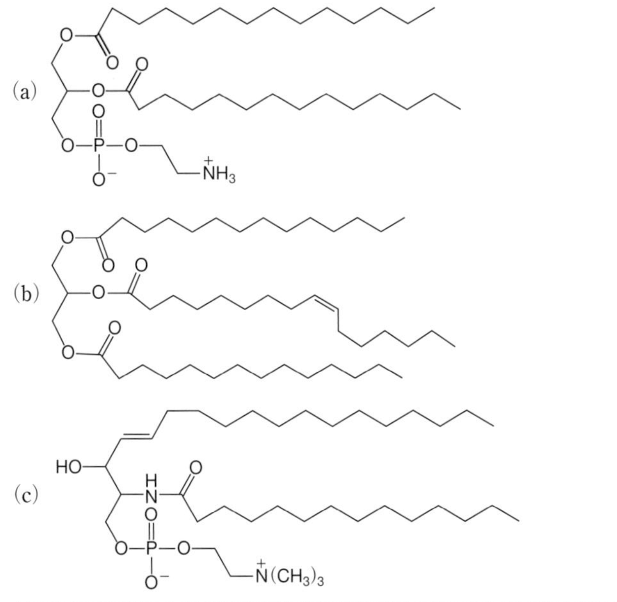

1・7 細 胞 膜

細胞膜は，化学がいかに生体系に役立っているかを示す美しくも複雑な例である．

1・7A 細胞膜の構造

生きている生命体の基本単位は**細胞**である．細胞内部の水溶性媒質を細胞質といい，細胞質は**細胞膜**によって細胞外部の水から隔離されている．細胞膜は一見すると矛盾した二つの機能を果たしている．すなわち，細胞膜は，イオンや分子の細胞内外への移動に対する障壁として機能する一方で，それらを選択的に透過させる役割を果

細胞 cell
細胞膜 cell membrane

たす．これによって，細胞に栄養物を取込み，細胞から老廃物を排出することが可能になっている．

細胞膜を構成する主要な成分は，リン脂質，特にグリセロリン脂質である．リン脂質は親水性の極性頭部と，炭素－炭素結合と炭素－水素結合からなる二つの無極性尾部をもつ．リン脂質を水と混合すると，リン脂質はイオン性の極性頭部を外部に向け，無極性尾部を内部に向けた層状の配列を形成する．この構造体を**脂質二重層**という．極性頭部は極性溶媒の水と静電的に相互作用し，無極性尾部は多数のロンドンの分散力*によって，互いにきわめて接近した位置に保持される．

脂質二重層 lipid bilayer，脂質二重膜ともいう

*　訳注：すべての共有結合化合物の分子間にはたらく弱い引力的な相互作用．分子における電子密度の一時的な非対称性によって生じる瞬間的双極子に由来し，ロンドン（Fritz London）によって定式化された．

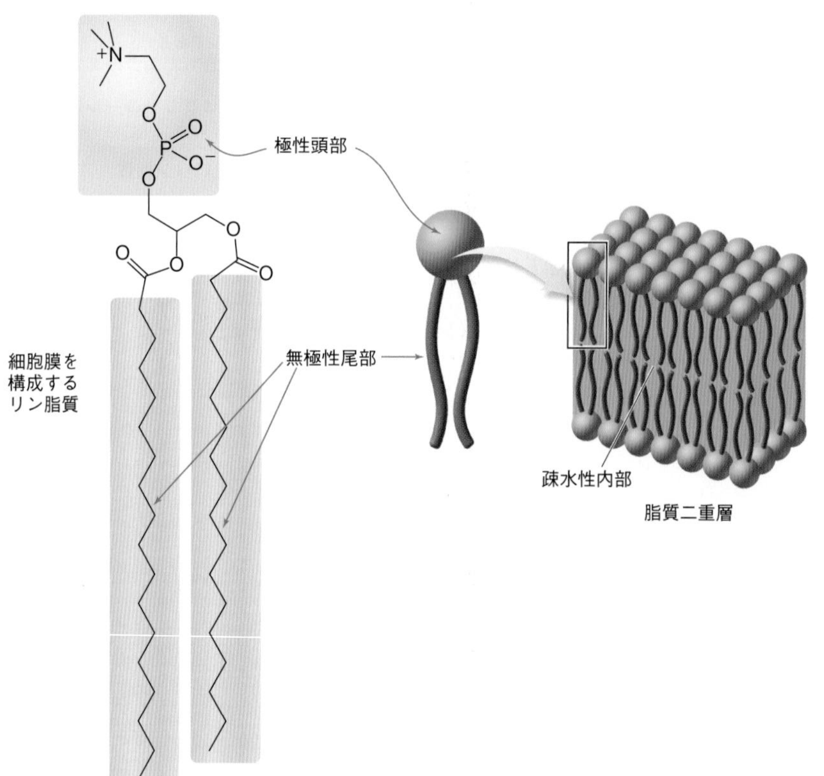

細胞膜はこれらの脂質二重層から形成される（図1・6）．リン脂質の電荷をもった頭部は，細胞の水溶性の内部と外部方向に配向する．無極性尾部は膜の疎水性内部を形成し，外部から細胞を保護する不溶性の障壁として機能する．リン脂質を構成する脂肪酸の種類によって，この二重層の剛直性が決まる．飽和脂肪酸の場合には，無極性尾部が脂質二重層の内部に比較的うまく詰込まれるため，膜の流動性は低下する．一方，不飽和脂肪酸が多い場合には，無極性尾部は秩序的に配列することができないため，脂質二重層は流動性が高くなる．

細胞膜のおもな構造を形成しているのはリン脂質二重層であるが，タンパク質やコレステロール（§1・8）もまた膜に取込まれている．膜の内部に取込まれ，一端だけが外側に伸びているタンパク質を**膜表在性タンパク質**という．また，二重層全体を貫通しているタンパク質を**膜内在性タンパク質**という．膜表面において，炭水化物と結合している脂質やタンパク質も存在する．これらをそれぞれ，**糖脂質**，**糖タンパク質**という．極性の炭水化物側鎖は，細胞をとりまく水溶性媒質の中へと伸びている．

膜表在性タンパク質 peripheral protein of biomembrane

膜内在性タンパク質　integral protein of biomembrane

糖脂質 glycolipid

糖タンパク質 glycoprotein

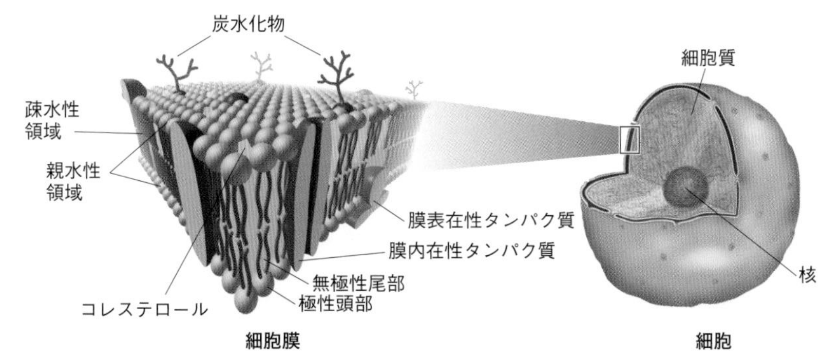

図 1・6　**細胞膜の構成**．細胞膜は脂質二重層からなり，リン脂質の親水性の極性頭部が二重層の外部に配列し，そこで極性頭部は，細胞の内部と外部の極性の水溶性媒質と相互作用している．リン脂質の無極性尾部は二重層の内部に配列し，一方の側から他の側への化学種の移動において選択的な透過性をもつ“脂っぽい”層を形成している．

問題 1・7　細胞膜ではトリアシルグリセロールではなく，リン脂質が存在する理由を説明せよ．

問題 1・8　ある試料から得た細胞膜 **A** は，リノール酸とオレイン酸から生成するリン脂質を含む．別の試料から得た細胞膜 **B** は，ステアリン酸とパルミチン酸から生成するリン脂質を含む．これら二つの細胞膜の性質の違いを述べよ．

1・7B　細胞膜を横断する輸送

細胞膜の片側の水中にある分子やイオンは，どのようにして細胞膜の無極性内部を通過し，もう一方の側へと移動するのだろうか．さまざまな輸送機構が存在する（図 1・7）．

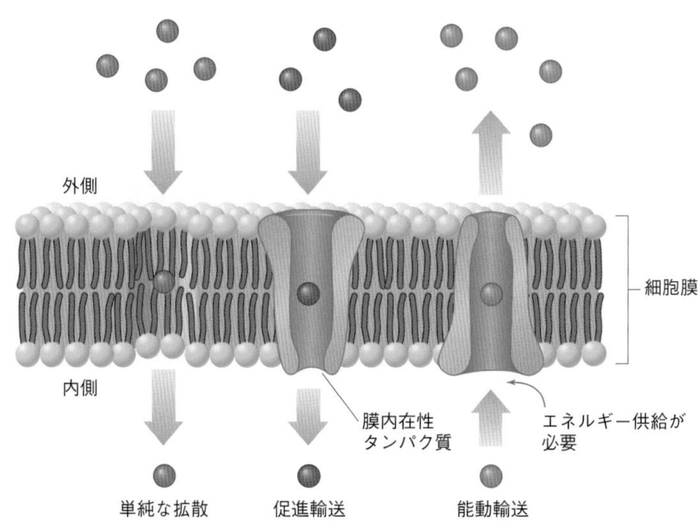

図 1・7　**物質が細胞膜を横断するしくみ**

O_2 や CO_2 のような小さい分子は，濃度の高い側から低い側へ細胞膜を通して単純に拡散する．しかし，比較的大きい極性分子やいくつかのイオンでは，単純な拡散はあまりに遅く，あるいは不可能なので，細胞膜にそれらを輸送する機構が存在する．このような過程を**促進輸送**という．たとえば，Cl^- や HCO_3^- のようなイオン，およびグルコース分子は，膜内在性タンパク質によってつくられたチャネル（流路）を通して移動する．

促進輸送 facilitated transport

いくつかのイオン，特に Na^+, K^+, Ca^{2+} は濃度勾配に逆らって，すなわち濃度の低い側から高い側へと細胞膜を横切って移動する．この方法で膜を横断するイオンの輸

能動輸送 active transport

問題 1・9　イオンが細胞膜の内部を通して容易に拡散しない理由を説明せよ.

送を実現するためには，エネルギーの投入を必要とする．このような過程を**能動輸送**という．神経インパルスによって筋肉の収縮が起こるときには，常に能動輸送が起こる．この過程では，供給されたエネルギーによって，K^+ が細胞の外側から内側へと濃度勾配に逆らって移動する.

1・8　コレステロール: 最も重要なステロイド

ステロイドは六員環 3 個と五員環 1 個からなる炭素骨格をもつ一群の脂質である．ステロイドの四環状炭素骨格を以下に示す.

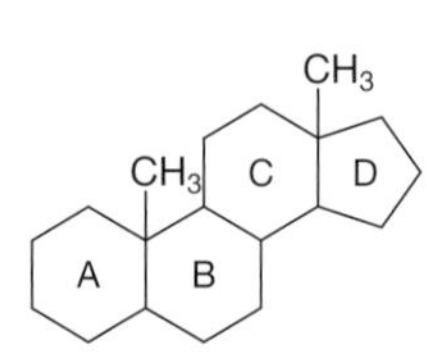

ステロイド骨格

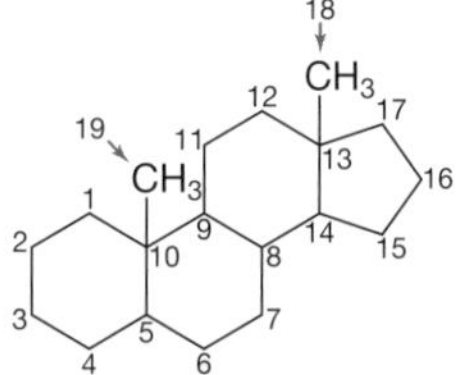

ステロイド骨格の炭素番号

また，多くのステロイドは，環に結合した 2 個のメチル基をもっている．上図に示されたように，ステロイドの四つの環は A 環，B 環，C 環，D 環と標識され，17 個の環炭素に番号がつけられている．2 個のメチル基は C18 と C19 に番号づけられる．ステロイドに属するそれぞれの化合物は，炭素骨格に結合した置換基の種類と位置が異なっている.

コレステロール cholesterol

ステロイドのうちで最も重要な化合物が**コレステロール**である．この化合物は肝臓で合成され，ほとんどすべての生体組織に存在する．コレステロールは健康な細胞膜にとって必須の成分であり，他のすべてのステロイドやビタミン D を合成するための出発物質となる.

植物はコレステロールを合成しないので，新鮮な果物や野菜，ナッツ類，全粒穀物はコレステロールを含まない.

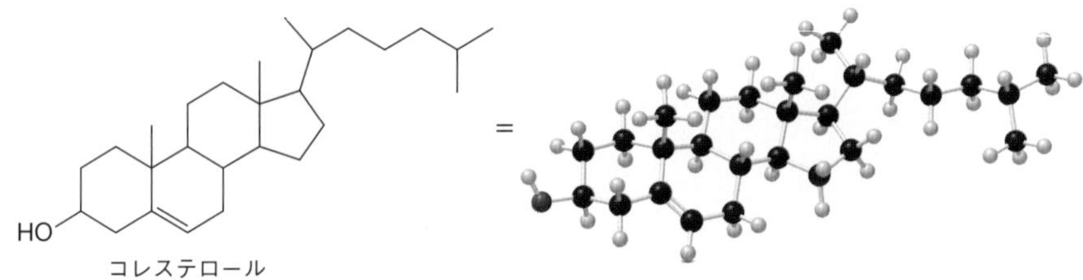

コレステロール

血清コレステロール

健康の専門家は食事に含まれるコレステロールの量を制限すべきであることに賛同しており，また今では，血液中のコレステロール，すなわち血清コレステロールの増大は冠動脈疾患をひき起こす可能性があることが明らかにされている．血清コレステロールのうち，食事に由来するものはわずか 25% であり，残りは肝臓で合成されていると推定されている．血清コレステロール濃度の増大は，冠動脈疾患のほか心臓まひ，心臓発作を起こす危険性の増大と関連している.

コレステロールは食事によって得られ，肉，チーズ，バター，卵などさまざまな食品がその供給源となる.

問題 1・10　(a) コレステロールにおけるステロイド骨格の四つの環のそれぞれは A 環〜D 環のどれか.
(b) OH 基が結合している炭素原子の番号を示せ.
(c) 二重結合が存在する二つの炭素原子の番号を示せ.
(d) コレステロールにおける極性結合を示し，この化合物が水に溶けない理由を説明せよ.

他の脂質と同様に，コレステロールはただ一つの極性 OH 基と，多数の無極性炭素－炭素結合および炭素－水素結合をもつので，血液の水溶性媒質には溶けない．このため，コレステロールは合成された肝臓からそれぞれの組織へ輸送されるために，リン脂質やタンパク質と結合して水に可溶な小さい球状粒子を形成する．この粒子を**リポタンパク質**という.

リポタンパク質 lipoprotein

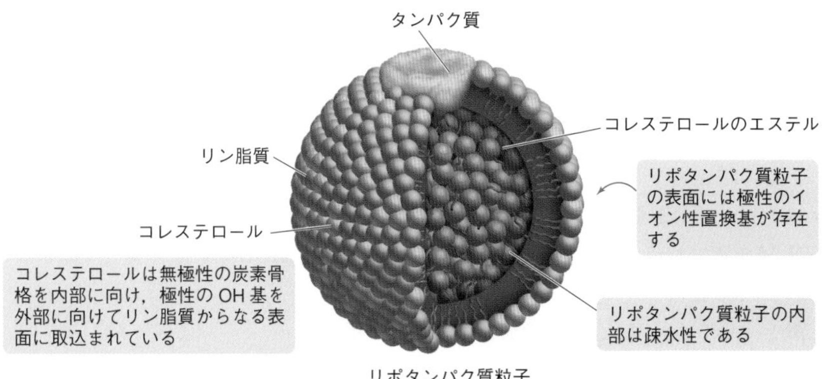

リポタンパク質では，リン脂質の極性頭部やタンパク質の極性部位が表面に配置されている．無極性分子は，粒子の内部に埋込まれる．こうして，無極性物質は水溶性媒質に“溶解する”のである．

リポタンパク質はその密度に基づいて，二つの種類に分類される．この分類は，血清コレステロール濃度を決定する際に特に重要である．

- **低密度リポタンパク質**（LDL）はコレステロールを肝臓から組織へ輸送する．
- **高密度リポタンパク質**（HDL）は逆に，コレステロールを組織から肝臓へと輸送する．

低密度リポタンパク質 low-density lipoprotein，LDL と略記

高密度リポタンパク質 high-density lipoprotein，HDL と略記

図 1・8 に HDL 粒子と LDL 粒子の断面図を示す．HDL 粒子は LDL 粒子に比べて，非常に多くのタンパク質をもつが，含まれるコレステロール（およびコレステロールのエステル）は非常に少ない．

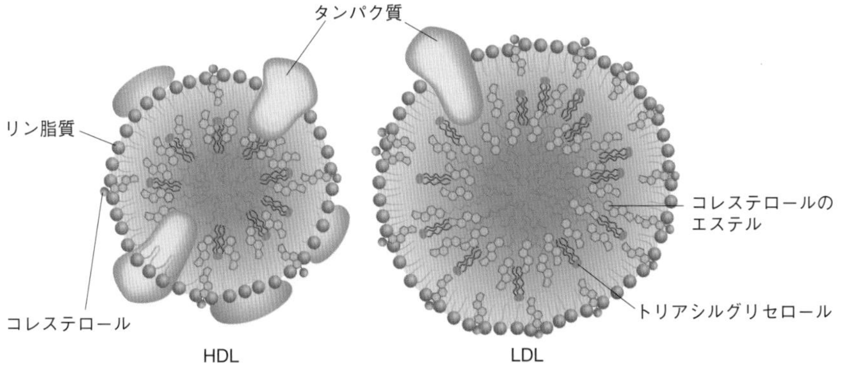

図 1・8　**HDL 粒子と LDL 粒子の断面図**

LDL 粒子はコレステロールを組織へ輸送し，そこでコレステロールは細胞膜の中へ取込まれる．LDL が必要よりも多くのコレステロールを供給するときは，コレステロールが血管の内壁に沈着して，プラークとよばれる病変を形成する（図 1・9）．

(a) 開いた動脈

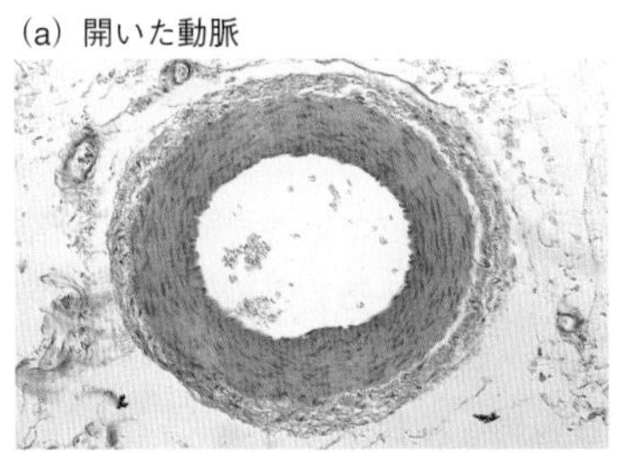

(b) 詰まった動脈

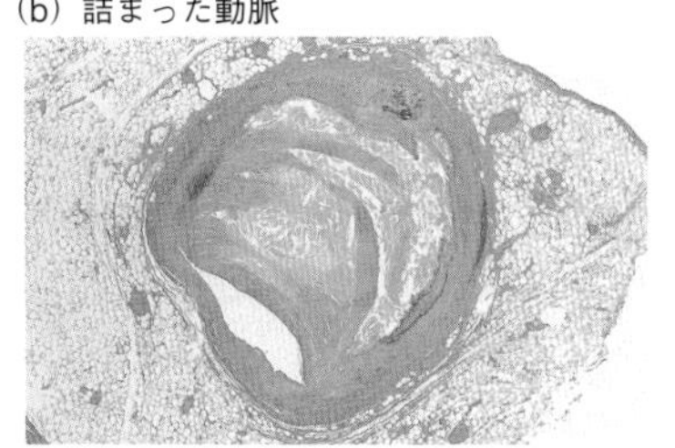

図 1・9　**動脈内のプラーク形成．** (a) プラークの蓄積のないきれいな動脈の断面図．(b) プラークの蓄積によってほとんど完全に詰まった動脈．

アテローム性動脈硬化は，このような脂肪の沈着物が蓄積したことによる病気である．沈着物は血液の流れを抑制し，血圧を上昇させ，心臓まひや心臓発作の可能性を増大させる．これらのことから，LDL コレステロールはしばしば，“悪玉”コレステロールとよばれる．

一方，HDL 粒子は逆に，過剰のコレステロールを組織から肝臓へと輸送する．コレステロールは肝臓で，他の物質へ変換されるか，除去される．このようにして，HDL は血清コレステロールの濃度を減少させるので，HDL コレステロールはしばしば，“善玉”コレステロールとよばれる．

スタチン statin

問題 1・11　トリアシルグリセロールは，リポタンパク質粒子の内部に含まれるか，それともリン脂質とともに粒子の表面に存在すると推定されるか．判断した理由も説明せよ．

図 1・10 には HDL と LDL の血液中の役割を示した．

現在では**スタチン**と総称されるいくつかの薬剤が，血流中のコレステロール濃度を低下させるために用いられている．これらの化合物はコレステロールの合成を，そのきわめて初期の段階で妨げることによって機能する．スタチンの例として，アトルバスタチンとシンバスタチンがある．

アトルバスタチン　　シンバスタチン

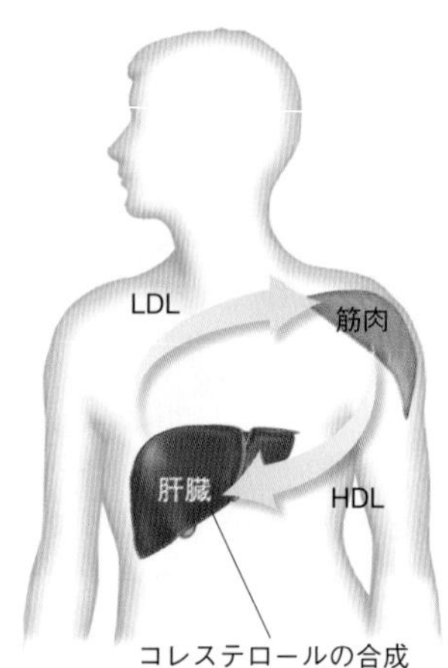

図 1・10　**HDL と LDL の役割．** コレステロールは肝臓で合成される．HDL はコレステロールを肝臓へ戻す役割をもつので，HDL 濃度は高いことが望ましいと考えられる．一方，動脈内のプラークの蓄積を防ぐために，LDL 濃度は低いことが望ましいと考えられる．

1・9　ステロイドホルモン

ホルモン hormone

性ホルモン sex hormone

副腎皮質ホルモン adrenal cortical hormone

エストロゲン estrogen，卵胞ホルモンともいう

プロゲスチン progestin，黄体ホルモンともいう

多くの生物学的に活性なステロイドとして，内分泌腺から分泌されるホルモンがある．**ホルモン**は生体のある部分で合成され，異なった部位で応答を誘発する化合物である．ステロイドホルモンの重要な二つの種類は，**性ホルモン**と**副腎皮質ホルモン**である．

女性ホルモンには**エストロゲン**と**プロゲスチン**の 2 種類がある．

- エストロゲンにはエストラジオールとエストロンがあり，卵巣で合成される．これらは女性の第二次性徴の発達を制御し，月経周期を調整する．
- 代表的なプロゲスチンにはプロゲステロンがあり，これはしばしば“妊娠ホルモン”とよばれる．これは子宮が受精卵の着床のための準備をする役割をもつ．

男性ホルモンは**アンドロゲン**とよばれる．

アンドロゲン androgen

- アンドロゲンにはテストステロンとアンドロステロンがあり，精巣で合成される．これらは男性の第二次性徴の発達，すなわち顔ひげの成長，筋肉量の増大，声の低音化などを制御する．

アナボリックステロイドとよばれる合成アンドロゲン類縁体は，筋肉の増強を促進する．それらは最初に，外科手術の後に使用しなかった筋肉が萎縮した患者を助けるために開発された．その後，アナボリックステロイドは，競技では使用が許可されないにもかかわらず，運動選手やボディビルダーに用いられるようになった．長期にわたって使用すると，多くの身体的および精神的問題が起こるとされている．

アナボリックステロイド anabolic steroid

ボディビルダーはしばしば，筋肉量を増大させるためにアナボリックステロイドを用いる．長期間にわたって，あるいは過剰に使用すると，高血圧，肝臓障害，心血管疾患などの多くの健康上の問題をひき起こす可能性がある．

ステロイドホルモンの第二の種類は副腎皮質ホルモンである．これに属するホルモンの例として，アルドステロン，コルチゾン，コルチゾールがある．これらの化合物はいずれも，副腎の外層で合成される．アルドステロンは体液に含まれる Na^+ と K^+

オリンピックでは，世界アンチ・ドーピング機関の管理により，競技者が使用した禁止薬物を検出するために，尿検査と血液検査が実施されている．

デザイナーステロイド

スタノゾロール，ナンドロロン，テトラヒドロゲストリノンのようなアナボリックステロイドは，テストステロンと同じ効果を身体に及ぼすが，それらはより安定であるため，すぐには代謝されない．テトラヒドロゲストリノン〔tetrahydrogestrinone（THG）あるいはクリアともよばれる〕は記録を向上させる薬剤として，2000 年のシドニーオリンピックにおける陸上競技のスターであったジョーンズ（Marion Jones）によって使用された．この化合物は，最初は禁止薬物を検出するための尿検査で検出されなかったため，“デザイナーステロイド”とよばれた．

の濃度を制御することによって，血液の圧力と体積を調節する．コルチゾンとコルチゾールは，抗炎症薬として役立ち，炭水化物の代謝を調節する．

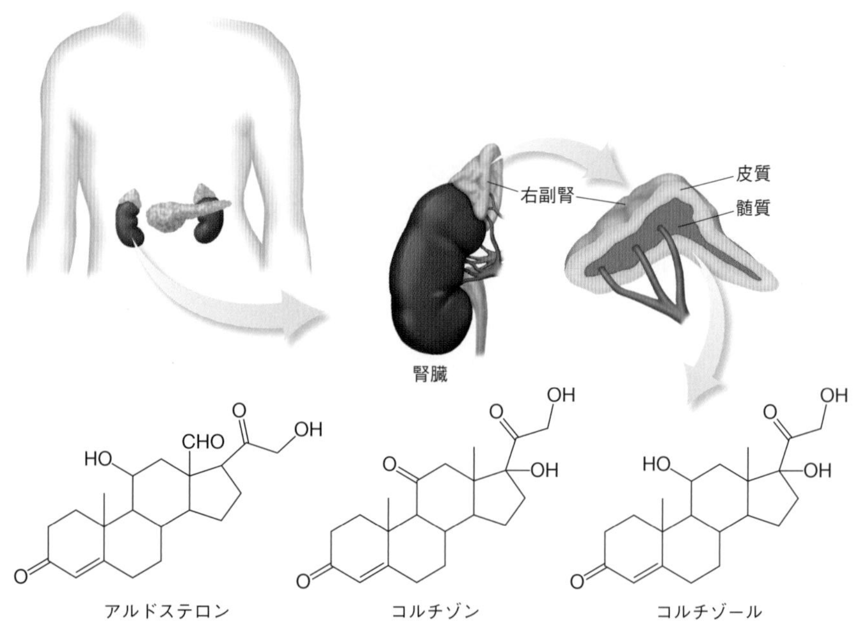

コルチゾンとその関連化合物は，移植手術後の臓器の拒絶反応を抑制するために，また多くのアレルギー性および自己免疫疾患を治療するために用いられる．これらのステロイド剤を長期にわたって使用すると，骨喪失や高血圧などの好ましくない副作用を示すことがある．プレドニゾンは広く用いられている合成代替物であり，類似の抗炎症作用をもつが，経口で取込むことができる．

問題 1・12　エストロンとプロゲステロン（p.25 の図参照）の構造を比較し，次の問いに答えよ．
(a) これらのホルモンのA環における違いを述べよ．
(b) これらのホルモンのC17位における官能基はどのように異なっているか．

プレドニゾン
（合成ステロイド）

1・10　脂溶性ビタミン

ビタミン vitamin

ビタミンは正常な代謝のために，少量が必要とされる有機化合物である．私たちの細胞はこれらの化合物を合成することができないので，食事で得なければならない．ビタミンは，脂溶性と水溶性に分類することができる．脂溶性ビタミンは脂質の一種である．

4 種類の脂溶性ビタミン，すなわちビタミン A, D, E, K は，果物や野菜，魚，レバーや乳製品に含まれている．脂溶性ビタミンは食事から得なければならないが，必ずしも毎日摂取する必要はない．過剰のビタミンは脂肪細胞に貯蔵され，必要なときに用いられる．

ビタミンAはレバー，油の多い魚，乳製品などから得られ，ニンジンの橙色色素である β-カロテンから合成される．生体では，ビタミンAは11-*cis*-レチナール，すなわちすべての脊椎動物における視覚の要因となる光感応性化合物に変換される．また，ビタミンAは健康的な粘膜にとっても必要である．ビタミンAの欠乏は夜盲症のみならず，眼球や皮膚の乾燥をひき起こす．

ビタミンA vitamin A

OH

ビタミンA

ビタミンDはコレステロールから体内で合成されるので，厳密にいえばビタミンではない．それでもビタミンDはビタミンに分類され，多くの食物（特に牛乳）に添加されているので，私たちはこの生命に不可欠な栄養素を十分に摂取することができる．ビタミンDはカルシウムとリンの代謝の調節に役立つ．ビタミンDの欠乏はくる病，すなわち外反膝（がいはんしつ），脊柱変形や他の骨格奇形によって特徴づけられる骨疾患をひき起こす．

ビタミンD vitamin D

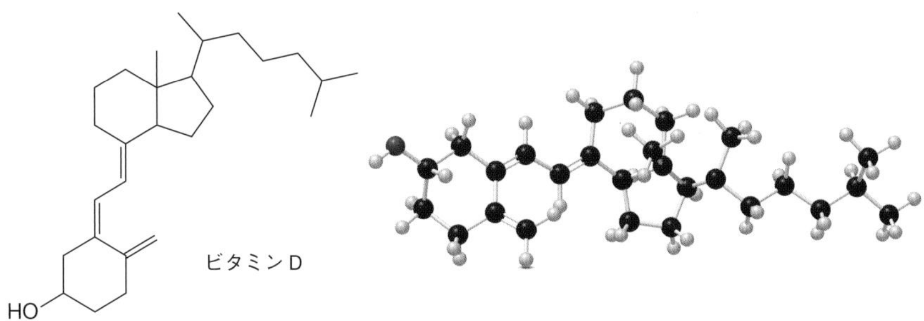

ビタミンEは抗酸化物質の一種であり，これによって，脂肪酸における不飽和側鎖が不必要な酸化から保護されている．ビタミンEが欠乏することはまれであるが，欠乏した場合には，多くの神経的な問題をひき起こす．

ビタミンE vitamin E

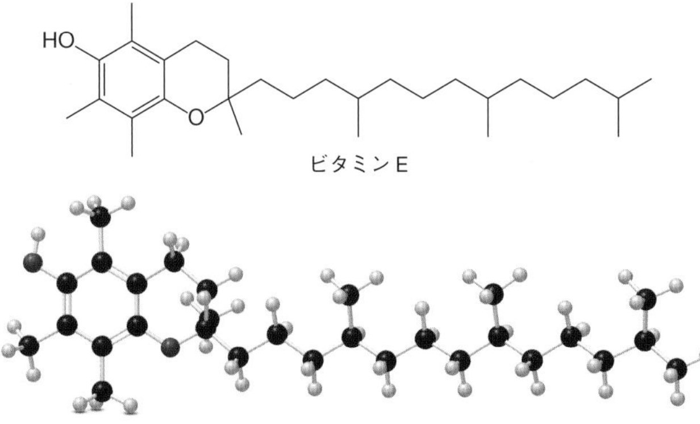

ビタミンKは血液が凝固するために必要なプロトロンビンなどのタンパク質の合成を調節する．ビタミンKがひどく欠乏すると，血液凝固が不十分になるため，過度の，しばしば致命的な出血をひき起こす．

ビタミンK vitamin K

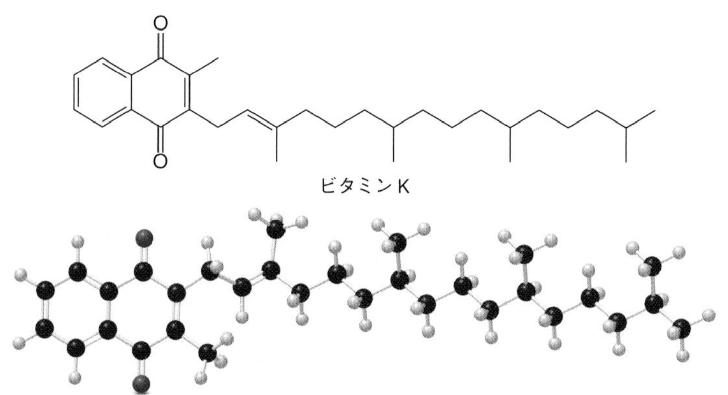

ビタミンK

1・11　プロスタグランジンとロイコトリエン

エイコサノイド eicosanoid

eicosanoid という用語は，"20" を意味するギリシャ語の eikosi に由来している．

脂肪酸の一種であるアラキドン酸に由来する 20 個の炭素原子からなる生物学的に活性な一群の化合物を**エイコサノイド**という．代表的な 2 種類のエイコサノイドは，プロスタグランジンとロイコトリエンである．

アラキドン酸
（四つのシス形二重結合をもつ）
脂肪酸

$PGF_{2\alpha}$
プロスタグランジンの一種

LTC_4
ロイコトリエンの一種

エイコサノイドはいずれも細胞に低濃度で存在し，強い効力をもつ化合物である．エイコサノイドは細胞に貯蔵されることはなく，むしろ外的な刺激に応答してアラキドン酸から合成される．エイコサノイドはそれが合成された環境で機能を示す化合物であり，このような物質を一般に**局所伝達物質**という．この点でエイコサノイドは，ある生体部位で合成された後，機能する部位へと輸送されるホルモンとは区別される．

局所伝達物質 local mediator

プロスタグランジン

プロスタグランジン prostaglandin

プロスタグランジンは五員環をもち，さまざまな生物活性をもつ一群のカルボン酸である．代表的な例として $PGF_{2\alpha}$ と PGE_1 の二つがある．

$PGF_{2\alpha}$　　　PGE_1

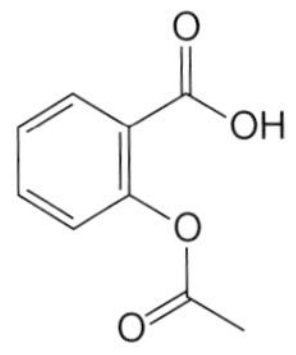

プロスタグランジンは炎症の原因となる．アスピリンやイブプロフェン（欄外）は痛みをやわらげ，炎症を減少させるが，これは，これらの薬剤がプロスタグランジンの合成に必要な酵素シクロオキシゲナーゼを阻害することによって，プロスタグランジンの合成を妨げるためである．

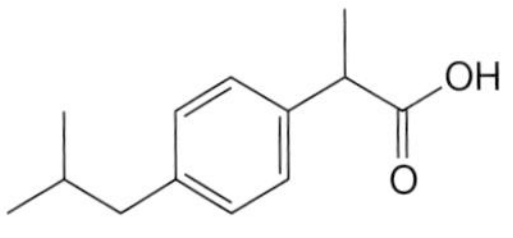

また，プロスタグランジンは胃液の分泌を減少させ，血小板の凝集を抑制し，子宮の収縮を刺激し，子宮の平滑筋を弛緩させる働きをもつ．このような多くの生物学的機能のため，プロスタグランジンとその類縁体はいくつかの臨床的な利用がなされている．たとえば，PGE_2の一般名であるジノプロストンは，分娩を誘発させる際に子宮の平滑筋を弛緩させるために，また初期の妊娠を中絶させるために用いられる．合成プロスタグランジンの一つであるミソプロストールは，胃潰瘍になる危険性の高い患者に発病を抑制するために投与される．

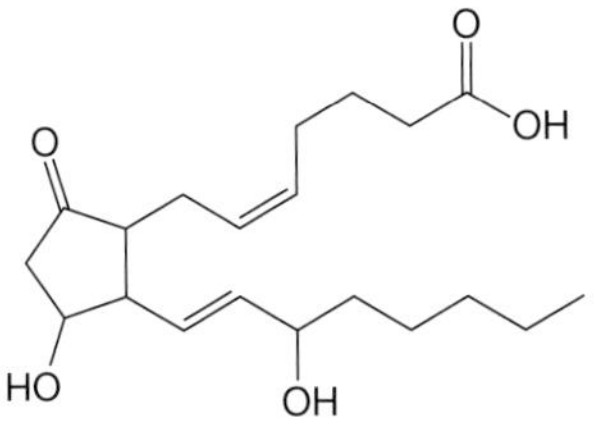

アスピリン

イブプロフェン

PGE_2
（ジノプロストン）

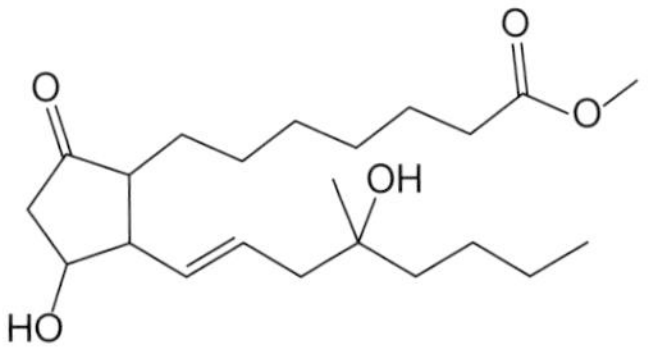

ミソプロストール

さらに最近では，二つの異なるシクロオキシゲナーゼがプロスタグランジン合成の要因となることが発見された．これらの酵素はCOX-1とCOX-2とよばれている．COX-1は通常のプロスタグランジン合成を行うが，COX-2は関節炎のような炎症性疾患において，さらにプロスタグランジンが合成される際に関与する．アスピリンやイブプロフェンのような**非ステロイド性抗炎症薬**はCOX-1とCOX-2の両方の酵素を不活性化する．これらの酵素の不活性化はまた，胃液の分泌の増大をひき起こし，人に潰瘍を生成しやすくする作用ももつ．

非ステロイド性抗炎症薬 nonsteroidal anti-inflammatory drug，**NSAID**と略記

非ステロイド性抗炎症薬

1990年代に，酵素COX-2だけを阻害する一群の抗炎症薬が開発された．これらの薬剤には，ロフェコキシブ，バルデコキシブ，セレコキシブなどがある．これらは胃液の分泌を増大させないため，毎日薬剤を投与する必要がある炎症をもった患者に対して，特に効果的な治療薬として大いにもてはやされた．しかし残念なことに，ロフェコキシブとバルデコキシブは，その使用と心臓まひや心臓発作の危険性の増大が関連づけられたため，これらの薬剤は市場から回収された．一方，セレコキシブは比較的副作用の少ない薬剤として，現在も入手することができ，広く用いられている．

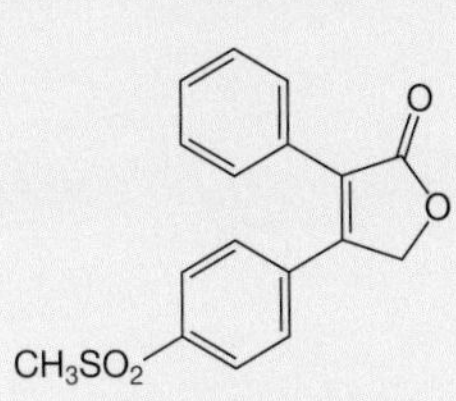

ロフェコキシブ

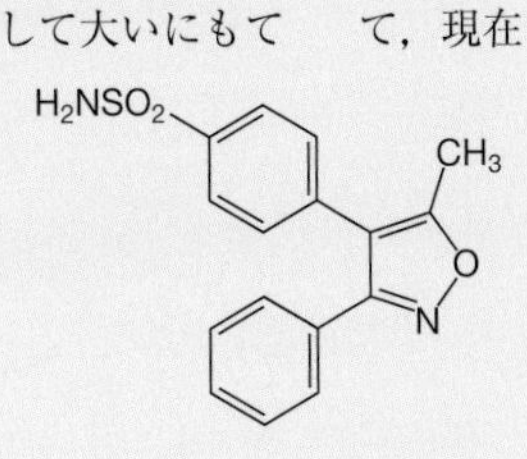

バルデコキシブ

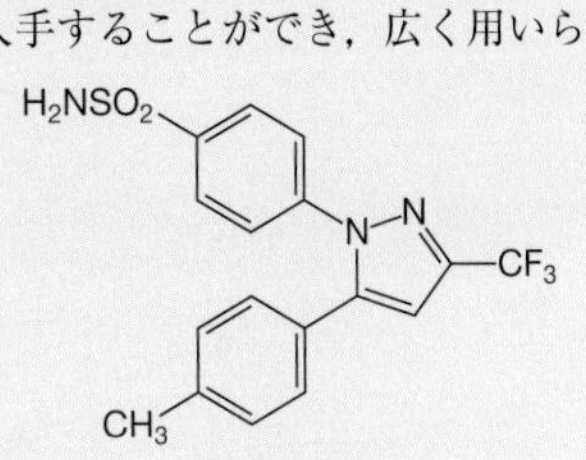

セレコキシブ

問題 1・13　プロスタグランジン PGE_2（p.29 の図参照）に関する次の問いに答えよ．

(a) PGE_2 がもつ官能基の名称を記せ．

(b) PGE_2 の骨格構造式を書け．なお，COOH 基に最も近い二重結合はシス形であり，残りの二重結合がトランス形である．

問題 1・14　ロイコトリエン LTC_4（p.28 の図参照）に関する次の問いに答えよ．

(a) 二つのアルキル基に結合した硫黄原子からなる官能基 RSR をスルフィドという．LTC_4 におけるすべての官能基を識別せよ．

(b) LTC_4 におけるすべての二重結合をシス形あるいはトランス形のいずれかに識別せよ．

気管支喘息とロイコトリエン

気管支喘息（asthma）は呼吸器が慢性的に炎症を起こす閉塞性肺疾患の一つである．喘息では末梢気道の圧迫が突発的に起こるので，気管を広げることによってその症状を治療するために，サルブタモールのような気管支拡張薬が用いられる．また，喘息の特徴として慢性的な炎症が起こるので，炎症を減らす吸入ステロイド薬もよく用いられる．

ロイコトリエン（leukotriene）は特に肺において，平滑筋を収縮させることによって，喘息の症状をひき起こす化合物である．ロイコトリエン C_4（LTC_4）のようなロイコトリエン類は，アラキドン酸から数段階を経て合成される．その最初の段階は，リポキシゲナーゼという酵素が触媒する酸化反応である．

喘息に対する新しい薬剤として，アラキドン酸から LTC_4 の合成を抑制することによって作用する薬剤が開発されている．たとえば，ジロートンは最初の段階に必要な酵素リポキシゲナーゼを阻害する．ジロートンは喘息の要因となる化合物である LTC_4 の合成を抑制することによって，その病気の症状を治療するのではなく，病気の原因を除去するのである．

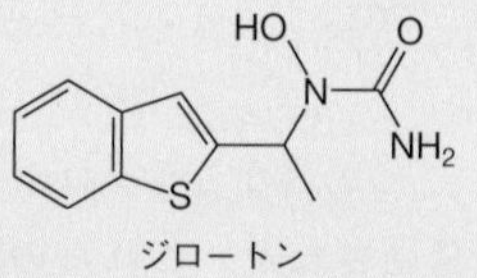

ジロートン

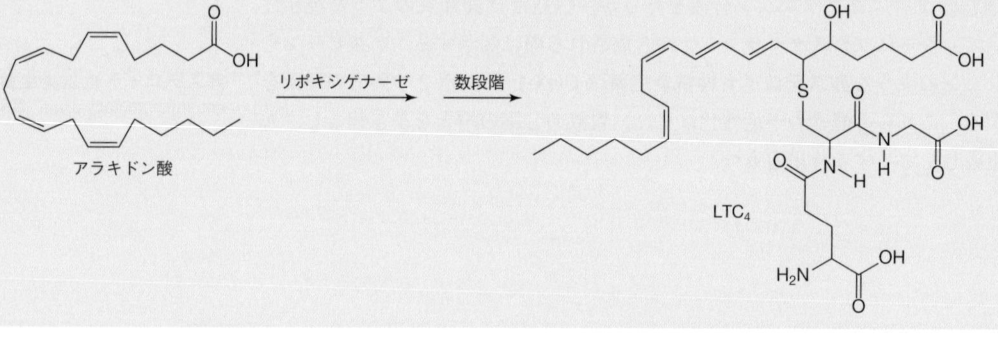

アラキドン酸　→（リポキシゲナーゼ）→（数段階）→　LTC_4

2 炭水化物

2・1 序　論
2・2 単　糖
2・3 単糖の環状形
2・4 単糖の還元と酸化
2・5 二　糖
2・6 多　糖
2・7 有用な炭水化物の誘導体

カニの殻の剛直性は，高分子量の炭水化物分子であるキチンによるものである．店頭で購入できる栄養補助食品として市販されている多くのD-グルコサミンは，甲殻類から供給されている．

2章では炭水化物を扱う．炭水化物は地球上のバイオマスの約50%を占め，自然界における最大の有機化合物群である．細胞で代謝されてエネルギーを供給するグルコース，砂糖として使われるスクロース，植物の茎や樹木の幹をつくるセルロースはいずれも炭水化物の例である．脂質とは異なり，炭水化物の分子は多数の極性官能基をもっている．それらの構造と性質は，有機化学の基本的な原理を適用することによって理解することができる．

2・1 序　論

炭水化物は多数のヒドロキシ基をもつアルデヒドやケトン，および加水分解によってそれらを与える化合物であり，一般に**糖**ともよばれる．歴史的には，この一群の化合物にcarbohydrateという語が与えられたのは，簡単な炭水化物の分子式が$C_n(H_2O)_n$，すなわち炭素の水和物と書かれることによる．

炭水化物 carbohydrate
糖 saccharide

炭水化物は次の三つの種類に分類される．

- 単糖　・二糖　・多糖

単糖は最も簡単な炭水化物である．蜂蜜の主要な二つの成分であるグルコースとフルクトースは単糖である．グルコースは6個の炭素原子からなる鎖の一端にアルデヒドをもち，フルクトースはケトンをもつ．そのほかの炭素原子にはそれぞれ，ヒドロキシ基が結合している．単糖は加水分解によって，さらに簡単な化合物へと変換することはできない．

単糖 monosaccharide

アルデヒド
H–C(=O)
H–C–OH
HO–C–H
H–C–OH
H–C–OH
CH_2OH
グルコース

CH_2OH
C=O ケトン
HO–C–H
H–C–OH
H–C–OH
CH_2OH
フルクトース

一般的な単糖

二糖 disaccharide

二糖は，互いに結合した二つの単糖から構成される．牛乳に含まれるおもな炭水化物であるラクトースは二糖である．二糖は少なくとも一つのアセタール炭素，すなわち二つのアルコキシ基 OR と単結合を形成した炭素原子をもつ．§2・5で学ぶように，二糖は加水分解されて，アルデヒドあるいはケトンをもつ簡単な単糖を与える．

アセタール炭素

ラクトース
一般的な二糖

多糖 polysaccharide

多糖は互いに結合した三つあるいはそれ以上の単糖からなる．二糖と同様に，多糖もアセタール構造をもつ．植物の種子や根にみられるおもな炭水化物であるデンプンは，互いに結びついた何百というグルコース分子からなる多糖である．多糖も加水分解されると，カルボニル基をもつ簡単な単糖を生じる．パスタ，パン，米，ジャガイモなどはたくさんのデンプンを含む食品である．

デンプンの一形態
多糖の一種
（アセタール炭素を＊印で示した）

光合成 photosynthesis

緑色の葉にあるクロロフィルが太陽光を吸収することにより光合成が開始され，CO_2 と H_2O がグルコースと O_2 に変換される．

炭水化物は化学エネルギーの貯蔵庫である．炭水化物は緑色植物や藻類において，**光合成**，すなわち太陽光のエネルギーを用いて二酸化炭素と水を，グルコースと酸素に変換する過程によって合成される．大気中のほとんどすべての酸素は光合成に由来する．植物はグルコースを，デンプンやセルロースのような多糖の形態で貯蔵している（§2・6）．

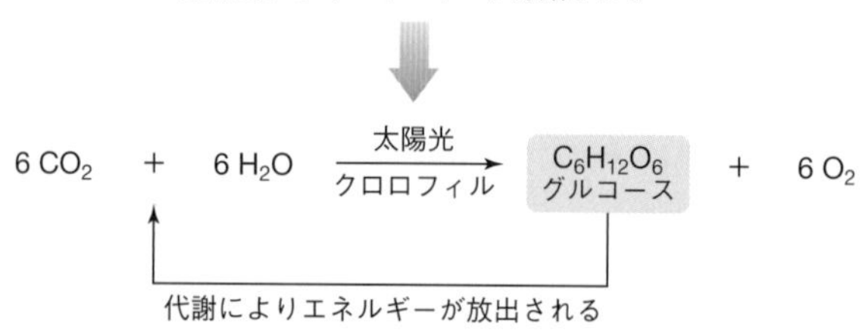

問題 2・1　ラクトース（上図参照）におけるヘミアセタール炭素，すなわち一つの OH 基と一つの OR 基と結合している炭素原子を標識せよ．また，他のすべての OH 基を第一級，第二級，第三級に分類せよ．

グルコースに貯蔵されたエネルギーは，グルコースが代謝されるときに放出される．グルコースは多段階の過程を経て酸化され，二酸化炭素，水，および多量のエネルギーが生成する．代謝によって生成する単位質量当たりのエネルギーは，炭水化物よりも脂質の方が多いが，激しい運動など突発的にエネルギーが必要になったときには，エネルギー供給源としてグルコースが優先して用いられる．グルコースは水に溶けるので，速やかにまた容易に血流によって組織に輸送される．

2・2 単　　糖

単糖は最も簡単な炭水化物である．単糖は一般に，鎖状に連結した3〜6個の炭素原子からなり，末端炭素（C1とする）あるいはそれに隣接した炭素（C2とする）のいずれかにカルボニル基をもつ．ほとんどの炭水化物では，残りの炭素原子のそれぞれにヒドロキシ基OHが結合している．単糖の構造式を書くときには，炭素鎖を垂直に書き，カルボニル基を頂上あるいはその近くに書くことが多い．

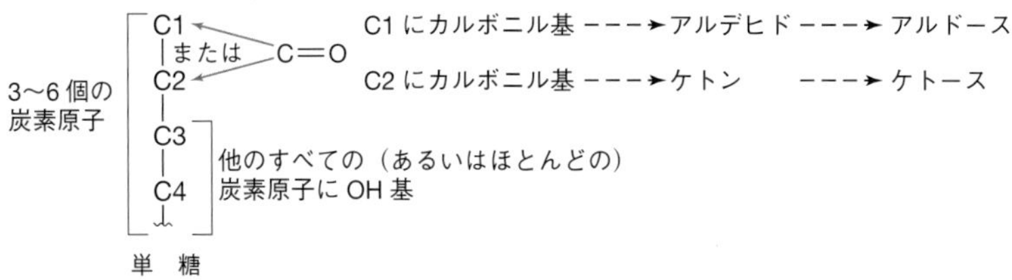

- C1にカルボニル基をもつ単糖はアルデヒドであり，このような単糖を**アルドース**という．
- C2にカルボニル基をもつ単糖はケトンであり，このような単糖を**ケトース**という．

アルドース aldose

ケトース ketose

最も簡単なアルドースは**グリセルアルデヒド**であり，また最も簡単なケトースは**ジヒドロキシアセトン**である．グリセルアルデヒドとジヒドロキシアセトンは，いずれも分子式$C_3H_6O_3$をもつ．したがって，これらは**構造異性体**，すなわち同一の分子式をもつが，互いに原子の配列が異なる化合物である．グルコースは最も一般的なアルドースである．

グリセルアルデヒド glyceraldehyde

ジヒドロキシアセトン dihydroxyacetone

構造異性体 constitutional isomer

アルデヒド ---➤アルドース　　ケトン ---➤ケトース　　アルデヒド ---➤アルドース

H–C=O / H–C–OH / CH_2OH
グリセルアルデヒド

CH_2OH / C=O / CH_2OH
ジヒドロキシアセトン

H–C=O / H–C–OH / HO–C–H / H–C–OH / H–C–OH / CH_2OH
グルコース

すべての炭水化物は慣用名をもつ．最も簡単なアルドースであるグリセルアルデヒドと，最も簡単なケトースであるジヒドロキシアセトンを除いて，すべての単糖の名称の語尾には接尾語“オース（-ose）”がつく．

単糖はその炭素鎖を構成する炭素原子の数によって分類される．

- 3個の炭素原子からなる単糖を**トリオース**という．
- 4個の炭素原子からなる単糖を**テトロース**という．
- 5個の炭素原子からなる単糖を**ペントース**という．
- 6個の炭素原子からなる単糖を**ヘキソース**という．

トリオース triose

テトロース tetrose

ペントース pentose

ヘキソース hexose

さらに，単糖における炭素原子の数とともに，それがアルデヒドかケトンのどちらであるかを示すために，これらの用語はアルドースやケトースと組合わせて用いられる．たとえば，グリセルアルデヒドはアルドトリオース（炭素原子3個でアルデヒド），ジヒドロキシアセトンはケトトリオース（炭素原子3個でケトン），グルコースはアルドヘキソース（炭素原子6個でアルデヒド）である．

例題 2・1　単糖を分類する

次の単糖を，カルボニル基の種類と炭素鎖における炭素原子数によって分類し，対応する名称を記せ．

(a)
```
 H   O
  \ //
   C
   |
H—C—OH
   |
H—C—OH
   |
H—C—OH
   |
  CH2OH
```
リボース

(b)
```
   CH2OH
    |
    C=O
    |
HO—C—H
    |
 H—C—OH
    |
 H—C—OH
    |
   CH2OH
```
フルクトース

解答　まず，カルボニル基の種類を判別し，単糖をアルドースかケトースに分類する．つづいて，炭素鎖における炭素原子数を数え，接尾語を決定する．すなわち，3 個ならば“トリオース (-triose)”，4 個ならば“テトロース (-tetrose)”などとなる．

(a)
```
 H   O
  \ //
   C   <— アルデヒド
   |
H—C—OH
   |
H—C—OH
   |
H—C—OH
   |
  CH2OH
```
リボース
炭素鎖に 5 個の炭素原子

答　アルドペントース (aldopentose)

(b)
```
   CH2OH
    |
    C=O   <— ケトン
    |
HO—C—H
    |
 H—C—OH
    |
 H—C—OH
    |
   CH2OH
```
フルクトース
炭素鎖に 6 個の炭素原子

答　ケトヘキソース (ketohexose)

練習問題 2・1　次の単糖を，カルボニル基の種類と炭素鎖における炭素数によって分類し，対応する名称を記せ．

(a)
```
  H   O
   \ //
    C
    |
HO—C—H
    |
 H—C—OH
    |
 H—C—OH
    |
   CH2OH
```
アラビノース

(b)
```
  H   O
   \ //
    C
    |
HO—C—H
    |
 H—C—OH
    |
   CH2OH
```
トレオース

(c)
```
   CH2OH
    |
    C=O
    |
 H—C—OH
    |
   CH2OH
```
エリトルロース

問題 2・2　(a) アルドテトロース (aldotetrose)，(b) ケトペントース (ketopentose)，(c) アルドヘキソース (aldohexose) の構造式を書け．

単糖はすべて甘味をもつが，それらの相対的な甘さはそれぞれの単糖でかなり異なっている．単糖は極性化合物であり，高い融点をもつ．また，水素結合が可能な多数の極性官能基をもつので，きわめて水に溶けやすい．

2・2A　フィッシャー投影式

炭水化物の構造における顕著な特徴は，キラル中心，すなわち四つの異なる基に結合した炭素原子をもつことである．ジヒドロキシアセトンを除くすべての炭水化物は，一つあるいは複数のキラル中心をもっている．最も簡単なアルドースであるグリセルアルデヒドは，キラル中心を一つもつ．したがって，グリセルアルデヒドには二つのエナンチオマー，すなわち重なり合うことができない鏡像体が存在する．

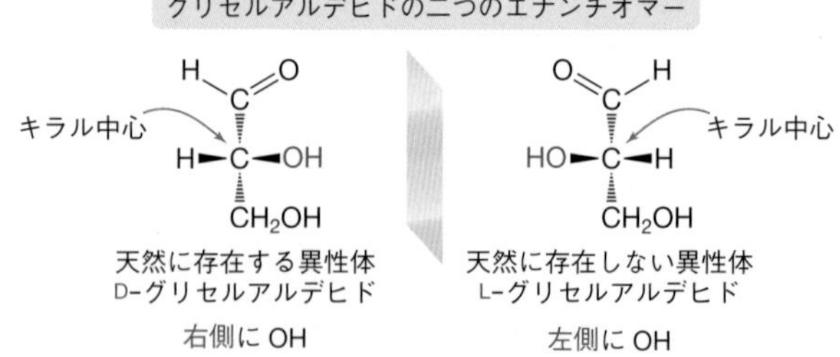

グリセルアルデヒドの二つのエナンチオマーのうち，ただ一つのエナンチオマーが天然に存在する．前述したように，炭水化物の構造式を書くときには，アルデヒドを

頂点に置き炭素鎖を垂直に書くのが慣例であるが，天然に存在するエナンチオマーは炭素鎖の右側に OH 基をもつ化合物である．二つのエナンチオマーは，名称の前に接頭語 D あるいは L をつけることによって区別される．この表記法を用いると，天然に存在するエナンチオマーは D-グリセルアルデヒドと表記され，天然に存在しない異性体は L-グリセルアルデヒドと表記される．

単糖においてキラル中心を表記するためには，一般に**フィッシャー投影式**が用いられる．フィッシャー投影式では正四面体形の炭素原子を十字形で表し，水平の結合は前方に向かい（くさび形），垂直の結合は後方に向かっている（破線のくさび形）．すなわち，フィッシャー投影式では，次のような了解がなされている．

フィッシャー投影式 Fischer projection formula

- 十字形になった二つの線の交点に炭素原子が位置している．
- 水平の結合はくさび形であり，前方に向かっている．
- 垂直の結合は破線のくさび形であり，後方に向かっている．

フィッシャー投影式を用いると，D-グリセルアルデヒドは次のように表される．

CHO
H–C–OH
CH_2OH
D-グリセルアルデヒド

CHO
H–┼–OH
CH_2OH
フィッシャー投影式

問題 2・3　フィッシャー投影式を用いて L-グリセルアルデヒドを書け．

2・2B 複数のキラル中心をもつ単糖

フィッシャー投影式はまた，アルドヘキソースのような複数のキラル中心をもつ化合物を書くためにも用いられる．たとえば，グルコースは以下の構造式に青で標識した 4 個のキラル中心をもつ．分子をフィッシャー投影式に変換するには，アルデヒドを頂点に置いて炭素骨格を垂直に書き，水平の結合は前方に向かっている（くさび形）とみなす．フィッシャー投影式では，それぞれのキラル中心は十字形によって置き換えられる．

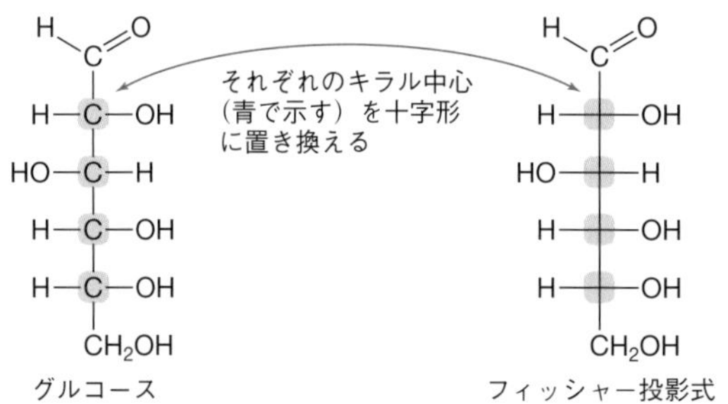

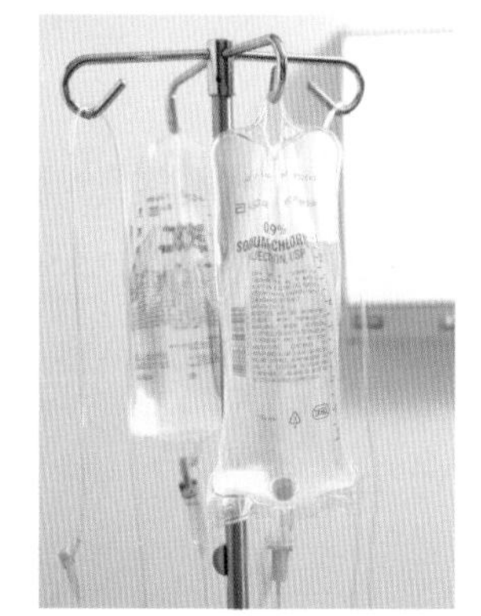
濃度 5% の静脈注射用のグルコース（ブドウ糖）溶液によって，患者に栄養と水分が供給される．

多数のキラル中心をもつ単糖であっても，すべての単糖のエナンチオマーは接頭語 D と L を用いて識別される．カルボニル基から最も離れたキラル中心の立体配置によって，その単糖が D であるか L であるかが決定される．

- カルボニル基から最も離れたキラル中心における OH 基が，D-グリセルアルデヒドのように右側にあるものを D 糖という．
- カルボニル基から最も離れたキラル中心における OH 基が，L-グリセルアルデヒドのように左側にあるものを L 糖という．

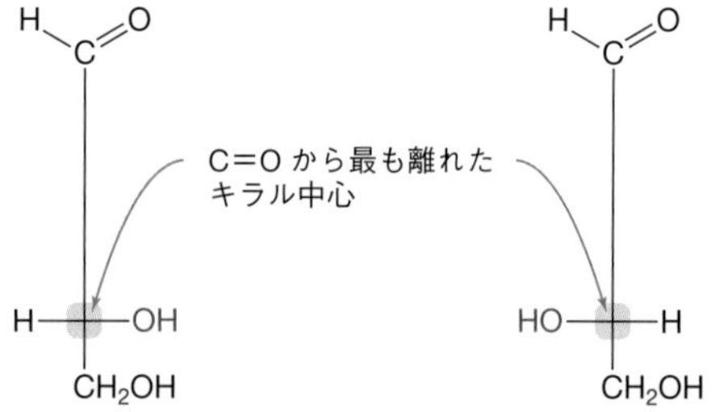

C=O から最も離れたキラル中心

右側に OH
D 糖

左側に OH
L 糖

グルコースおよび他のすべての天然に存在する単糖は，D 糖である．D-グルコースのエナンチオマーである L-グルコースは，天然には存在しない．L-グルコースはすべてのキラル中心において，D-グルコースと反対の立体配置をもつ．

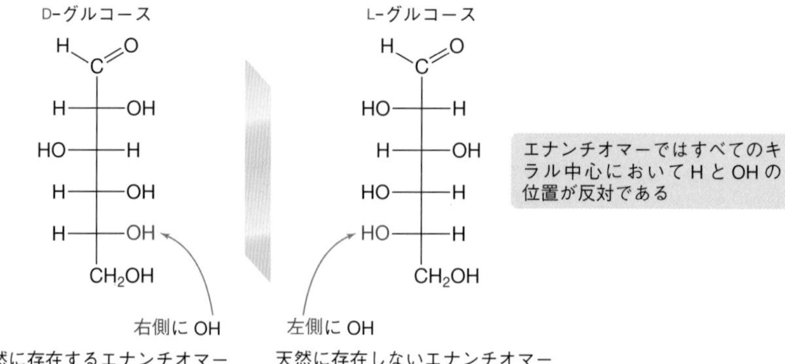

例題 2・2　単糖の立体化学的な特徴を決定する

以下の図はアルドペントースの一種であるリボースのフィッシャー投影式である．以下の問いに答えよ．

(a) すべてのキラル中心を標識せよ．
(b) リボースを D 糖，L 糖のいずれかに分類せよ．
(c) エナンチオマーのフィッシャー投影式を書け．

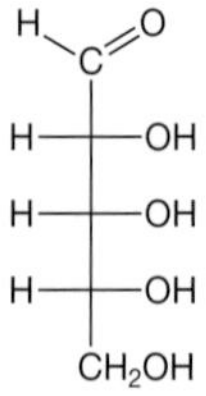

リボース

解答　(a) リボースにおいて，H と OH 基の両方をもつ 3 個の炭素原子はキラル中心であり，それらを青で標識した．

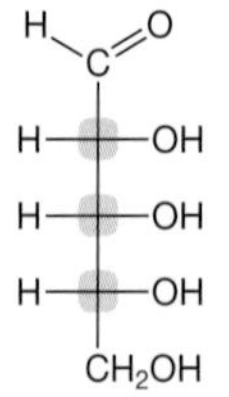

(b) リボースは D 糖である．なぜなら，カルボニル基から最も離れたキラル中心の OH 基が右側にあるからである．

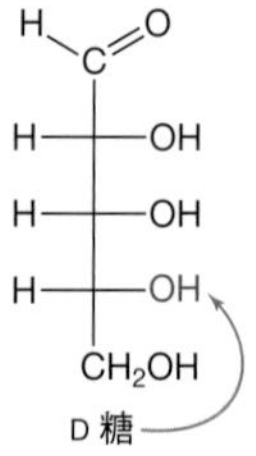

D 糖

(c) D-リボースのエナンチオマーは L-リボースであり，三つの OH 基をすべて炭素鎖の左側にもつ．エナンチオマーの構造式を書くには，それぞれの基を，もとの化合物における基が鏡に映った位置になるように配置する．

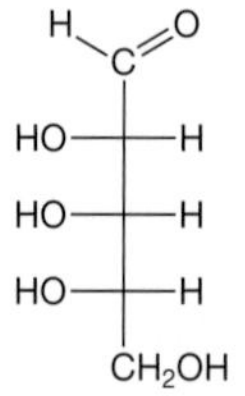

エナンチオマー

（つづく）

練習問題 2・2　右のそれぞれの単糖 (a)〜(c) について，次の問い ①〜③ に答えよ．
① すべてのキラル中心を標識せよ．
② 単糖を D 糖，L 糖のいずれかに分類せよ．
③ エナンチオマーのフィッシャー投影式を書け．

(a)
```
 H   O
  \C//
   |
H——+——OH
   |
H——+——OH
   |
  CH2OH
```

(b)
```
  H   O
   \C//
    |
HO——+——H
    |
 H——+——OH
    |
HO——+——H
    |
   CH2OH
```

(c)
```
  H   O
   \C//
    |
HO——+——H
    |
HO——+——H
    |
 H——+——OH
    |
   CH2OH
```

2・2C　一般的な単糖

天然において最も一般的な単糖は，アルドヘキソースの D-グルコースと D-ガラクトース，およびケトヘキソースの D-フルクトースである．

```
 H   O               H   O               CH2OH
  \C//                \C//                 |
   |                   |                  C=O
 H—C—OH              H—C—OH               |
   |                   |               HO—C—H
HO—C—H              HO—C—H                |
   |                   |                H—C—OH
 H—C—OH             HO—C—H                |
   |                   |                H—C—OH
 H—C—OH              H—C—OH               |
   |                   |                 CH2OH
  CH2OH               CH2OH
```
D-グルコース　　D-ガラクトース　　D-フルクトース

グルコースは，血糖値を測定するときに対象となる糖である．グルコースは最も豊富に存在する単糖であり，多糖のデンプンやセルロースの構成単位となっている．また，グルコースは血流によって組織に輸送され，細胞で代謝されて細胞にエネルギーを供給する．正常な血液中のグルコース濃度（血糖値）は，70〜110 mg/dL 程度である．過剰のグルコースは，多糖のグリコーゲン（§2・6）かあるいは脂肪に変換される．

グルコース glucose，**デキストロース** dextrose，**ブドウ糖**ともいう

インスリンはすい臓で生産されるタンパク質であり，血糖値を調整する機能をもつ．食事の後にグルコース濃度が増加すると，インスリンによって，組織におけるグルコースの取込みとグリコーゲンへの変換が促進される．糖尿病の患者は十分な量のインスリンを生産できないので，血糖値を適切に調整することができず，グルコースの濃度が上昇する．食事に対する細心の注意と毎日のインスリン注射，およびその他の薬剤治療によって，ほとんどの糖尿病患者は，グルコースの正常濃度を維持することができる．しかし，糖尿病に対する管理が十分でないと，患者は心血管疾患，慢性腎不全，失明など多くの重大な合併症を発症することがある．

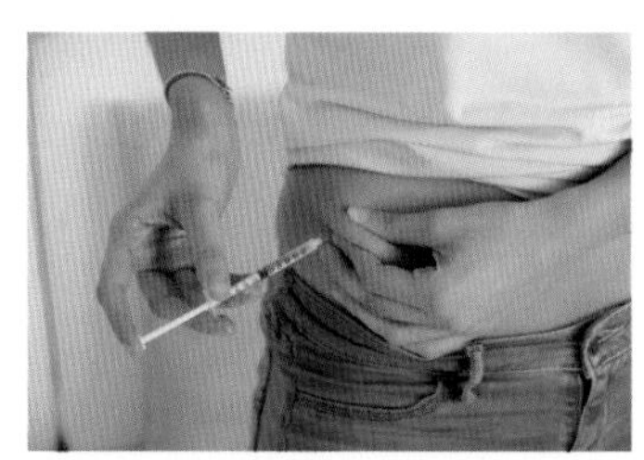
糖尿病の患者はインスリン注射によって，血液中のグルコース濃度を適切な値に維持する．

ガラクトースは，二糖であるラクトース（§2・5）を形成する二つの単糖のうちの一つである．ガラクトースとグルコースの構造を比較すると，ただ一つのキラル中心における水素原子とヒドロキシ基の位置が異なっているため，ガラクトースはグルコースの立体異性体である（欄外）．

ガラクトース galactose

このキラル中心だけが異なる

```
 H   O               H   O
  \C//                \C//
   |                   |
 H—C—OH              H—C—OH
   |                   |
HO—C—H              HO—C—H
   |                   |
[H—C—OH]           [HO—C—H]
   |                   |
 H—C—OH              H—C—OH
   |                   |
  CH2OH               CH2OH
```
D-グルコース　　D-ガラクトース

ガラクトース血症はまれにみられる遺伝的疾患であり，ガラクトースの代謝に必要な酵素を欠くことによって生じる．この患者にはガラクトースが蓄積し，白内障，肝硬変，精神遅滞などさまざまな身体的問題をひき起こす．ガラクトース血症は新生児検査によって検出することができ，患者となった幼児にはラクトースを含むすべての乳製品を避けるために，ダイズを基本とする食事療法が行われる．

ガラクトース血症をもつ患者は，牛乳と牛乳から製造されるすべての製品を避けなければならない．

フルクトースは二糖であるスクロース（§2・5）を形成する二つの単糖のうちの一

フルクトース fructose

つである．フルクトースは蜂蜜に含まれるケトヘキソースであり，単位質量当たりほぼ同じカロリーをもつふつうの砂糖のほぼ2倍の甘さをもつ．

問題 2・4　D-グルコースとD-ガラクトースは，同じ分子式をもつが三次元構造が異なるので，互いに立体異性体である．D-グルコースとD-フルクトースはどのような関係にあるか．また，D-ガラクトースとD-フルクトースはどのような関係にあるか．

2・3 単糖の環状形

アルデヒドやケトンが1当量のアルコールと反応すると，ヘミアセタール，すなわち同じ炭素原子にヒドロキシ基OHとアルコキシ基ORをもつ化合物が生成する．

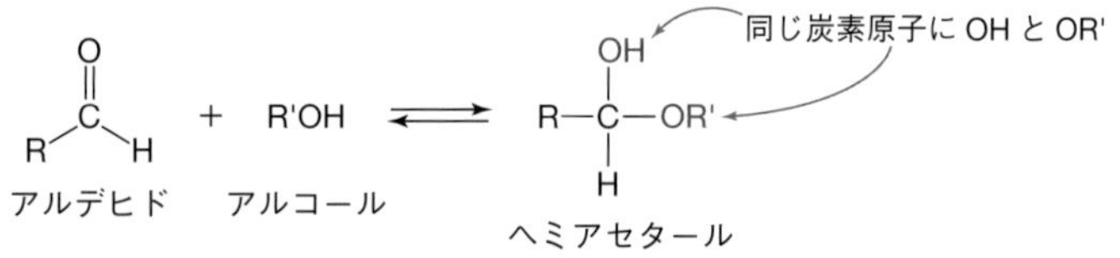

R−CHO（アルデヒド） + R'OH（アルコール） ⇌ R−C(OH)(H)−OR'（ヘミアセタール）

同じ炭素原子にOHとOR'

一般に，非環状化合物から生成するヘミアセタールは不安定である．しかし，化合物がヒドロキシ基と，アルデヒドあるいはケトンの両方をもつときは分子内で環化反応が進行し，安定な環状ヘミアセタールが生成する．

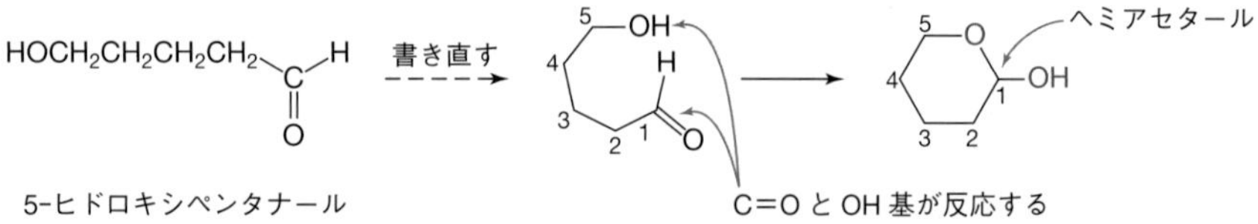

$HOCH_2CH_2CH_2CH_2CHO$（5-ヒドロキシペンタナール） 書き直す → 環状ヘミアセタール

C=OとOH基が反応する

ヘミアセタール

アノマー炭素 anomeric carbon

アノマー anomer

ヘミアセタールの一部である炭素原子を**アノマー炭素**といい，これは新たなキラル中心になる．すなわち，次式のように，二つの異なる化合物が生成することになる．これらを**アノマー**という．

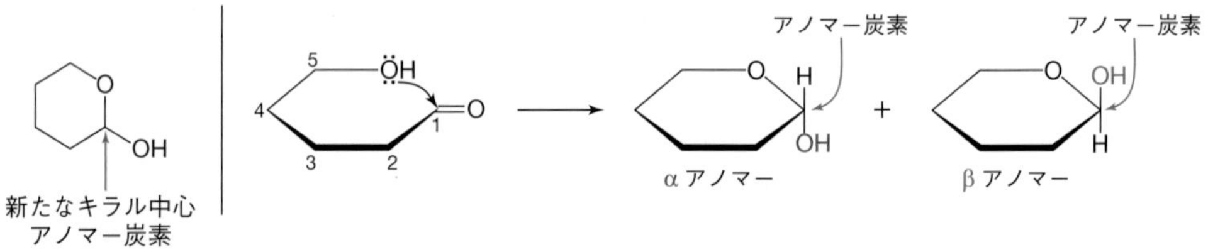

新たなキラル中心
アノマー炭素

αアノマー　βアノマー

α アノマー α anomer

β アノマー β anomer

- 環の下側に，下方に向かって書かれるOH基（赤字で示す）をもつアノマーを**αアノマー**という．
- 環の上側に，上方に向かって書かれるOH基（青字で示す）をもつアノマーを**βアノマー**という．

問題 2・5　次の化合物におけるヘミアセタール炭素の位置を示し，それぞれの化合物をαアノマー，βアノマーのいずれかに分類せよ．

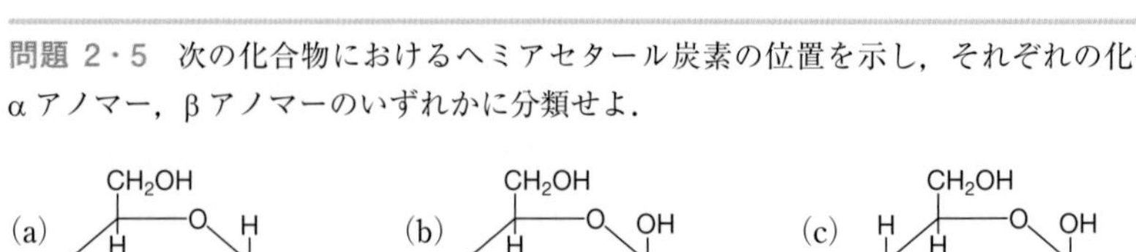

(a)　(b)　(c)

2・3A D-グルコースの環状形

§2・2では単糖は鎖状のカルボニル化合物として書かれたが，単糖のヒドロキシ基とカルボニル基は分子内環化反応を起こし，ヘミアセタールが生成する．D-グルコースについてその過程を示し，あらゆるアルドヘキソースの環状形を書くための一般的な方法を学ぶことにしよう．

グルコースの5個のOH基のうち，どれが六員環を形成するために，カルボニル基から適切な距離にあるだろうか．カルボニル基から最も離れたキラル中心C5に結合した酸素原子は，カルボニル炭素から6原子目にあるので，環化によってヘミアセタールをもつ六員環を形成するために適切な距離にある．

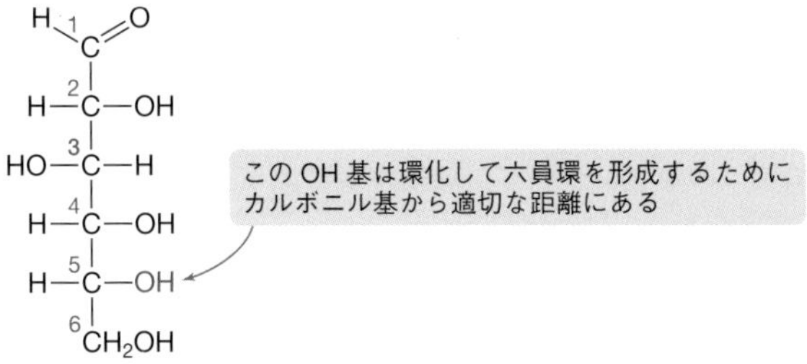

このOH基は環化して六員環を形成するためにカルボニル基から適切な距離にある

D-グルコース

この鎖状形（**A**とする）を環状ヘミアセタールに変換するために，まず，炭素骨格を時計回りに90°回転して**B**とする．**A**の炭素骨格の右側に書かれた基は，**B**では炭素鎖の下側になることに注意してほしい．つづいて，炭素鎖を曲げてC5のOH基をアルデヒドのカルボニルの近くに置き，**C**とする．この過程において，炭素鎖の末端のCH_2OH基は炭素骨格の上側になる．**A, B, C**はすべてD-グルコースの異なる表記であることをしっかりと理解してほしい．分子は回転され，曲げられても，炭素骨格と置換基の相対的な配置は変化しない．

D-グルコース

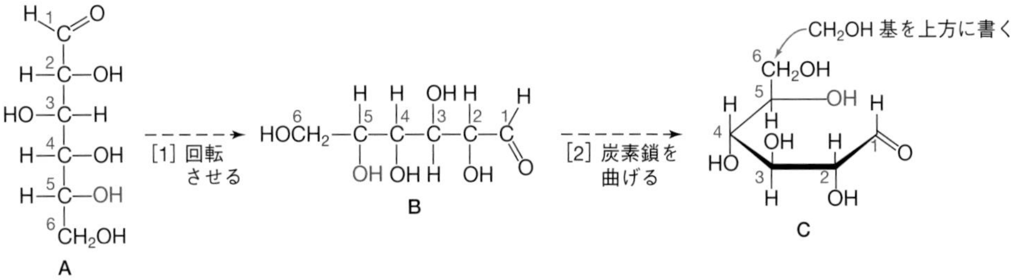

A ［1］回転させる B ［2］炭素鎖を曲げる C

CH_2OH基を上方に書く

いまやC5のOH基と，アルデヒドのカルボニルとの反応によって生成する環状ヘミアセタールを書くための準備が整った．環化によって新たなキラル中心が生成するので，D-グルコースには2種類の環状形，すなわちαアノマーとβアノマーが存在する．

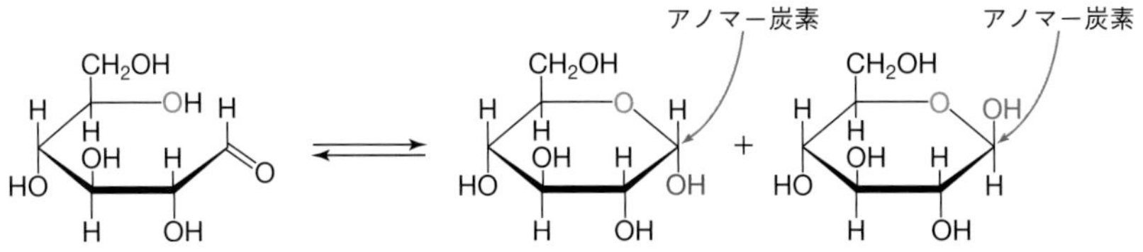

鎖状D-グルコース ⇌ α-D-グルコース ＋ β-D-グルコース

アノマー炭素　アノマー炭素

- α アノマー，すなわち下方に向かって書かれたアノマー炭素上の OH 基（赤字で示す）をもつ化合物を，α-D-グルコースという．
- β アノマー，すなわち上方に向かって書かれたアノマー炭素上の OH 基（青字で示す）をもつ化合物を，β-D-グルコースという．

ハース投影式 Haworth projection formula

グルコースや他の糖の環状ヘミアセタールを表記するために，このような平面の六員環がしばしば用いられる．このような表記法を**ハース投影式**という．

こうして，実際には D-グルコースは，三つの異なる形態で存在することになる．すなわち，鎖状アルデヒド形と二つの環状ヘミアセタール形であり，これらはすべて平衡にある．それぞれの環状ヘミアセタールは単離することができ，別べつに結晶化することができるが，どちらか一つの化合物を溶液にすると，三つの形態すべての平衡混合物が得られる．この現象を**変旋光**という．平衡において，混合物は 37% の α アノマーと 63% の β アノマー，および微量の鎖状アルデヒドからなる．図 2・1 には D-グルコースの三つの形態について，球棒模型により三次元構造を示した．

変旋光 mutarotation

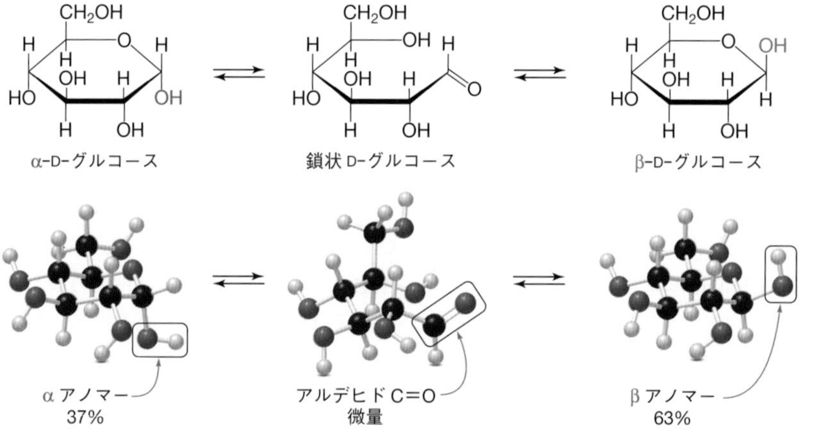

図 2・1　**D-グルコースの三つの形態．** ハース投影式では六員環を平面の六角形として表記するが，実際には三次元模型が示すように，六員環はひだのある非平面構造をとっている．

2・3B　ハース投影式

すべてのアルドヘキソースはおもに，ハース投影式で一般に表記される環状ヘミアセタールとして存在する．次の How To において，鎖状の単糖をハース投影式に変換する段階的な方法を示すことにしよう．

How To　鎖状アルドヘキソースからハース投影式を書く方法

例　以下に D-マンノースの鎖状形の構造式を示す．ハース投影式を用いて，この単糖の両方のアノマーの構造式を書け．

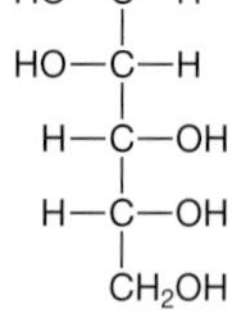

D-マンノース

（つづく）

段階 1 六角形の上方右隅に酸素原子を書き，酸素原子の左側にある最初の炭素原子に CH_2OH 基を付け加える．

- 天然に存在する D 糖では，CH_2OH 基は六員環の平面に対して上側に位置するので，CH_2OH 基は上方に向かって書かれる．

CH_2OH 基は六員環平面の上方にある

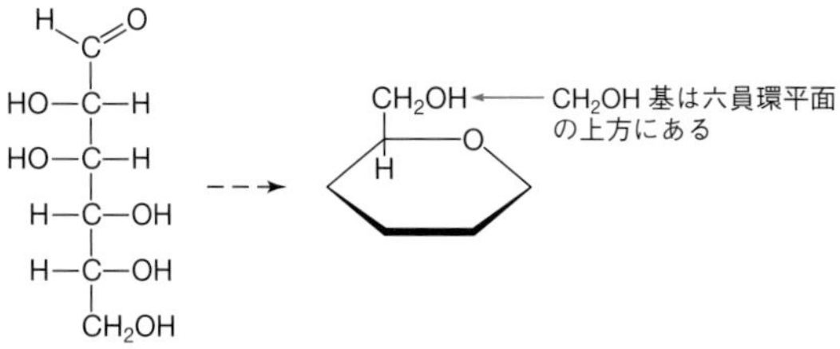

D-マンノース

段階 2 酸素原子から時計回りに移動し，最初の炭素原子をアノマー炭素とする．

- α アノマーを書くときは，D 糖では OH 基を下方に向かって書く．
- β アノマーを書くときは，D 糖では OH 基を上方に向かって書く．

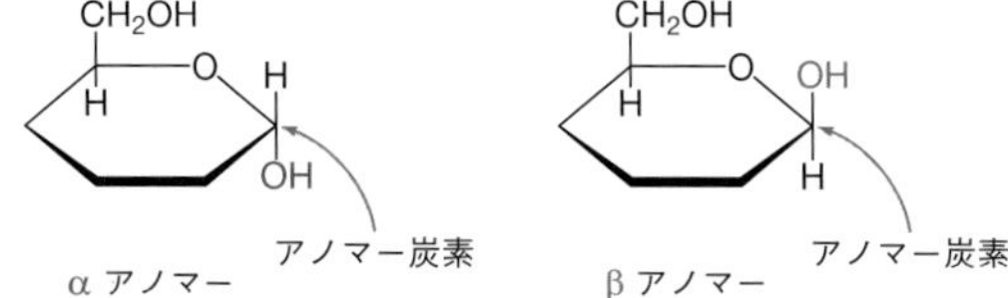

段階 3 置換基（OH と H）を，環に沿って時計回りに残りの三つの炭素原子（C2〜C4）に付け加える．

- 鎖状形において炭素骨格の右側にある置換基（赤字で示す）は，ハース投影式では下方に向かって書かれる．
- 鎖状形において炭素骨格の左側にある置換基（青字で示す）は，ハース投影式では上方に向かって書かれる．

C2〜C4 に置換基を付け加える

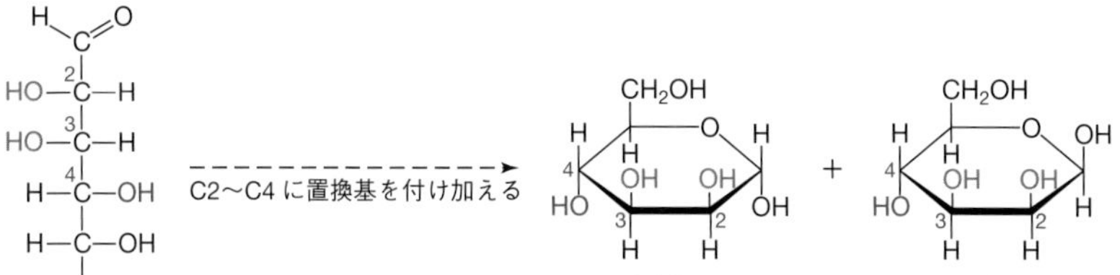

α アノマー　β アノマー

問題 2・6 次のアルドヘキソースを指示されたアノマーへと変換し，ハース投影式を用いてその構造式を書け．

(a) α アノマー　(b) β アノマー　(c) α アノマー

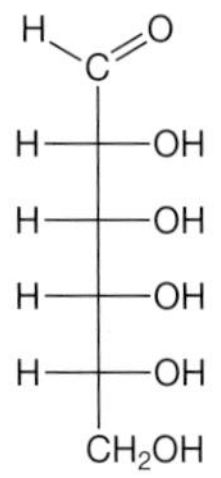

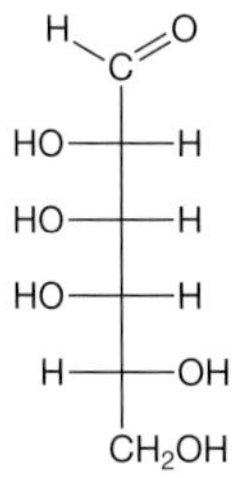

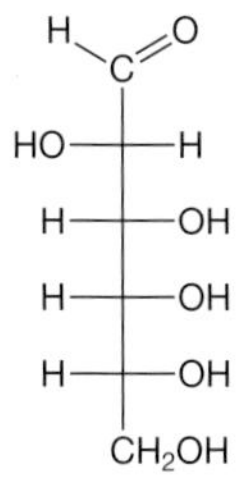

2・3C フルクトース（ケトヘキソース）の環状形

ある単糖類，特にアルドペントースとケトヘキソースは，溶液中で六員環ではなく五員環を形成する．環を構成する原子が一つ少ないことを除いて，六員環を書いたときと同様の方針を適用して，これらの構造を書くことができる．

- 環化によって，ヘミアセタール炭素における二つのアノマーが生成する．D 糖では，新たなキラル中心における OH 基は，α アノマーでは下方に向かって書かれ，β アノマーでは上方へ向かって書かれる．

たとえば，D-フルクトースが環化してヘミアセタールを生成したときには，五員環が形成される．なぜなら，フルクトースのカルボニル基は C1 のアルデヒドではなく，C2 のケトンであるからである．フルクトースの環状形は，五員環に結合した二つの CH_2OH 基をもつことに注意してほしい．そのうちの一つは，アノマー炭素に位置している．

鎖状 D-フルクトース

このOH 基は環化して五員環を形成するためにカルボニル基から適切な距離にある

書き直す

アノマー炭素

α アノマー
α-D-フルクトース

β アノマー
β-D-フルクトース

D-フルクトースの二つの環状形は五員環をもつ

例題 2・3　五員環化合物におけるアノマーを識別する

次の五員環化合物におけるアノマー炭素の位置を示し，それぞれの化合物を α アノマー，β アノマーのいずれかに分類せよ．

(a)

(b)
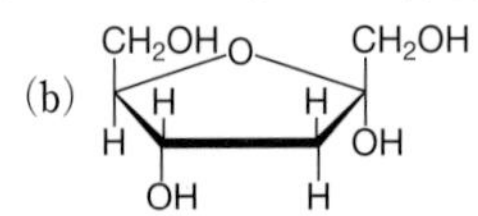

解答　アノマー炭素は OH 基および環の一部である酸素原子と結合している．それぞれの化合物において，アノマー炭素は青で標識されている．(a) ではアノマー炭素の OH 基は上方に向かって書かれているので，β アノマーである．一方，(b) ではアノマー炭素の OH 基は下方へ向かって書かれているので，α アノマーである．

(a) OH 基は上方
β アノマー

(b) OH 基は下方
α アノマー

練習問題 2・3　次の化合物におけるアノマー炭素の位置を示し，それぞれの化合物を α アノマー，β アノマーのいずれかに分類せよ．

(a)

(b)

(c)

2・4 単糖の還元と酸化

鎖状形の単糖がもつ CHO 基（ホルミル基という）は，一般的な二つの反応をする．すなわち，アルコールへの還元とカルボン酸への酸化である．たとえ鎖状形がほんの微量存在するだけであっても，ルシャトリエの原理によって，平衡をその方向に傾かせることができる．鎖状形がもつカルボニル基が反応剤と反応すると，平衡濃度にあった鎖状形は消費されるが，その消失を埋合わせるように平衡が移動するだろう．これによってさらに鎖状形が生成し，それはさらに反応することができる．

2・4A ホルミル基の還元

他のアルデヒドと同様に，アルドースのカルボニル基は，金属パラジウム Pd の存在下で水素 H_2 によって還元され，第一級アルコールが生成する．アルドースの還元によって得られるアルコールを一般に，**アルジトール**といい，しばしば**糖アルコール**とよばれることもある．たとえば，D-グルコースを H_2 と Pd によって還元すると，アルジトールの一種であるソルビトールが生成する．ソルビトールはグルシトールとよばれることもある．

アルジトール alditol
糖アルコール sugar alcohol

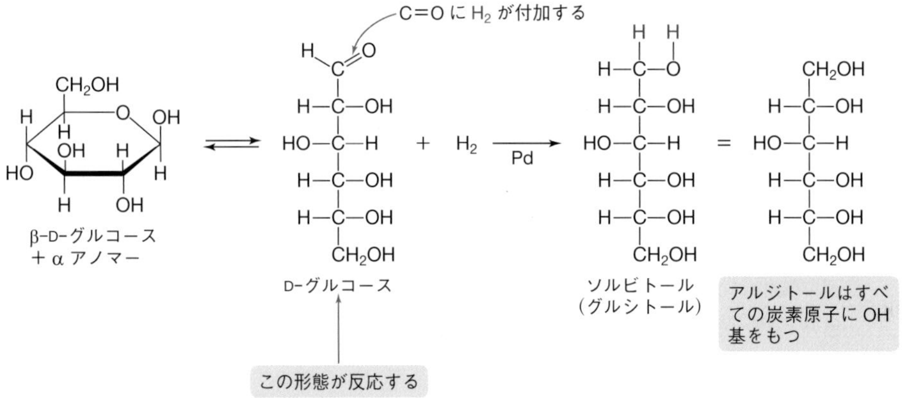

C=O に H_2 が付加する

β-D-グルコース ＋α アノマー ⇌ D-グルコース ＋ H_2 →(Pd) ソルビトール（グルシトール）

この形態が反応する

アルジトールはすべての炭素原子に OH 基をもつ

ソルビトールは砂糖（スクロース，p.50）よりも 60％ほど甘味が強く，さまざまな無糖キャンディーやガムの甘味料として用いられている．

例題 2・4 アルドースの H_2 による還元生成物を書く

D-キシロースを Pd 触媒の存在下で H_2 と反応させたとき，生成する化合物の構造式を書け．生成物のキシリトールは，無糖のチューインガムなどさまざまな食品に用いられる人工甘味料である．

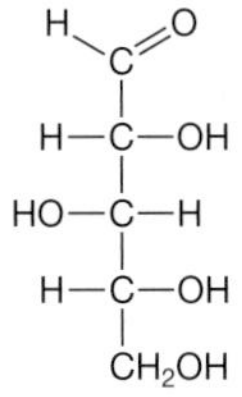

D-キシロース

（つづく）

解答

一つの結合を開裂させる

```
 H   O                                     H  H
  \ //                                     |  |
   C                                    H—C—O           CH2OH
   |                                      |               |
H—C—OH                                 H—C—OH         H—C—OH
   |                   Pd                 |               |
HO—C—H     +   H—H   ——→              HO—C—H     =   HO—C—H
   |                                      |               |
H—C—OH                                 H—C—OH         H—C—OH
   |                                      |               |
  CH2OH                                  CH2OH           CH2OH
```

単結合を開裂させる

キシロース　　キシリトール

練習問題 2・4　次のアルドースを Pd 触媒の存在下で H_2 と反応させたとき，生成する化合物の構造式を書け．

```
(a)  H   O        (b)  H   O        (c)  H   O
      \ //              \ //              \ //
       C                 C                 C
       |                 |                 |
    H—C—OH            H—C—OH            H—C—OH
       |                 |                 |
    H—C—OH           HO—C—H             H—C—OH
       |                 |                 |
    H—C—OH           HO—C—H               CH2OH
       |                 |
      CH2OH           H—C—OH
                         |
                        CH2OH
```

2・4B　ホルミル基の酸化

アルドン酸 aldonic acid

ベネディクト試薬 Benedict's reagent

アルドースのホルミル基 CHO はさまざまな反応剤で容易に酸化され，カルボキシ基に変換される．アルドースの酸化によって得られるカルボン酸を一般に，**アルドン酸**という．たとえば，D-グルコースを**ベネディクト試薬**とよばれる Cu^{2+} を含む反応剤で酸化すると，アルドン酸の一種であるグルコン酸が生成する．この反応では，青色の Cu^{2+} が Cu^{+} へ還元され赤褐色の Cu_2O が生成するので，特徴的な色調変化が起こる．

```
 H   O                                       HO   O
  \ //                                         \ //
   C                                            C
   |                                            |
H—C—OH                                       H—C—OH
   |                                            |
HO—C—H     +   2 Cu2+      ————→            HO—C—H      +   Cu2O
   |           (青色)        OH−                |              (赤褐色)
H—C—OH                                       H—C—OH
   |                                            |
H—C—OH                                       H—C—OH
   |                                            |
  CH2OH                                        CH2OH
```

D-グルコース　　グルコン酸

還元糖 reducing sugar

非還元糖 nonreducing sugar

この反応は，生成物のカルボン酸が反応物のアルデヒドよりも一つ多い C−O 結合をもつので，酸化反応である．ベネディクト試薬などの酸化剤によって酸化される炭水化物を，一般に**還元糖**という．これは，たとえば酸化剤のベネディクト試薬に含まれる Cu^{2+} は，反応によって Cu^{+} に還元されるためである．ベネディクト試薬のような酸化剤と反応しない糖を**非還元糖**という．すべてのアルドースは還元糖である．

意外に思うかもしれないが，ケトースもまた還元糖である．ケトースは容易に酸化されるアルデヒドをもたないが，ケトースには CH_2OH 基に隣接したカルボニル基が存在する．これが塩基性条件下で転位を起こしてアルドースが生成し，それがベネディクト試薬によって酸化されるのである．たとえば，フルクトースはアルドースに転位し，さらにアルドン酸に酸化される．こうして，フルクトースは還元糖となる．

C2 に C=O 基 ケトン
CH_2OH
C=O
HO—C—H
H—C—OH
H—C—OH
CH_2OH
フルクトース

転位 ⇄

C1 に C=O 基 アルデヒド
H—C=O
H—C—OH
HO—C—H
H—C—OH
H—C—OH
CH_2OH
アルドース

$2\ Cu^{2+}$ / OH^- →

HO—C=O
H—C—OH
HO—C—H
H—C—OH
H—C—OH
CH_2OH
アルドン酸

+ Cu_2O

例題 2・5 アルドースの酸化生成物を書く

次の単糖を，ベネディクト試薬によって酸化したときに生成する化合物の構造式を書け．

(a)
H—C=O
H—C—OH
HO—C—H
CH_2OH
L-トレオース

(b)
CH_2OH
C=O
H—C—OH
CH_2OH
D-エリトルロース

解答 アルドースの酸化生成物を書くには，CHO 基を COOH 基に変換させればよい．ケトースを酸化するには，まずケトースのカルボニル基を C1 に移動させてアルデヒドとすることによりアルドースに転位させ，それから CHO 基を COOH 基に変換する．(a) の L-トレオースはアルドースであるので，その酸化生成物は直接書くことができる．(b) の D-エリトルロースはケトースであるので，アルドースに転位してから，酸化が起こる．

(a)
アルデヒド
H—C=O
H—C—OH
HO—C—H
CH_2OH
L-トレオース

酸化 →

HO—C=O
H—C—OH
HO—C—H
CH_2OH

(b)
CH_2OH
ケトン → C=O
H—C—OH
CH_2OH
D-エリトルロース

転位 →

H—C=O
H—C—OH
H—C—OH
CH_2OH

酸化 →

HO—C=O
H—C—OH
H—C—OH
CH_2OH

練習問題 2・5 次の単糖の酸化によって生成するアルドン酸の構造式を書け．

(a)
H—C=O
H—C—OH
H—C—OH
H—C—OH
CH_2OH

(b)
H—C=O
H—C—OH
H—C—OH
CH_2OH

(c)
CH_2OH
C=O
HO—C—H
HO—C—H
H—C—OH
CH_2OH

問題 2・7 以下に D-アラビノースの構造式を示す．この化合物を次のそれぞれの反応剤と反応させたとき，生成する化合物の構造式を書け．

(a) H_2，Pd

(b) ベネディクト試薬

H—C=O
HO—C—H
H—C—OH
H—C—OH
CH_2OH
D-アラビノース

グルコース濃度の測定

糖尿病の患者はしばしば，彼らの血糖値が適切な範囲にあることを確認するために血液中のグルコース濃度を測定する．これを実施するために今日行われている一般的な方法には，酵素グルコースオキシダーゼによりグルコースをグルコン酸へ酸化する反応が用いられている．

$$\text{D-グルコース} + O_2 \xrightarrow{\text{グルコースオキシダーゼ}} \text{グルコン酸} + H_2O_2$$

D-グルコース：$HC(=O)-CH(OH)-CH(OH)-CH(OH)-CH(OH)-CH_2OH$（H−C−OH，HO−C−H，H−C−OH，H−C−OH，CH_2OH）

グルコン酸：$HOC(=O)-CH(OH)-CH(OH)-CH(OH)-CH(OH)-CH_2OH$（H−C−OH，HO−C−H，H−C−OH，H−C−OH，CH_2OH）

グルコースオキシダーゼの存在下，グルコースのホルミル基は空気中の酸素 O_2 によってカルボキシ基に酸化される．その際に，O_2 は過酸化水素 H_2O_2 に還元される．グルコース濃度を測定するために用いられた初期の機器では，この反応で生成する H_2O_2 を他の有機化合物と反応させて着色した化合物を生成させ，着色の強度を血液中のグルコースの量に換算した．尿中のグルコース濃度を測定するために用いられる試験紙は，まだこの技術に基づいている．

現代のグルコース測定器は電子装置であり，一定量の血液と反応する酸化剤の量を測定する（下図）．この値は血糖値に換算され，その結果は数字で表示される．高い血糖値は患者がさらにインスリンを必要としていることを，また低い血糖値はいくらかのカロリーを摂取すべき時間であることを示唆している．

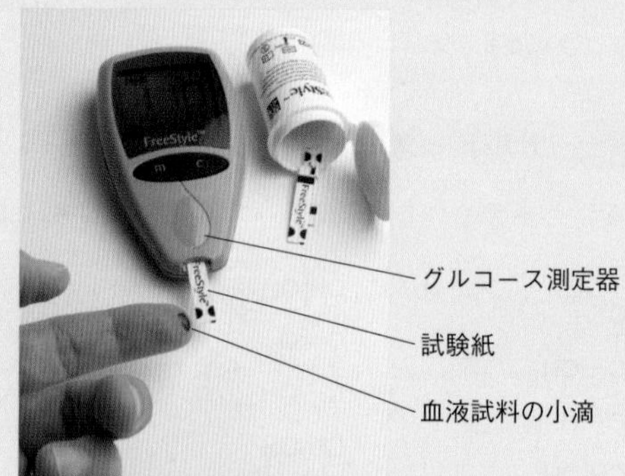

血液中のグルコース濃度の測定．使い捨ての試験紙の上に血液の小滴を置き，試験紙を電子グルコース測定器に挿入すると，グルコース濃度が数字で表示される．

2・5　二　糖

アセタール acetal

二つの単糖からなる炭水化物を二糖という．二糖類は**アセタール**であり，二つのアルコキシ基 OR に結合した炭素原子をもつ．ヘミアセタールとアルコールが反応すると，アセタールが生成する．

$$\text{(環状ヘミアセタール)}-OH + CH_3OH \longrightarrow \text{(アセタール)}-OCH_3 + H_2O$$

同様に二糖は，一つの単糖のヘミアセタール部分と，もう一つの単糖のヒドロキシ基が反応してアセタールを生成したものである．二つの環を結びつける新たな C−O 結合を**グリコシド結合**という．

グリコシド結合 glycosidic linkage

$$\text{(ヘミアセタール, C1)}-OH + HO-\text{(C4)} \longrightarrow \text{C1}-O-\text{C4} + H_2O$$

二糖の一般式
（アセタール酸素を赤字で示した）

二つの単糖は五員環の場合も，六員環の場合もある．すべての二糖は，少なくとも一つのアセタール部分をもち，それによって二つの環が結びついている．それぞれの環を構成する炭素原子の番号は，アノマー炭素，すなわち二つの酸素原子に結合した炭素原子を C1 として順につける．

二糖において二つの単糖を結びつけるグリコシド結合は，二つの異なる配向をとることができる．これらはハース投影式を用いて，以下に示す構造 **A** と **B** によって表すことができる．

αグリコシド

グリコシド結合は下方に向いている

α1→4 グリコシド結合

A

βグリコシド

グリコシド結合は上方に向いている

β1→4 グリコシド結合

B

- グリコシド結合が，単糖を結びつけているアセタールを含む環の平面の下側にあり，下方に向かって配向しているものを **αグリコシド**という．
- グリコシド結合が，単糖を結びつけているアセタールを含む環の平面の上側にあり，上方に向かって配向しているものを **βグリコシド**という．

αグリコシド α glycoside

βグリコシド β glycoside

二糖においてどの環原子が結びついているかを示すために，炭素原子の番号が用いられる．たとえば，構造 **A** のグリコシド結合は下方に向かって配向し，一つの環の C1 ともう一つの環の C4 を結びつけているので，**α1→4 グリコシド結合**という．また，構造 **B** のグリコシド結合は上方に向かって配向し，一つの環の C1 ともう一つの環の C4 を結びつけているので，**β1→4 グリコシド結合**という．

α1→4グリコシド結合 α1→4 glycosidic linkage

β1→4グリコシド結合 β1→4 glycosidic linkage

乳糖不耐症

ラクトース（lactose，**乳糖**ともいう）は母乳および牛乳に含まれるおもな二糖である．多くの単糖や二糖とは異なり，ラクトースはそれほど甘くはない．ラクトースは一つのガラクトースと一つのグルコースから構成され，ガラクトースのアノマー炭素とグルコースの C4 が β1→4 グリコシド結合によって結びついている．

人体においてラクトースが消化されるときには，まず酵素ラクターゼによって β1→4 グリコシド結合の開裂が起こる．この酵素の活性が弱く，ラクトースを適切に消化できない患者には，腹部けいれんや下痢などの症状が現れることがある．これらの症状を**乳糖不耐症**（lactose intolerant）という．乳糖不耐症は特に，アジアやアフリカの住民に一般的にみられ，彼らは伝統的に幼児期を越えると，食事では牛乳をとらない．

乳糖不耐症をもつ患者は，ラクトースの入っていない牛乳を飲まなければならない．アイスクリームや他の乳製品を食べるときには，酵素ラクターゼを含む錠剤を飲むこともある．

グルコース

βグリコシド結合

ガラクトース

ラクトース
（乳糖）

マルトース maltose

マルトース（maltose，麦芽糖ともいう）の名称は，モルト（malt，麦芽），すなわちビールの醸造に用いる大麦から得られる液体に由来している．

例題2・6で，二糖の一つであるマルトースを用いて二糖の構造的特徴を考えてみよう．**マルトース**はオオムギのような穀類にみられる二糖であり，デンプンの加水分解によって得られる．マルトースは2分子のグルコースから形成される．

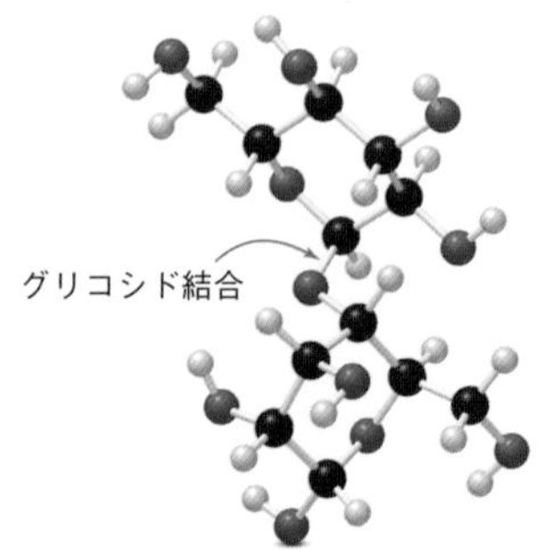

例題 2・6　グリコシド結合の位置を示し，分類する

以下の図は二糖の一つであるマルトースの構造式である．次の問いに答えよ．

(a) マルトースにおけるグリコシド結合を標識せよ．

(b) それぞれの環を構成する炭素原子に番号をつけよ．

(c) グリコシド結合をαあるいはβのいずれかに分類せよ．また，結合の位置を示す炭素原子の番号を用いて，グリコシド結合を表記せよ．

グルコース　グルコース

マルトース

解答　(a), (b) グリコシド結合は二つの単糖を結びつけているアセタールのC−O結合である．グリコシド結合を赤で示す．それぞれの環を構成する炭素原子の番号は，アノマー炭素，すなわち二つの酸素原子に結合している炭素原子をC1として順につける．

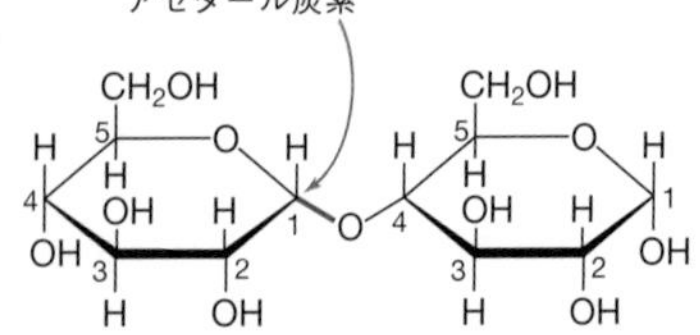

(c) マルトースのグリコシド結合はC−O結合が下方に向かって配向しているので，αグリコシド結合である．また，そのグリコシド結合は一つの環のC1ともう一つの環のC4を結びつけているので，α1→4グリコシド結合と表記される．

練習問題 2・6　以下の図は二糖の一つであるセロビオースの構造式である．次の問いに答えよ．

(a) セロビオースにおけるグリコシド結合を標識せよ．

(b) それぞれの環を構成する炭素原子に番号をつけよ．

(c) グリコシド結合をαあるいはβのいずれかに分類せよ．また，結合の位置を示す炭素原子の番号を用いて，グリコシド結合を表記せよ．

セロビオース

二糖を加水分解するとC−Oグリコシド結合が開裂し，二つの単糖が生成する．たとえば，マルトースを加水分解すると，2分子のグルコースが得られる．

グリコシド結合を開裂させる

マルトース　+　H−OH　⟶　グルコース　+　グルコース

加水分解では水が付け加わる

例題 2・7　二糖の加水分解生成物を書く

次の二糖を加水分解したとき，生成する化合物の構造式を書け．

解答　グリコシド結合の開裂によって，2分子の単糖が生成する．

グリコシド結合

+ H—OH ⟶

環炭素に OH を付け加える

酸素原子に H を付け加える

練習問題 2・7　セロビオース（練習問題2・6）を加水分解したとき，生成する単糖の構造式を書け．

問題 2・8　ラクトース（p.47のコラム「乳糖不耐症」参照）はアセタール構造とヘミアセタール構造の両方をもつ．それぞれの構造の位置を示せ．また，ラクトースを加水分解したとき，生成する化合物の構造式を書け．

人工甘味料

他の炭水化物と同様に，スクロース（p.50参照）は多くのカロリーを含んでいる．そこで，甘味を保持しながらカロリー摂取量を減らすために，さまざまな人工甘味料が開発されている．例として，スクラロース，アスパルテーム，サッカリンがある（下図）．これらの化合物はスクロースよりも甘味が強いため，ほんの少量を用いるだけで，スクロースと同じ程度の甘味を感じることができる．

右表に示すように，炭水化物と人工甘味料の甘さは，相対的な尺度によって評価されている．

いくつかの炭水化物と人工甘味料の相対的な甘さ

化合物	相対的な甘さ
ソルビトール	0.60
グルコース	0.75
スクロース	1.00
フルクトース	1.75
アスパルテーム	150
サッカリン	350
スクラロース	600

スクラロース　　アスパルテーム　　サッカリン

人工甘味料． これらの人工甘味料が甘いことは，偶然の発見によるものであった．スクラロースの甘味は1976年に，ある化学者が上司の指示を誤解し，この化合物を試験する(test)のではなく，味見した(taste)ことによって発見された．アスパルテームは1965年に，ある化学者が実験室で汚れた指をなめたとき，甘味を感じたことから発見された．サッカリンは最も古くから知られている人工甘味料であり，1879年に，実験室で作業した後に手を洗い忘れた化学者によって発見された．サッカリンは第一次世界大戦において砂糖が不足したときから，広く使われるようになった．1970年代には，サッカリンはがんをひき起こすとの懸念があったが，がんの発生と通常の量のサッカリンの摂取との間に関連があることは証明されていない．

スクロース sucrose，ショ糖ともいう

＊　訳注：マルトースやラクトースなど多くの二糖は，それを構成する一方の単糖が開環構造をとることができるためカルボニル基をもち，ベネディクト試薬などの酸化剤によって酸化される還元糖である．しかし，スクロースはグルコースのC1とフルクトースのC2で結合しているため開環できないので，非還元糖である．

スクロースはサトウキビなどに含まれる自然界で最も一般的な二糖であり，一般に“砂糖”とよばれる化合物である．スクロースは一つのグルコースと一つのフルクトースから構成される．六員環だけをもつマルトースやラクトースとは異なり，スクロースは一つの六員環と一つの五員環をもつ*.

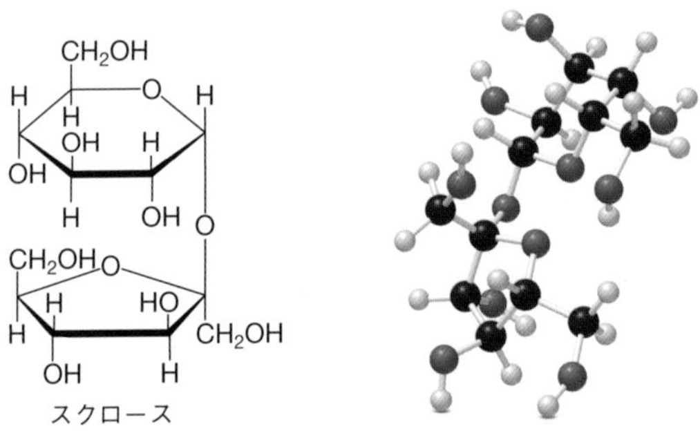

スクロースは心地よい甘味をもつため，焼き菓子，穀物加工品，パンなど多くの食品の成分として広く用いられている．

問題 2・9　スクラロース（p.49のコラム「人工甘味料」参照）はスクロースから合成される人工甘味料である．スクラロースにおけるアセタール構造の位置を示せ．また，それぞれのハロゲン化アルキルを第一級，第二級，第三級のいずれかに分類せよ．

母乳のオリゴ糖

新生児に対して母乳が有益であることは，古くから知られていた．しかし，母乳に含まれる個々の成分がどのように新生児の健康に影響を与えるのかが理解されたのは，最近になってからである．

3〜4個の単糖が互いに結びついた構造をもつ糖を**オリゴ糖**（oligosaccharide）という．母乳には一群のオリゴ糖が高濃度で含まれており，それらはヒト母乳オリゴ糖（human milk oligosaccharide，HMOと略記）とよばれている．最も一般的な成分は2′-フコシルラクトースであり，すべてのHMOの約30%を占める．以下にその構造を示し，三つの単糖を結びつけている二つのグリコシド結合を赤で標識した．

HMOはしばしば“母乳の繊維”とよばれ，胃で加水分解されることもなく，腸で吸収されることもない．それでもHMOは幼児の結腸における有益な微生物の存在を確立させることに役立ち，新生児の健康において重要な役割を果たす．さらに，有害な病原体の攻撃がHMOの表面に起こることによって，それらを幼児の排せつ物の中に排出させる作用ももつ．

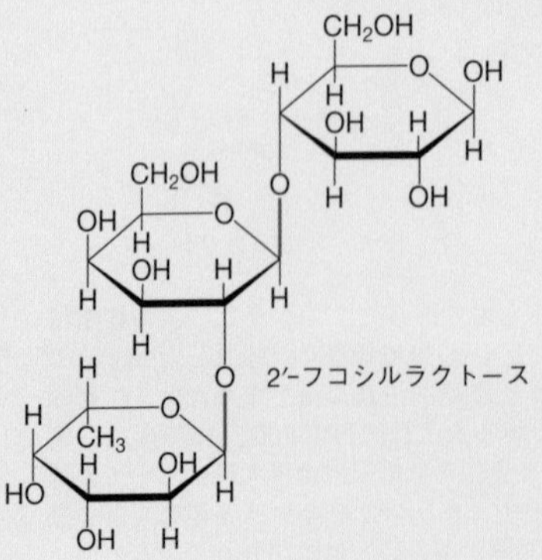

世界保健機関（World Health Organization，WHOと略記）は，子供は生後6カ月までは母乳だけで育て，子供が2歳になるまでは他の食物とともに母乳を与えることを推奨している．

2・6 多　糖

互いに結びついた三つあるいはそれ以上の単糖からなる炭水化物を多糖という．天然に存在する一般的な多糖は，**セルロース**，**デンプン**，**グリコーゲン**の三つである．これらの多糖はいずれも，グリコシド結合によって結びついたグルコース単位の繰返しからなる．

セルロース cellulose
デンプン starch
グリコーゲン glycogen

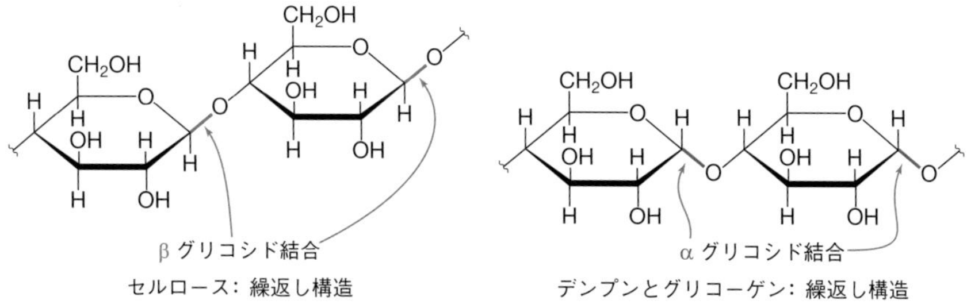

- セルロースは β1→4 グリコシド結合によって結びついたグルコースからなる．
- デンプンとグリコーゲンは α1→4 グリコシド結合によって結びついたグルコースからなる．

2・6A セルロース

セルロースはほとんどすべての植物の細胞壁にみられる多糖であり，樹木や植物の茎，草木の構造を支え，それらに剛直性を与えている（図 2・2）．材木，綿，および麻はほとんどセルロースからできている．

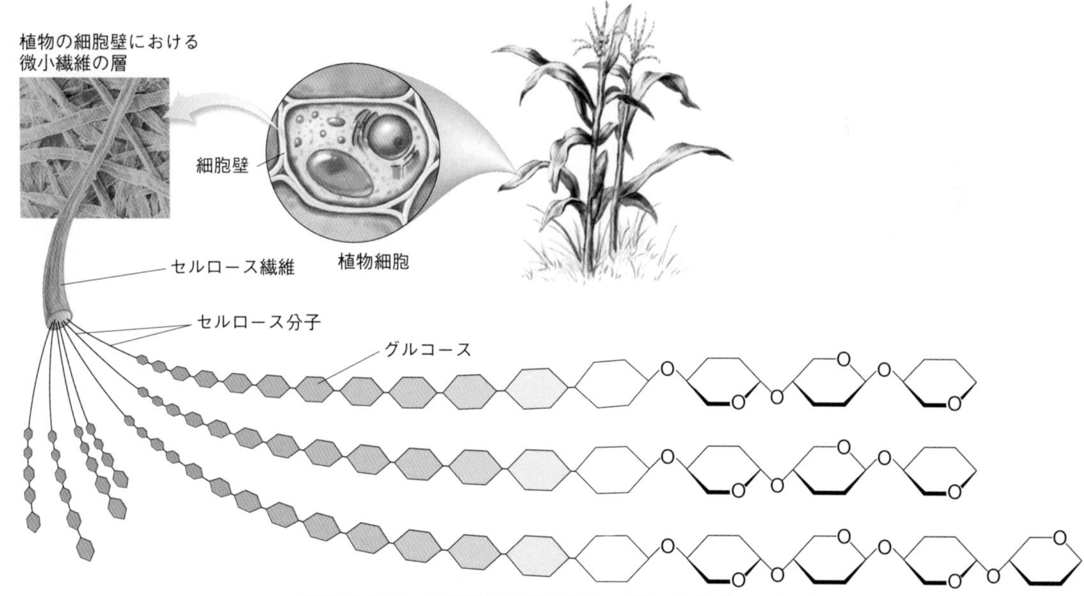

図 2・2　セルロース

セルロースは β1→4 グリコシド結合によって結びついたグルコース単位の繰返しからなるポリマーである．β グリコシド結合によって，セルロース分子の直線状の長鎖が形成され，それがシート状に積層することによって広範囲に広がった三次元的な配列が形成される．

β グリコシド結合
（青で示した）
セルロース

β-グリコシダーゼ β-glycosidase

いくつかの細胞では，セルロースは**β-グリコシダーゼ**という酵素によって加水分解される．この酵素によってすべてのβグリコシド結合が開裂し，グルコースが生成する．ヒトはこの酵素をもっていないので，セルロースを消化することができない．一方，ウシ，シカ，ラクダなどの反芻（はんすう）動物は，消化器系にこの酵素をもつ微生物がいるので，草や葉を食べることによって栄養が得られる恩恵を受けている．

私たちの食事における不溶性の繊維のほとんどはセルロースであり，それは代謝されることなく消化器系を通過する．セルロースを豊富に含む食物には全粒粉のパン，玄米，小麦ふすまからつくられるシリアル食品などがある．繊維は全く栄養を与えないけれども，食事の重要な要素である．すなわち，繊維は糞便のかさを増やし，それらを容易に排泄させる作用をもつ．

ポプラの外樹皮の大部分はセルロースであるが，内樹皮にはアスピリンに関連する天然の鎮痛薬であるサリシンが含まれている．米国太平洋岸北西部のアメリカ原住民は，傷を治療するためにポプラの樹皮や葉を用いた．ポプラの種子は綿毛に包まれているため，種子は風に乗って長い距離を飛び散ることができる．

2・6B デンプン

デンプンは植物の種子や根にみられる主要な炭水化物である．トウモロコシ，米，小麦，ジャガイモは，いずれも多量のデンプンを含む一般的な食物である．デンプンはαグリコシド結合によって結びついたグルコース単位の繰返しからなる．デンプンには，**アミロース**と**アミロペクチン**とよばれる2種類の一般的な形態がある．

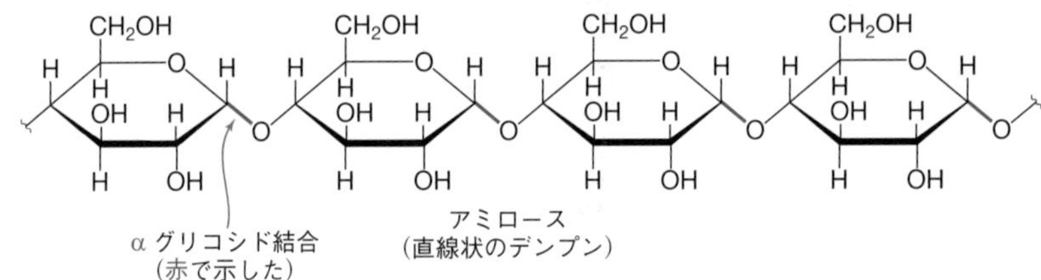

現在では，生分解性をもつピーナッツ型発泡スチロールが，穀物に由来するデンプンから製造されている．それらは水に溶けるデンプンからできているので，水と混合することができ，処分する際には排水管に洗い流すことができる．

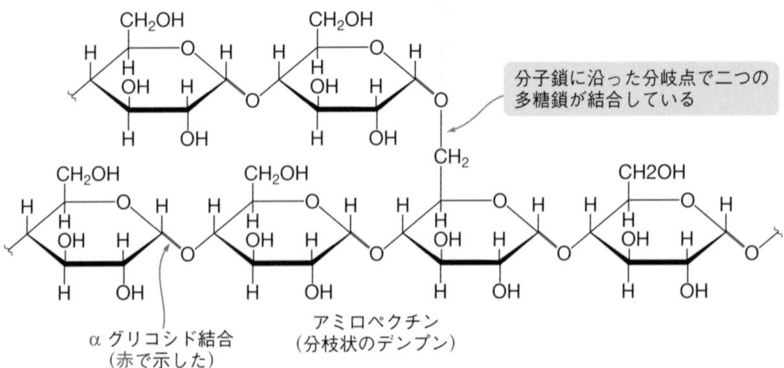

アミロースはデンプン分子の約20%を構成し，α1→4グリコシド結合によって結びついたグルコース分子が，枝分かれのない骨格を構成している．α1→4グリコシド結合によって，アミロースの分子鎖はらせん構造をとり，前述したセルロースの直線状の構造とは著しく異なった三次元的形状になっている（図2・3）．

アミロース amylose

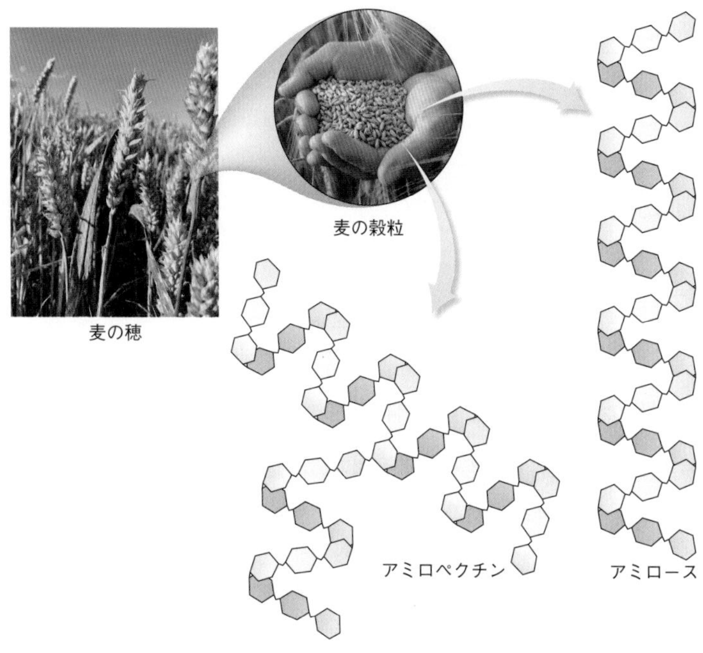

図 2・3　デンプン：アミロースとアミロペクチン

アミロペクチンはデンプン分子の約80%を構成し，アミロースと同様にαグリコシド結合によって結びついたグルコース単位の骨格をもつが，それにはまた分子鎖に沿って多数の枝分かれが存在する．アミロペクチンの分子鎖は，アミロースと同様に，α1→4グリコシド結合によって形成されている．

アミロペクチン amylopectin

デンプンの二つの形態は，いずれも水に溶ける．これらのデンプン分子がもつOH基はデンプンの三次元構造の中に埋もれてはいないので，水分子と水素結合を形成することができる．これによって，デンプンはセルロースよりも，水に対する溶解性がかなり高い．

アミロースとアミロペクチンは，いずれもグリコシド結合の開裂によってグルコースに加水分解される．ヒトの消化器系は，この過程を触媒するために必要なアミラーゼ酵素群をもっている．小麦粉からつくられるパンやパスタ，トウモロコシからできるトルティーヤはいずれも容易に消化され，デンプンの供給源となる．

問題 2・10　デンプンと対照的に，セルロースは多くのOH基をもつにもかかわらず水に溶けない．セルロースの三次元構造に基づいて，その理由を推定せよ．

2・6C　グリコーゲン

動物は多糖をおもにグリコーゲンの形態で貯蔵する．グリコーゲンはαグリコシド結合によって結びついたグルコースのポリマーであり，アミロペクチンに似た分枝構造をもつが，枝分かれがきわめて広範囲に広がっている（図2・4）．

グリコーゲンはおもに，肝臓と筋肉に貯蔵される．細胞でエネルギーを供給するためにグルコースが必要になると，グリコーゲンが末端から加水分解されてグルコースが生成し，さらに代謝されてエネルギーが放出される．グリコーゲンはきわめて枝分かれの多い構造をもつので，身体がグルコースを必要とするときに，すぐに開裂できる末端のグルコース単位が多数存在する．

図 2・4　**グリコーゲン**

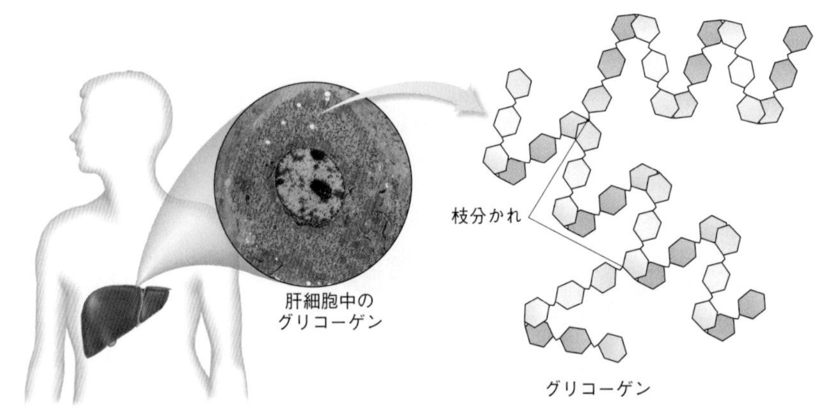

2・7　有用な炭水化物の誘導体

D-グルコサミン D-glucosamine

***N*-アセチル-D-グルコサミン** *N*-acetyl-D-glucosamine，NAG，GlcNAc と略記

生物界には，有用な性質をもつ簡単なあるいは複雑な構造をもつ多数の炭水化物の誘導体が存在する．そのうちのいくつかは，OH 基の代わりに，アミノ基 NH_2 あるいはアミド基 $NHCOCH_3$ をもつ単糖の誘導体である．これらを総称して，アミノ糖という．例として，**D-グルコサミン**や ***N*-アセチル-D-グルコサミン**がある．D-グルコサミンは天然に最も豊富に存在するアミノ糖である．その他には，典型的な単糖の骨格にある CH_2OH 基の代わりにカルボキシ基 COOH をもつ D-グルクロン酸から誘導される炭水化物がある．

D-グルコサミン　　*N*-アセチル-D-グルコサミン　　D-グルクロン酸

2・7A　グリコサミノグリカン

グリコサミノグリカン glycosaminoglycan，GAG と略記

アミノ糖とグルクロン酸誘導体が配列した分枝のない一群の炭水化物を**グリコサミノグリカン**という．グリコサミノグリカンはゲル状の基質を形成し，潤滑剤としてふるまうので，結合組織や関節における重要な成分となっている．

ヒアルロン酸 hyaluronate

コンドロイチン硫酸 chondroitin sulfate

ヘパリン heparin

グリコサミノグリカンの例として，ヒアルロン酸，コンドロイチン硫酸，ヘパリンがある．**ヒアルロン酸**は，関節や眼球のガラス体を滑らかにする細胞外液に存在する．**コンドロイチン硫酸**は関節や腱を構成する成分であり，また**ヘパリン**は肝臓や他の器官の肥満細胞に貯蔵され，血液の凝固を妨げる作用をもつ（図 2・5）．ヒアルロン酸やコンドロイチン硫酸では，単糖の環は β グリコシド結合（青で示した）で結びついているが，ヘパリンでは α グリコシド結合（赤で示した）で結びついている．

問題 2・11　コンドロイチン硫酸とヘパリン（図 2・5）におけるそれぞれのグリコシド結合を，α あるいは β のいずれかに分類せよ．また，結合の位置を示す炭素原子の番号を用いて，それぞれのグリコシド結合を表記せよ．

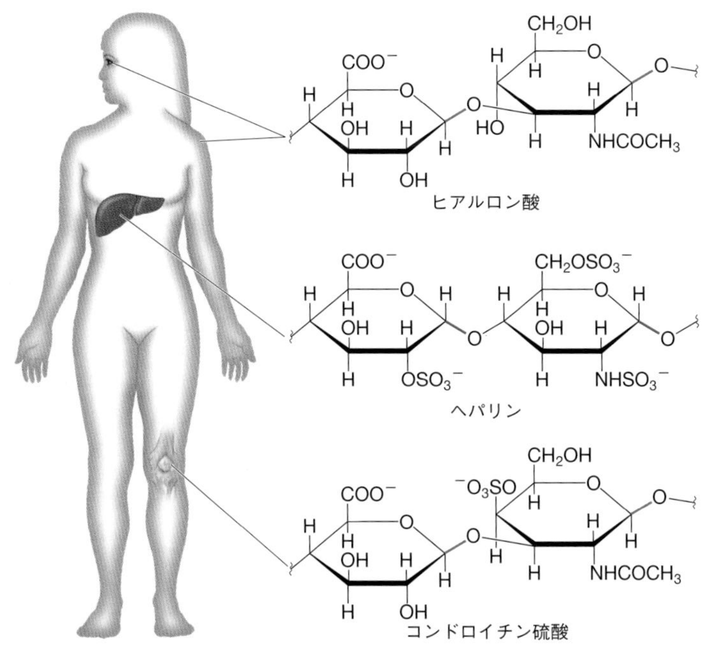

図 2・5 グリコサミノグリカン． ヒアルロン酸は粘性の高い溶液を形成し，関節の周囲にある体液における潤滑剤として役立っている．また，ヒアルロン酸は眼球のガラス体にゼラチン状の粘性を与えている．コンドロイチン硫酸は軟骨組織や腱，血管壁に強度を与えている．ヘパリンは抗凝血薬として働く．

コンドロイチン硫酸とグルコサミンはいずれも，骨関節炎を患う患者に対する栄養補助食品として市販されている．関節炎の進行を止めることを目的として，失われた関節軟骨の置換や再生におけるこれらの補助食品の役割を調べる研究が進行している．

2・7B キ チ ン

キチンは β1→4グリコシド結合で互いに結びついた *N*-アセチル-D-グルコサミンからなる多糖であり，二番目に豊富に存在する炭水化物ポリマーである．キチンは，セルロースの C2 位に結合した OH 基が $NHCOCH_3$ 基に置き換わったことを除いて，セルロースと同一の構造をもっている．ロブスターやカニ，エビの外骨格はキチンでできている．セルロースと同様に，キチンの分子鎖は広範囲にわたる網目状の水素結合によって互いに結びついており，水に溶けないシート構造を形成している．

キチン chitin

β グリコシド結合
（青で示した）

キチン

加水分解

D-グルコサミン

キチンを被覆剤として用いることは，たとえば，果物の貯蔵期限の延長などいくつかの商業的な応用が見いだされている．現在では，さまざまな日用品に利用するために，ロブスターやカニ，エビの殻をキチンや他の誘導体に変換する加工工場が稼働している．キチンにおけるグリコシド結合とアミド結合を完全に加水分解すると，栄養補助食品となる D-グルコサミンが得られる．

問題 2・12　αグリコシド結合をもつキチンを考えよう．このポリマーの構造式を，4個の*N*-アセチル-D-グルコサミン単位が互いに結びついた化合物として表せ．

問題 2・13　*N*-アセチル-D-グルコサミンと*N*-アセチル-D-ガラクトサミン（コラム「血液型」参照）の構造における違いを説明せよ．また，これら二つの化合物は，構造異性体か，それとも立体異性体か．判断した理由も説明せよ．

血 液 型

ヒトの血液は，ランドシュタイナー（Karl Landsteiner）によって1900年代初期に提案されたABO式血液型を用いて，四つの型のいずれかに分類される．4種類の血液型はA型，B型，AB型，O型と表記される．ヒトの血液型は，赤血球の膜タンパク質に結合した3～4種類の単糖によって決定される．これらの単糖の構造式を以下に示す．

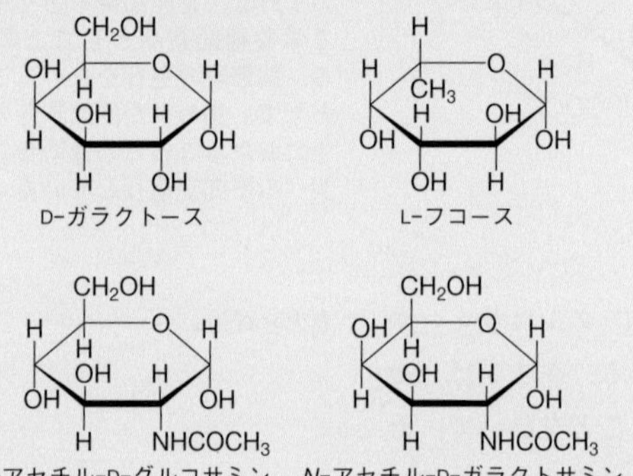

右下図に示すように，それぞれの血液型は，炭水化物の構造が異なることと関連している．3種類の単糖，すなわち*N*-アセチル-D-グルコサミン，D-ガラクトース，L-フコースはすべての血液型に存在する．A型の血液には第四の単糖として*N*-アセチル-D-ガラクトサミンが存在し，B型の血液にはさらなるD-ガラクトース単位が存在している．AB型の血液には，A型とB型がもつ両方の炭水化物が存在する．

短い多糖鎖によって，赤血球の一つの型が他と区別され，また外来のウイルスや微生物，あるいは他の薬剤に関する信号が細胞に送られる．外来の異質物が血液に侵入すると，もとの生体に危害が及ばないように生体の免疫系は抗体を用いて侵入した物質を攻撃し，破壊する．

輸血を受ける前には，血液型を知らなければならない．他の血液型に対する抗体を含む可能性があるため，患者に与えることができる血液型はしばしば制限される．A型血液をもつヒトはB型血液に対する抗体を作り出し，B型血液をもつヒトはA型血液に対する抗体を作り出す．AB型血液をもつヒトは他の血液型に対する抗体を形成せず，O型血液をもつヒトはA型とB型の両方に対する抗体を形成する．その結果，

- A, B, AB型血液をもつヒトはO型血液に対する抗体を作らないため，O型血液をもつヒトは“万能給血者（universal donor）”とよばれる．O型血液は，あらゆる血液型のヒトに与えることができる．
- AB型血液をもつヒトはA, B, O型血液に対する抗体を作らないため，AB型血液をもつヒトは“万能受血者（universal recipient）”とよばれる．AB型血液をもつヒトは，あらゆる血液型の血液を受け入れることができる．

下表に，ヒトに対して安全に与えることができる血液型を一覧表にして示した．給血者と受血者の血液型が適合していることを確認するために，血液は注意して検査されなければならない．もし，誤った血液型が投与されると，免疫系の抗体が異質な赤血球を攻撃し，それらの凝集をひき起こすだろう．それによって血管が閉塞し，死に至ることさえある．

血液型の適合表

血液型	受血できる血液型	給血できる血液型
A	A, O	A, AB
B	B, O	B, AB
AB	A, B, AB, O	AB
O	O	A, B, AB, O

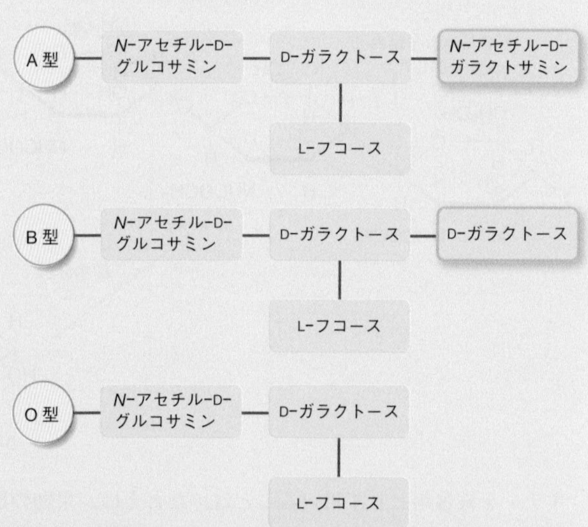

炭水化物と血液型． それぞれの血液型は，赤血球の膜タンパク質に共有結合によって結合した多糖の違いによって特徴づけられる．3種類の異なる炭水化物の配列があり，それぞれA型，B型，O型の血液型に対応する．AB型はA型とB型の両方の配列をもつ．

3 アミノ酸，タンパク質，酵素

3・1 序　論
3・2 アミノ酸
3・3 アミノ酸の酸性と塩基性
3・4 ペプチド
3・5 生理学的に活性なペプチド
3・6 タンパク質
3・7 一般的なタンパク質
3・8 タンパク質の加水分解と変性
3・9 酵素：特徴と分類
3・10 酵素が働くしくみ

肉，魚，豆類，ナッツ類はいずれも高タンパク質食品である．

タンパク質は最も多様な機能をもつ生体分子である．たとえば，ケラチンやコラーゲンは長い不溶性の繊維を形成し，組織を支え強度を与える．膜タンパク質は，細胞膜を通して小さい有機分子やイオンを輸送する機能をもつ．血液中のグルコース濃度を制御するインスリン，肺から組織へ酸素を運搬するヘモグロビン，細胞が機能するための反応を触媒し制御する酵素もタンパク質である．3章では，タンパク質とそれを構成するアミノ酸について説明する．

3・1 序　論

タンパク質は，多数のアミノ酸がアミド結合によって結びつけられることにより形成される生体分子である．

タンパク質 protein

$$H_2N-\underset{R}{\overset{H}{C}}-C(=O)OH \longrightarrow \text{—}\underset{H}{N}-\underset{R_1}{CH}-\overset{O}{\overset{\|}{C}}-\underset{H}{N}-\underset{R_2}{CH}-\overset{O}{\overset{\|}{C}}-\underset{H}{N}-\underset{R_3}{CH}-\overset{O}{\overset{\|}{C}}-\underset{H}{N}-\underset{R_4}{CH}-\overset{O}{\overset{\|}{C}}\text{—}$$

アミノ酸　　タンパク質（アミド結合を赤で示す）

Protein という語は，ギリシャ語の“一番重要な”を意味する proteios に由来する．タンパク質は生体に広く存在し，生体の乾燥重量の約 50%を占めている（図 3・1）．頭髪，皮膚，爪などにあるケラチンや結合組織にあるコラーゲンのような繊維状タンパク質は，組織や細胞を支え，それらに強度を与えている．生体の代謝を調節するホルモンや酵素もタンパク質である．輸送タンパク質は血流を通して物質を輸送し，貯蔵タンパク質は器官に分子やイオンを貯蔵する．収縮性タンパク質は筋肉の運動を制御し，免疫グロブリンは異物から生体を防御するタンパク質である．

脂質や炭水化物は生体に貯蔵され，生体がそれらを必要とするときに用いられる．しかし，タンパク質はそれらとは異なり貯蔵されないので，日常的に摂取しなければならない．現在米国において推奨されているタンパク質の成人における一日摂取量は，体重 1 kg 当たり 0.8 g である．表 3・1 に示されているように，子供は生体の成長と維持のためにタンパク質が必要であるため，推奨される一日摂取量は成人よりも多い*．

＊ 訳注：日本では，厚生労働省が策定した「日本人の食事摂取基準（2020 年版）」によると，1 日当たりのタンパク質の摂取推奨量は，体重 1 kg 当たり子供ではたとえば 1～2 歳が約 1.8 g，3～5 歳が約 1.5 g，成人では約 1.0 g などとなっている．

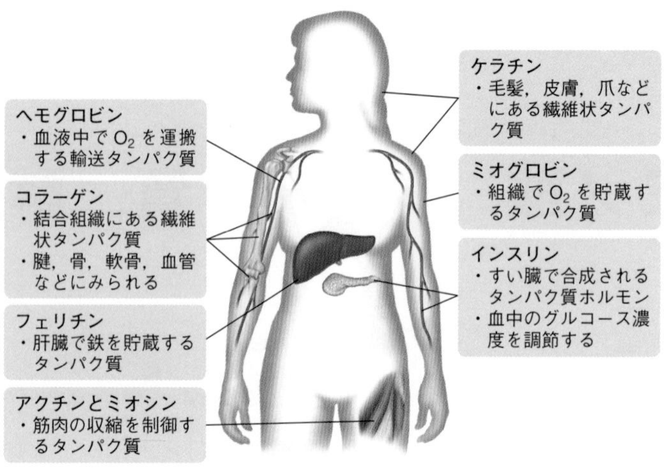

図 3・1　人体におけるいくつかのタンパク質

表 3・1　推奨されるタンパク質の一日摂取量

グループ	タンパク質の一日摂取量〔体重 1 kg 当たりの質量(g)〕
子供(1〜3 歳)	1.1
子供(4〜13 歳)	0.95
子供(14〜18 歳)	0.85
成人	0.8

出典: 米国食品医薬品局のデータ

3・2 アミノ酸

タンパク質の性質と構造を理解するためには, まずタンパク質を構成するアミノ酸について学ばなければならない.

3・2A アミノ酸の一般的特徴

アミノ酸は二つの官能基, すなわちアミノ基 NH_2 とカルボキシ基 COOH をもつ. 一般的に天然に存在するアミノ酸では, アミノ基は α 炭素, すなわちカルボキシ基に隣接する炭素に結合している. このようなアミノ酸を **α-アミノ酸**という.

α-アミノ酸 α-amino acid

$H_2N-C(H)(R)-C(=O)OH$ (アミノ基, カルボキシ基, α 炭素)
α-アミノ酸

$H_2N-C(H)(H)-C(=O)OH$
グリシン
最も簡単なアミノ酸

タンパク質において天然に存在する 20 種類のアミノ酸は, α 炭素に結合した置換基 R の種類が異なっている. R 基をアミノ酸の**側鎖**という. 最も簡単なアミノ酸は R＝H のアミノ酸であり, **グリシン**とよばれる. 他のアミノ酸の側鎖は簡単なアルキル基の場合もあり, またさらに OH, SH, COOH, NH_2 などの官能基をもつ場合もある. 表 3・2 に, タンパク質を構成する 20 種類の一般的なアミノ酸の構造式を一覧表にして示した.

側鎖 side chain
グリシン glycine

表 3・2　天然に存在する 20 種類のアミノ酸

中性アミノ酸

名前	構造	略記法	名前	構造	略記法
アラニン	$H_3\overset{+}{N}-CH(CH_3)-COO^-$	Ala A	フェニルアラニン*	$H_3\overset{+}{N}-CH(CH_2C_6H_5)-COO^-$	Phe F
アスパラギン	$H_3\overset{+}{N}-CH(CH_2CONH_2)-COO^-$	Asn N	プロリン	（ピロリジン環，$\overset{+}{N}H_2$，$-COO^-$）	Pro P
システイン	$H_3\overset{+}{N}-CH(CH_2SH)-COO^-$	Cys C	セリン	$H_3\overset{+}{N}-CH(CH_2OH)-COO^-$	Ser S
グルタミン	$H_3\overset{+}{N}-CH(CH_2CH_2CONH_2)-COO^-$	Gln Q	トレオニン*	$H_3\overset{+}{N}-CH(CH(OH)CH_3)-COO^-$	Thr T
グリシン	$H_3\overset{+}{N}-CH_2-COO^-$	Gly G	トリプトファン*	$H_3\overset{+}{N}-CH(CH_2\text{-インドール(NH)})-COO^-$	Trp W
イソロイシン*	$H_3\overset{+}{N}-CH(CH(CH_3)CH_2CH_3)-COO^-$	Ile I	チロシン	$H_3\overset{+}{N}-CH(CH_2C_6H_4OH)-COO^-$	Tyr Y
ロイシン*	$H_3\overset{+}{N}-CH(CH_2CH(CH_3)_2)-COO^-$	Leu L	バリン*	$H_3\overset{+}{N}-CH(CH(CH_3)_2)-COO^-$	Val V
メチオニン*	$H_3\overset{+}{N}-CH(CH_2CH_2SCH_3)-COO^-$	Met M			

酸性アミノ酸			塩基性アミノ酸		
名前	構造	略記法	名前	構造	略記法
アスパラギン酸	$H_3\overset{+}{N}-CH(CH_2COO^-)-COO^-$	Asp D	アルギニン	$H_3\overset{+}{N}-CH((CH_2)_3-NH-C(=\overset{+}{N}H_2)-NH_2)-COO^-$	Arg R
グルタミン酸	$H_3\overset{+}{N}-CH(CH_2CH_2COO^-)-COO^-$	Glu E	ヒスチジン*	$H_3\overset{+}{N}-CH(CH_2\text{-イミダゾール})-COO^-$	His H
			リシン*	$H_3\overset{+}{N}-CH((CH_2)_4\overset{+}{N}H_3)-COO^-$	Lys K

*印は必須アミノ酸を表す

酸性アミノ酸 acidic amino acid
塩基性アミノ酸 basic amino acid
中性アミノ酸 neutral amino acid

- 側鎖に COOH 基が付け加わったアミノ酸を**酸性アミノ酸**という．
- 側鎖に塩基性の窒素原子をもつアミノ酸を**塩基性アミノ酸**という．
- それ以外のアミノ酸はすべて**中性アミノ酸**である．

アミノ酸における酸・塩基の化学については，§3・3でもっと詳しく説明する．表3・2の構造式は，血液の生理的な pH における電荷をもったアミノ酸の形態を示している．

すべてのアミノ酸は慣用名をもち，さらに三文字表記あるいは一文字表記によって略記される．たとえばグリシンは，しばしば Gly の三文字表記で，あるいは G の一文字略記で表される．表3・2には，これらの略記法も併せて示した．

アミノ酸は自然界では，すべての原子が電荷をもたない中性分子として存在することはない．アミノ酸は塩基性（NH_2 基）と酸性（COOH 基）の官能基をもつので，プロトンが酸から塩基へと移動し正電荷と負電荷の両方をもつ化学種を形成する．このようなイオンを**双性イオン**という．双性イオンからなる塩は高い融点をもち，水に可溶である．

双性イオン zwitterion，**両性イオン** amphoteric ion ともいう．

塩基　$H_2\ddot{N}-CH(R)-C(=O)OH$　酸
アミノ酸のこの中性形は存在しない

プロトン移動 →

同じ分子内に（＋）と（－）の電荷をもつ
$H_3\overset{+}{N}-CH(R)-C(=O)O^-$　双性イオン
塩
この塩がアミノ酸の中性形となる

ヒトはタンパク質をつくるために必要な 20 種類のアミノ酸のうち，11 種類しか合成することができない．残りの 9 種類は食事から得なければならず，定期的に，ほとんど日常的にそれらを摂取しなければならない．これらの 9 種類のアミノ酸を**必須アミノ酸**という*．動物性食品を含む食事では，すべての必要なアミノ酸が容易に供給される．しかし一般に，植物を起源とする食品には，必ずしもすべての必須アミノ酸の十分な量が含まれてはいないので，菜食主義者は食事のバランスに注意する必要がある．コムギ，米，トウモロコシなどの穀物はリシンの含有量が低く，ダイズ，エンドウ，ピーナッツのような豆類はメチオニンの含有量が低い．しかし，これらの食品を組合わせることで，すべての必要なアミノ酸を摂取することができる．

必須アミノ酸 essential amino acid

＊ 訳注：ヒスチジンは体内で合成されるが，必要量をみたさないため必須アミノ酸とされる．また，アルギニンは幼児期に不足しやすいため，幼児期のみ必須アミノ酸とされる場合がある．

米と豆腐を食べれば，すべての必須アミノ酸をとることができる．全粒粉パンのピーナッツバターサンドイッチを食べても同じである．

3・2B　アミノ酸の立体化学

最も簡単なアミノ酸であるグリシンを除いて，他のすべてのアミノ酸は α 炭素にキラル中心，すなわち四つの異なる基に結合した炭素原子をもつ．したがって，一般にアミノ酸には二つのエナンチオマーが存在する．以下にアラニン（$R = CH_3$）について，その二つのエナンチオマーをくさび形と破線くさび形をもつ三次元表示，およびフィッシャー投影式で示す．

L 異性体 ＝ L-アラニン（天然に存在するエナンチオマー）｜ D-アラニン ＝ D 異性体
（COO^-，H_3N^+，H，CH_3 をもつ構造）

問題 3・1　次のアミノ酸について，アミノ基とカルボキシ基のほかに存在する官能基の名称を記せ．
(a) アスパラギン　(b) セリン
(c) システイン

一般に単糖と同様に，アミノ酸のキラル中心のまわりの基の配列を示すために，接頭語DとLが用いられる．アミノ酸のDとLは，炭素鎖を垂直に置いてCOO^-基を真上に，置換基Rを真下に配置したフィッシャー投影式を書き，以下の定義によって決定される．

- L-アミノ酸は，フィッシャー投影式において左側にNH_3^+基をもつ．一般に，天然に存在するアミノ酸はL異性体である．
- D-アミノ酸は，フィッシャー投影式において右側にNH_3^+基をもつ．D-アミノ酸はまれに存在する．

例題 3・1　フィッシャー投影式を書く

次のアミノ酸のフィッシャー投影式を書け．

(a) L-ロイシン　　(b) D-システイン

解答

(a) ロイシンでは R = $CH_2CH(CH_3)_2$

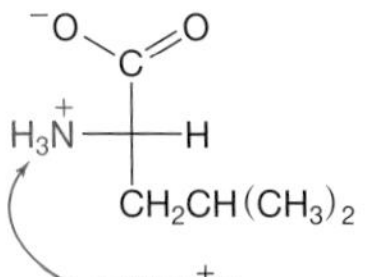

^-O–C(=O) 上, $H_3\overset{+}{N}$ 左, H 右, $CH_2CH(CH_3)_2$ 下

左側に $\overset{+}{N}H_3$
L 異性体

(b) システインでは R = CH_2SH

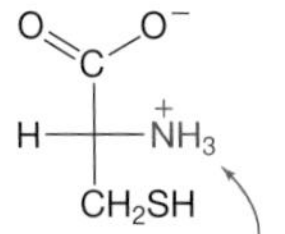

O=C–O^- 上, H 左, $\overset{+}{N}H_3$ 右, CH_2SH 下

右側に $\overset{+}{N}H_3$
D 異性体

練習問題 3・1　次のアミノ酸のうち，天然に存在するものはどれか．また，表3・2に示した構造式を参照して，それぞれのアミノ酸の名称を記せ．ただし，名称にはDあるいはLの表示を含めること．

(a) 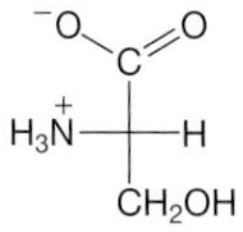 ^-O–C(=O) 上, $H_3\overset{+}{N}$ 左, H 右, CH_2OH 下

(b) O=C–O^- 上, H 左, $\overset{+}{N}H_3$ 右, $CH_2CH_2COO^-$ 下

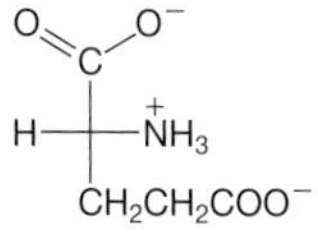

(c) ^-O–C(=O) 上, $H_3\overset{+}{N}$ 左, H 右, CH_2COO^- 下

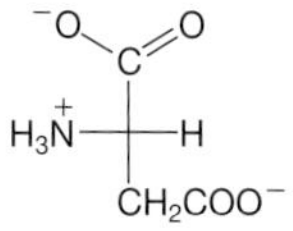

3・3 アミノ酸の酸性と塩基性

必須アミノ酸のロイシンは栄養補助食品として市販されており，ボディビルダーによって筋肉の喪失を防いだり，けがの後に筋肉組織を回復させるために用いられている．

§3・2で述べたように，アミノ酸は塩基性のアミノ基NH_2と酸性のカルボキシ基COOHの両方をもつ．その結果，酸から塩基へとプロトンH^+の移動が起こり，双性イオン，すなわち正電荷と負電荷の両方をもつ塩が生成する．双性イオンは電気的に中性であり，その塩の正味の電荷はゼロである．

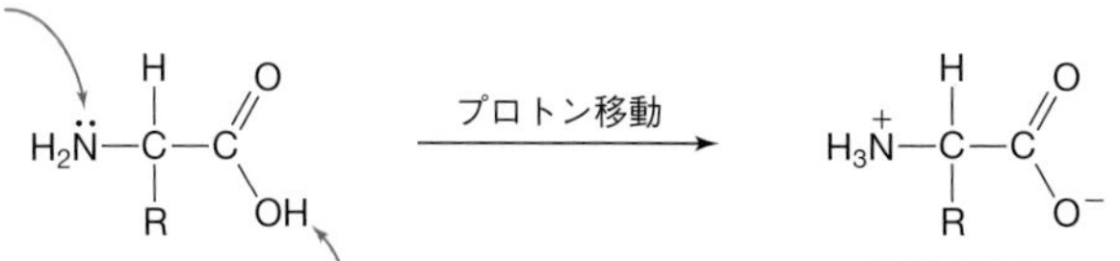

$$H_2\ddot{N}-\underset{R}{\overset{H}{C}}-C(=O)OH \xrightarrow{\text{プロトン移動}} H_3\overset{+}{N}-\underset{R}{\overset{H}{C}}-C(=O)O^-$$

非共有電子対はH^+と結合できる

カルボキシ基はH^+を供与できる

双性イオン

実際には，アミノ酸は溶解している水溶液のpHに依存して，異なった形態で存在することができる．溶液のpHが6付近のときには，アラニン（R = CH_3）や他の中性アミノ酸は双性イオン形**A**で存在し，正味の電荷をもたない．この形態では，カルボキシ基は正味の負電荷をもつカルボキシラートイオンとなり，またアミノ基は正味の正電荷をもつアンモニウムイオンとなる．

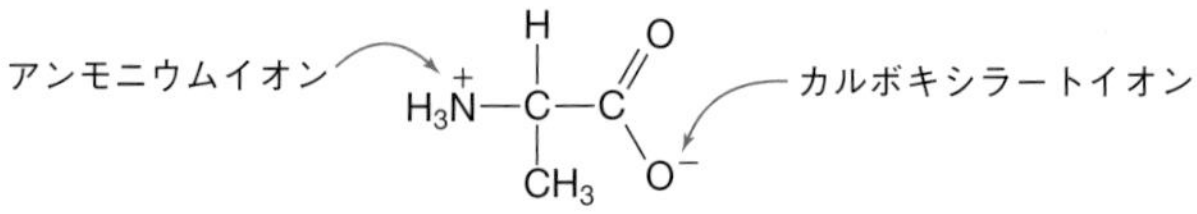

アンモニウムイオン
$H_3\overset{+}{N}-C(H)(CH_3)-C(=O)O^-$
カルボキシラートイオン

アラニン
正味の電荷をもたない
A
pH ≈ 6

溶液に強酸が加えられ，pH が 2 以下に低下すると，カルボキシラートイオンはプロトン H^+ を獲得し，アミノ酸は正味の正電荷をもつ形態 **B** となる．

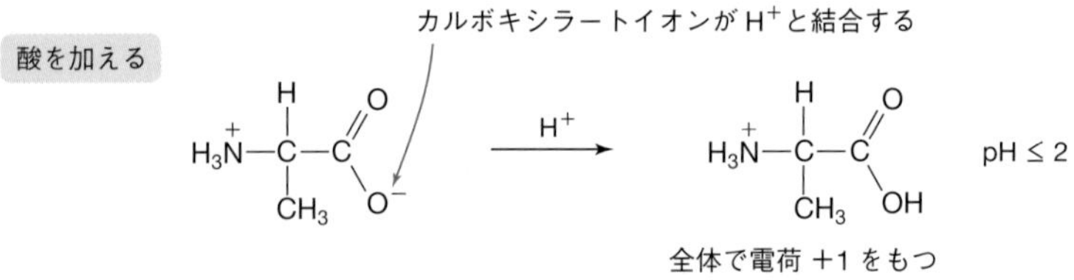

酸を加える

カルボキシラートイオンが H^+ と結合する

$$H_3\overset{+}{N}-C(H)(CH_3)-COO^- \xrightarrow{H^+} H_3\overset{+}{N}-C(H)(CH_3)-COOH \quad pH \leq 2$$

A　　　全体で電荷 +1 をもつ **B**

一方，双性イオン **A** に強塩基が加えられ，pH が 10 以上に上昇すると，アンモニウムイオンは H^+ を失い，アミノ酸は正味の負電荷をもつ形態 **C** となる．

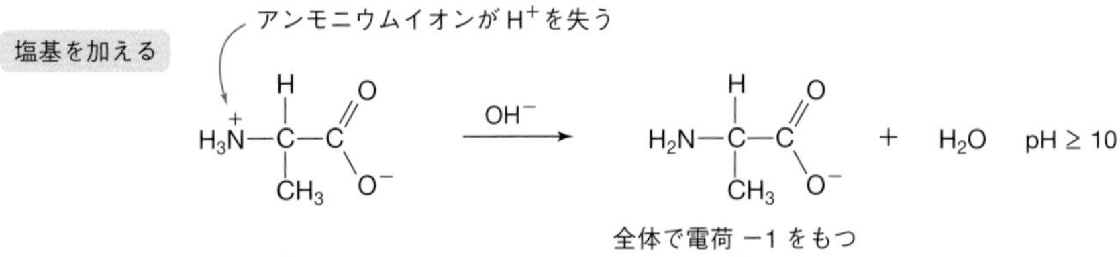

塩基を加える

アンモニウムイオンが H^+ を失う

$$H_3\overset{+}{N}-C(H)(CH_3)-COO^- \xrightarrow{OH^-} H_2N-C(H)(CH_3)-COO^- + H_2O \quad pH \geq 10$$

A　　　全体で電荷 −1 をもつ **C**

このように，アラニンはそれが溶解している溶液の pH に依存して，三つの異なる形態のうちの一つで存在する．生理的な pH である 7.4 では，中性アミノ酸はおもに双性イオン形で存在する．

等電点 isoelectric point

- アミノ酸がおもに電気的に中性の形態で存在する pH を，そのアミノ酸の**等電点**といい，**p*I*** と略記する．

中性アミノ酸の等電点は一般に 6 付近である．一方，酸性アミノ酸（表 3・2）は，側鎖に H^+ を失うカルボキシ基をもつので，3 付近と低い p*I* 値をもつ．また，3 種類の塩基性アミノ酸は，側鎖に H^+ を受容できる塩基性窒素原子があるので，7.6～10.8 と高い p*I* 値をもつ．

例題 3・2　与えられた pH におけるアミノ酸の構造を推定する

次の pH において，おもに存在するグリシンの構造式を書け．
(a) 6　(b) 2　(c) 11

解答　(a) pH＝6 では，グリシンはおもに電気的に中性の双性イオン形で存在する．

$$H_3\overset{+}{N}-CH_2-COO^-$$

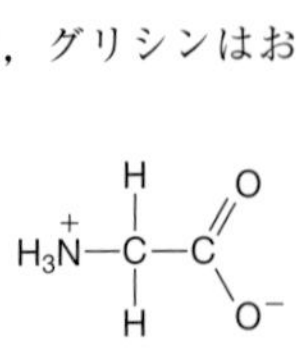

中性
pH = 6

(b) pH＝2 では，カルボキシラートイオンがプロトン化されるため，グリシンは正味の正電荷 +1 をもつ．

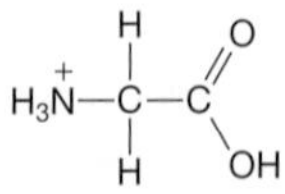

$$H_3\overset{+}{N}-CH_2-COOH$$

電荷 +1
pH = 2

（つづく）

(c) pH＝11 では，アンモニウムイオンが H^+ を失うため，グリシンは正味の負電荷 −1 をもつ．

$H_2N-CH_2-COO^-$

電荷 −1
pH＝11

練習問題 3・2 次の pH において，おもに存在するバリンの構造式を書け．

(a) 6　(b) 2　(c) 11

また，バリンの等電点では，どの構造がおもに存在するか．

3・4 ペプチド

アミノ酸はアミド結合によって互いに結びつき，大きな分子を形成する．これらの分子を**ペプチド**あるいはタンパク質とよぶ．

ペプチド peptide

- 一つのアミド結合によって二つのアミノ酸が結びついた分子を**ジペプチド**という．
- 二つのアミド結合によって三つのアミノ酸が結びついた分子を**トリペプチド**という．

ジペプチド dipeptide
トリペプチド tripeptide

$H_3N^+-CH(R_1)-C(=O)-NH-CH(R_2)-COO^-$

ジペプチド

$H_3N^+-CH(R_1)-C(=O)-NH-CH(R_2)-C(=O)-NH-CH(R_3)-COO^-$

トリペプチド

（アミド結合を赤で示す）

多数のアミノ酸が結びついた長い直鎖状の分子を**ポリペプチド**あるいはタンパク質という．なお，タンパク質という語は，40 個以上のアミノ酸からなるポリマーについて用いるのが一般的である．

ポリペプチド polypeptide

- ペプチドやタンパク質におけるアミド結合を，特に**ペプチド結合**という．
- ペプチドやタンパク質を構成するそれぞれのアミノ酸を，**アミノ酸残基**という．

ペプチド結合 peptide bond
アミノ酸残基 amino acid residue

ジペプチドは，一つのアミノ酸の NH_3^+ 基ともう一つのアミノ酸の COO^- 基から H_2O 分子が除去されて，アミド結合が形成されることによって生成する．それぞれのアミノ酸は両方の官能基をもつので，生成するジペプチドには 2 種類の可能性がある．これについて，アラニン Ala とセリン Ser を用いて示してみよう．Ala と Ser からは以下の二つの異なるジペプチド **A, B** が生成する．

1. アラニンの COO^- 基とセリンの NH_3^+ 基が結合すると，ジペプチド **A** が生成する．

$H_3N^+-CH(CH_3)-COO^-$ (Ala) $+$ $H_3N^+-CH(CH_2OH)-COO^-$ (Ser) $\longrightarrow$ $H_3N^+-CH(CH_3)-C(=O)-NH-CH(CH_2OH)-COO^-$ $+$ H_2O

反応する官能基

新たなアミド結合を赤で示す

A

2. セリンの COO^- 基がアラニンの NH_3^+ 基と結合すると，ジペプチド **B** が生成する．

$H_3N^+-CH(CH_2OH)-COO^-$ (Ser) $+$ $H_3N^+-CH(CH_3)-COO^-$ (Ala) $\longrightarrow$ $H_3N^+-CH(CH_2OH)-C(=O)-NH-CH(CH_3)-COO^-$ $+$ H_2O

反応する官能基

新たなアミド結合を赤で示す

B

ジペプチド **A** と **B** は互いに構造異性体である．いずれのジペプチドも，分子鎖の一方の末端にアンモニウムイオン NH_3^+ をもち，他方の末端にカルボキシラートイオン COO^- をもっている．

N 末端アミノ酸 N-terminal amino acid
C 末端アミノ酸 C-terminal amino acid

- α 炭素に遊離の NH_3^+ 基をもつアミノ酸を，**N 末端アミノ酸**という．
- α 炭素に遊離の COO^- 基をもつアミノ酸を，**C 末端アミノ酸**という．

慣用的に，ペプチドの構造式を書くときはいつも，N 末端アミノ酸を分子鎖の左端に，C 末端アミノ酸を右端に書く．

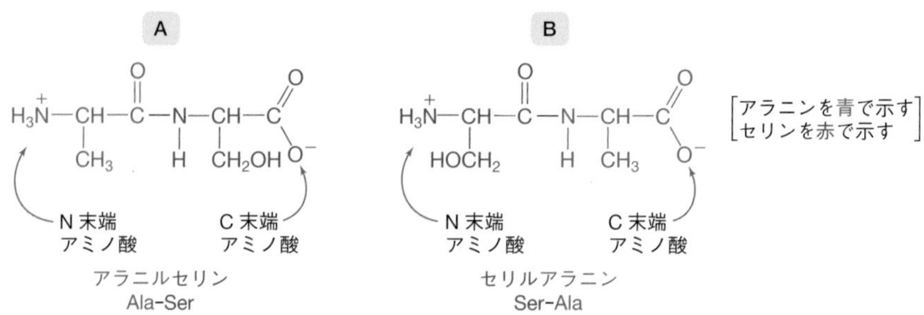

ペプチドは C 末端アミノ酸の誘導体として命名される．ペプチドを命名するためには，以下の順序に従う．

- 表 3・2 に示された名称を用いて，C 末端アミノ酸を命名する．
- 他のすべてのアミノ酸を，C 末端アミノ酸の置換基として左端から右端へ順に命名する．アミノ酸の置換基名は，アミノ酸の名称の語尾の“イン (-ine)”あるいは“イン酸 (-ic acid)”を，接尾語“イル (-yl)”に変換する．

たとえば，ペプチド **A** は C 末端アミノ酸としてセリンをもつので，アラニルセリン（alanylserine）と命名される．一方，ペプチド **B** は C 末端アミノ酸としてアラニンをもつので，セリルアラニン（serylalanine）と命名される．

ペプチドは，分子鎖を構成するアミノ酸を一文字表記あるいは三文字表記を用いて，N 末端アミノ酸から C 末端アミノ酸へと順に書くことによって略記される．たとえば，Ala-Ser は N 末端にアラニン，C 末端にセリンをもつペプチドを表す．一方，Ser-Ala は N 末端にセリン，C 末端にアラニンをもつペプチドを表す．

例題 3・3　ペプチドの N 末端アミノ酸と C 末端アミノ酸を識別する

次のペプチドにおける N 末端アミノ酸と C 末端アミノ酸を標識せよ．

(a)

(b) Tyr-Pro-Glu-His　　(c) TSFMMQNA

解答

- α 炭素に遊離の NH_3^+ 基をもつアミノ酸は N 末端アミノ酸であり，分子鎖の左端に書かれる．
- α 炭素に遊離の COO^- 基をもつアミノ酸は C 末端アミノ酸であり，分子鎖の右端に書かれる．

N 末端アミノ酸は青で標識し，C 末端アミノ酸は赤で標識した．

(a)

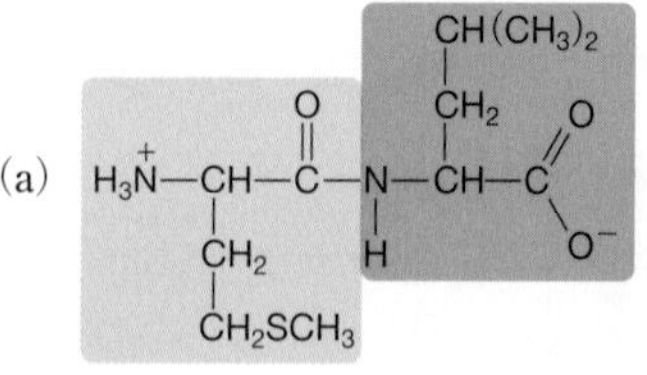

(b) Tyr-Pro-Glu-His　　(c) TSFMMQNA

（つづく）

練習問題 3・3 テトラペプチドであるアラニルグリシルロイシルメチオニンについて，次の問いに答えよ．
(a) N 末端アミノ酸の名称を記せ．
(b) C 末端アミノ酸の名称を記せ．
(c) それぞれのアミノ酸を三文字表記を用いて表すことにより，テトラペプチドを表記せよ．

構成成分となるアミノ酸から生成するジペプチドを表記するには，次の How To に示す段階的な方法に従う．

How To 二つのアミノ酸からジペプチドを書く

例 ジペプチド Val-Gly の構造式を書け．また，そのジペプチドの N 末端アミノ酸，C 末端アミノ酸を標識せよ．

段階 1 それぞれのアミノ酸の構造式を，左から右へと順に書く．

- 三文字表記からペプチドを形成しているアミノ酸を識別する．この例では，Val はバリン，Gly はグリシンである．
- それぞれのアミノ酸の構造式を書く．その際，一つのアミノ酸の COO^- 基が，隣接するアミノ酸の NH_3^+ 基の隣にくるようにアミノ酸を配置する．
- 常に，NH_3^+ 基を左側に，COO^- 基を右側に書くこと．

これら二つの官能基を並べて書く

ジペプチドの構造式において Val が最初に現れるので，バリンを左側に書く

$H_3\overset{+}{N}-CH(CH(CH_3)_2)-COO^-$ ＋ $H_3\overset{+}{N}-CH(H)-COO^-$

Val Gly

段階 2 隣接する COO^- 基と NH_3^+ 基を互いに結びつける．

- 一つのアミノ酸のカルボニル炭素と，もう一つのアミノ酸の窒素原子を結びつけることによって，新たなアミド結合を形成させる．

$H_3\overset{+}{N}-CH(CH(CH_3)_2)-COO^-$ ＋ $H_3\overset{+}{N}-CH(H)-COO^-$ ⟶

Val Gly

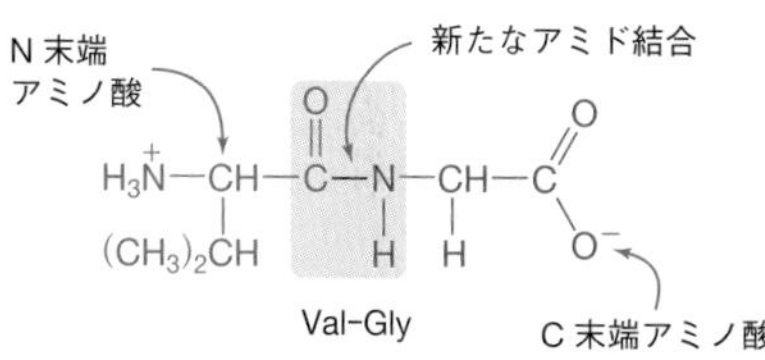

- バリンは α 炭素に遊離の NH_3^+ 基をもつので，N 末端アミノ酸である．
- グリシンは α 炭素に遊離の COO^- 基をもつので，C 末端アミノ酸である．

問題 3・2 ロイシンとアスパラギンを結合させることによって生成するジペプチドについて，次の問いに答えよ．
(a) 2 種類の可能なジペプチドの構造式を書け．
(b) それぞれのジペプチドについて，N 末端アミノ酸および C 末端アミノ酸の名称を記せ．
(c) それぞれのジペプチドを三文字表記を用いて表せ．

例題 3・4 ペプチドにおけるアミノ酸を識別する

次のトリペプチドの生成に用いられるアミノ酸の構造式と名称を記せ．また，トリペプチドの名称を記せ．

$H_3\overset{+}{N}-CH(CH_2CH(CH_3)_2)-CO-NH-CH(CH_3)-CO-NH-CH(CH_2C_6H_4OH)-COO^-$

（つづく）

解答　ペプチドの生成に用いるアミノ酸を決めるには，ペプチドを生成させる場合と逆に考える．すなわち，アミノ酸を結びつけているアミド結合（赤色で示す）を開裂させる．これによってロイシン，アラニン，チロシンが生成する．

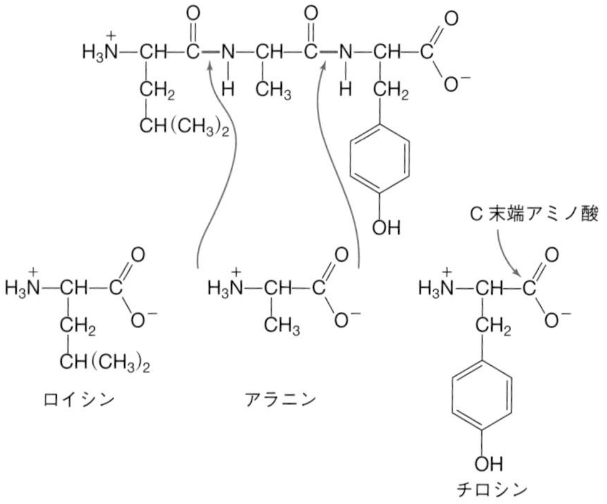

C 末端アミノ酸

ロイシン　　アラニン　　チロシン

トリペプチドは，置換基としてロイシンとアラニンをもつ C 末端アミノ酸（チロシン）の誘導体として命名される．したがってトリペプチドの名称は，ロイシルアラニルチロシンとなる．

練習問題 3・4　次のジペプチドを構成するアミノ酸の名称を記せ．また，アミノ酸を三文字表記を用いて表すことにより，それぞれのジペプチドを表記せよ．

(a) 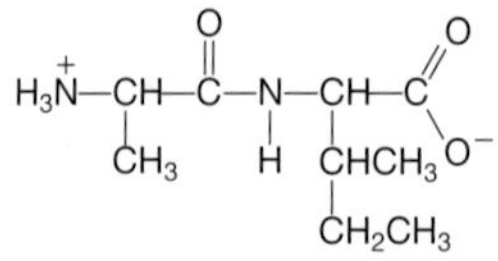 $H_3\overset{+}{N}-CH(CH_3)-C(=O)-NH-CH(CHCH_3CH_2CH_3)-COO^-$

(b) 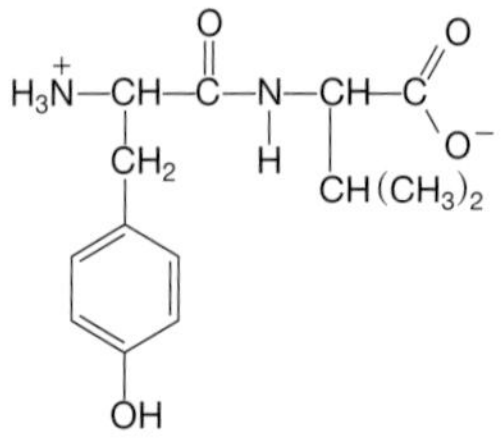 $H_3\overset{+}{N}-CH(CH_2C_6H_4OH)-C(=O)-NH-CH(CH(CH_3)_2)-COO^-$

3・5　生理学的に活性なペプチド

比較的簡単なペプチドには，重要な生理学的機能をもつものが多い．

3・5A　神経ペプチド：エンケファリンと鎮痛薬

エンケファリン enkephalin

エンケファリンは脳で合成されるペンタペプチドであり，痛みの受容体に結合することによって，鎮痛薬や鎮静薬としての作用を示す．一つのアミノ酸だけが異なる 2 種類のエンケファリンが知られている．C 末端にメチオニン残基をもつものをメチオニン-エンケファリン，C 末端にロイシン残基をもつものをロイシン-エンケファリンという．

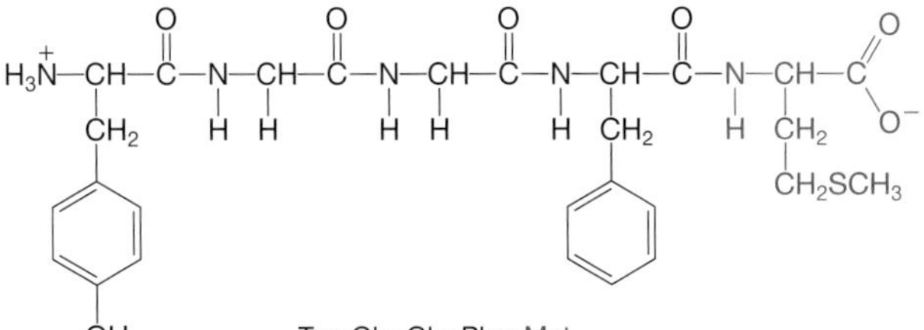

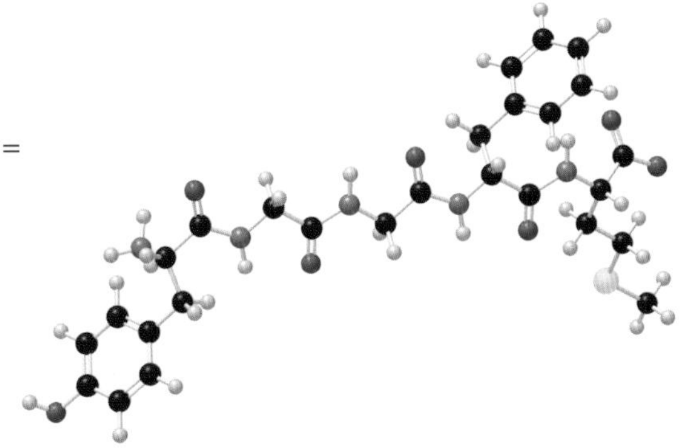

Tyr–Gly–Gly–Phe–Met
メチオニン-エンケファリン

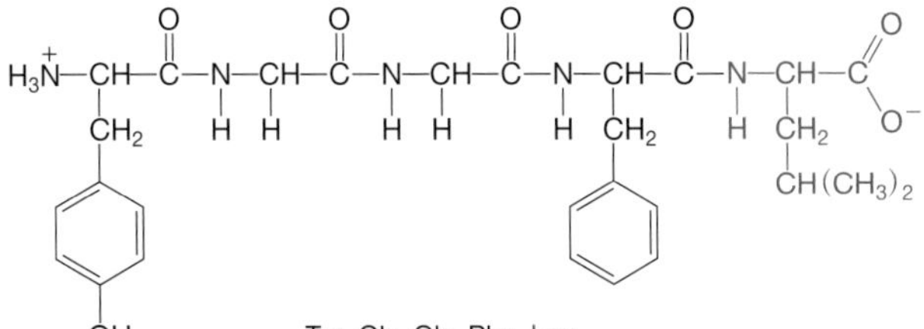

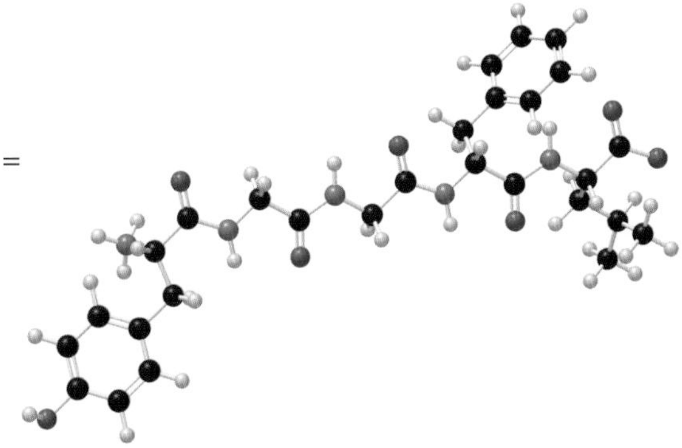

Tyr–Gly–Gly–Phe–Leu
ロイシン-エンケファリン

中毒性をもつ麻薬性鎮痛薬であるモルヒネやヘロインはエンケファリンと同じ受容体に結合し，これによって同じ生理的な応答をひき起こす．しかし，エンケファリンは，そのペプチド結合が脳にある酵素によって容易に加水分解されるため，短い時間，痛みをやわらげる効果をもつだけである．一方，モルヒネやヘロインは容易には加水分解されないため，比較的長い時間，生理学的な活性が持続する．

エンケファリンと似た生理活性をもつ物質に，16〜31 個のアミノ酸からなる**エンドルフィン**とよばれる一群の大きなポリペプチドがある．エンドルフィンも痛みを断つ効果をもつとともに，運動選手が過度の，あるいは激しい運動の後に経験する満足感を生じさせる要因であると考えられている． エンドルフィン endorphin

3・5B ペプチドホルモン：オキシトシンとバソプレッシン

オキシトシンとバソプレッシンは脳下垂体から分泌される環状のノナペプチドホルモンである．それらのアミノ酸配列は二つのアミノ酸を除いて同一であるが，このわずかな違いによって，これらのペプチドはきわめて異なる生理学的な活性をもつ．

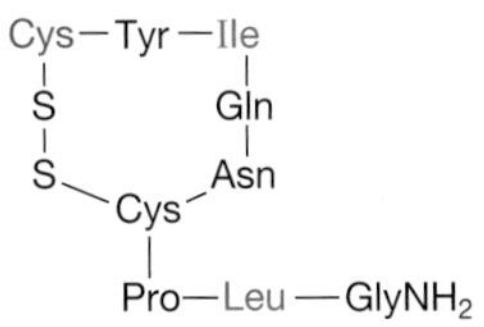

オキシトシン: Cys–Tyr–Ile–Gln–Asn–Cys–Pro–Leu–$GlyNH_2$ (Cys–S–S–Cys)

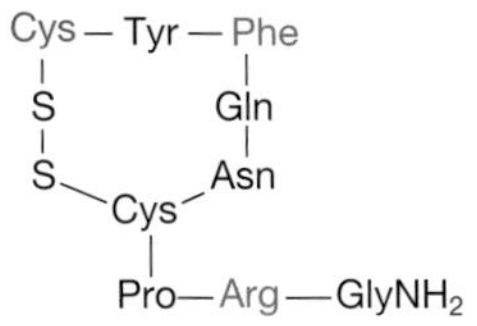

バソプレッシン: Cys–Tyr–Phe–Gln–Asn–Cys–Pro–Arg–$GlyNH_2$ (Cys–S–S–Cys)

・N 末端アミノ酸を赤字で示す
・異なるアミノ酸を青字で示す

オキシトシンは子宮筋の収縮を刺激し，乳幼児の母親に母乳の分泌を誘発する（図 3・2）．オキシトシンは分娩誘発薬としても用いられている． オキシトシン oxytocin

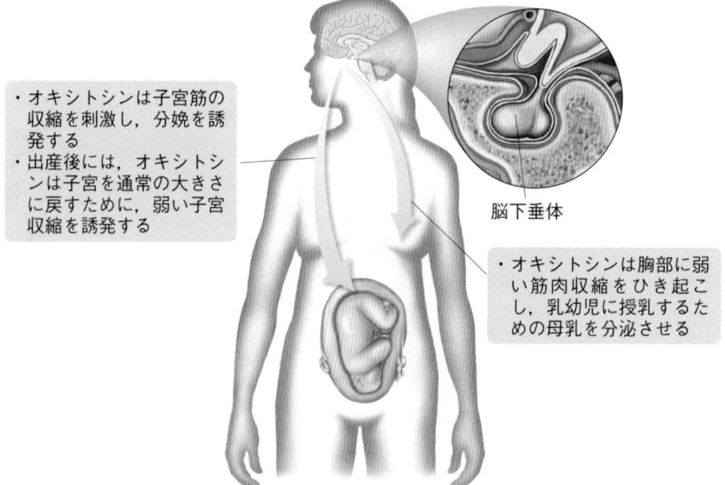

図 3・2　オキシトシンの生理学的効果

バソプレッシン vasopressin

抗利尿ホルモン antidiuretic hormone, 略記 ADH

バソプレッシンは**抗利尿ホルモン**ともよばれ，腎臓に作用して，体液に含まれる電解質の濃度を正常な範囲に保つ機能をもつ．バソプレッシンは，生体が水分を失ったとき，腎臓に体液を維持させるために分泌され，尿の量を減少させる効果を示す（図 3・3）．

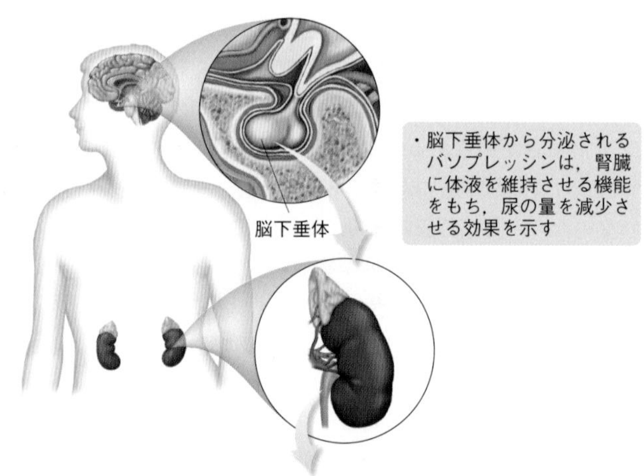

図 3・3　バソプレッシン：抗利尿ホルモン

これらのペプチドホルモンにおける N 末端アミノ酸はシステインであり，C 末端アミノ酸はグリシンである．これらのペプチドは，C 末端に遊離のカルボキシラートイオン COO^- の代わりにアミド基 $CONH_2$ をもつ．この構造は分子鎖の末端にさらに NH_2 基を付け加えることによって表記される．

ジスルフィド結合 disulfide bond

これらのペプチドの構造には，**ジスルフィド結合**が含まれる．ジスルフィド結合は，二つのシステイン残基の SH 基が酸化され，硫黄－硫黄結合を形成した形態の共有結合である．オキシトシンとバソプレッシンでは，ジスルフィド結合によってペプチド環が形成されている．

$$2\ \text{R—S—H} \xrightarrow{[\text{O}]} \text{R—S—S—R}$$

チオール　　　　ジスルフィド結合

問題 3・3　システインが酸化されることによって生成するジスルフィドの構造式を書け．

3・6 タンパク質

タンパク質はアミノ酸からなる巨大なポリマーであり，すべての生体細胞におけるきわめて多くの構造と機能の要因となっている．タンパク質を理解するためには，構造の四つの段階について学ばなければならない．それらは，タンパク質の一次構造，二次構造，三次構造，四次構造とよばれている．

3・6A 一次構造

ペプチド結合によって互いに結びついたアミノ酸の特異的な配列をタンパク質の**一次構造**という．この一次構造の最も重要な要素は，アミノ酸を結びつけているアミド結合である．

一次構造 primary structure

アミド結合のカルボニル炭素は平面三角形構造をもつ．ペプチド結合に含まれる6個の原子はすべて同一平面上にある．すべての結合角は120°であり，C=O 結合と N−H 結合は互いに180°の方向を向いている．その結果，タンパク質の骨格は，以下のタンパク質分子の一部を示す球棒模型で表されるように，ジグザグ構造をとっている．

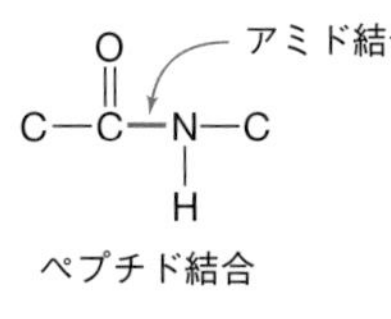

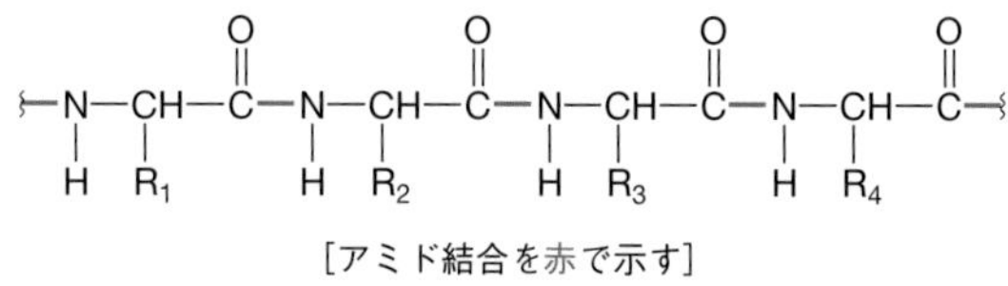

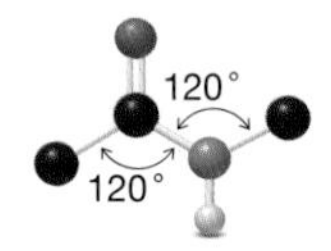

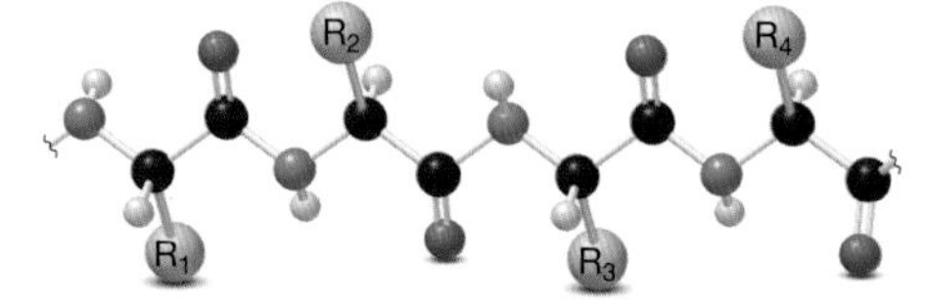

タンパク質の一次構造，すなわちアミノ酸の正確な配列によって，タンパク質のすべての性質と機能が決まる．§3・7で学ぶように，ただ一つのアミノ酸が別のアミノ酸に置換されても，タンパク質にきわめて異なる性質をひき起こすことがある．

問題 3・4　同じ数と種類のアミノ酸からなる二つのタンパク質が，異なる性質をもつことが可能かどうか考察せよ．

3・6B 二次構造

タンパク質の局所的な領域における三次元的配列をタンパク質の**二次構造**という．これらの領域は，一つのアミドの N−H 結合のプロトンと，別のアミドの C=O 結合の酸素との水素結合によって形成される．特に安定な配列として，α ヘリックスと β シートの二つがある．

二次構造 secondary structure

α ヘリックス

α ヘリックスは，図3・4に示すように，ペプチド鎖が右巻き，すなわち時計回りのらせん状にねじれたときに形成される．α ヘリックスには，次のような重要な特徴がある．

α ヘリックス α-helix

図 3・4　αヘリックスに対する二つの表記. (a) αヘリックスのすべての原子が書かれている．すべてのC=O結合は上方に向かっており，すべてのN−H結合は下方に向かっている．(b) αヘリックスのペプチド骨格だけが書かれている．互いに4アミノ酸残基離れたアミノ酸のC=OとN−Hの間の水素結合が，破線で示されている．

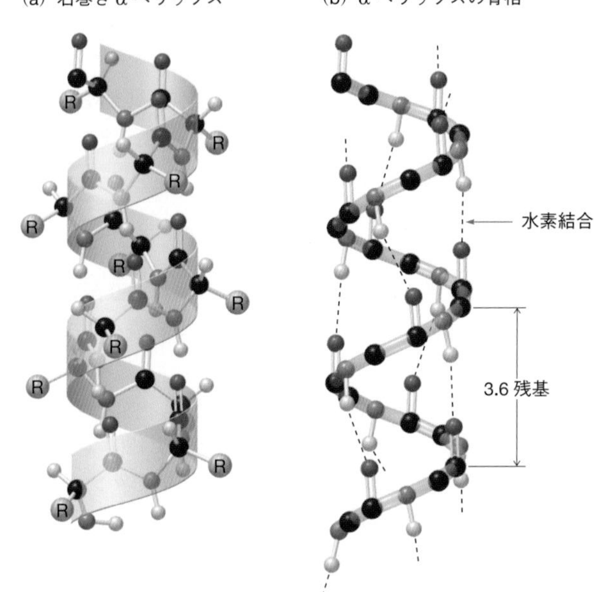

- αヘリックスのらせんは，3.6個のアミノ酸残基で1回転する．
- N−H結合とC=O結合はらせんの軸に沿って，互いに反対の方向を向いている．
- 一つのアミノ酸のC=O基は，ペプチド鎖に沿って4残基離れたアミノ酸のN−H基と水素結合を形成している．
- アミノ酸の側鎖R基は，らせんの中心から外側へ伸びている．

筋肉にあるミオシンや頭髪にあるαケラチンは，ほとんど完全なαヘリックスからなるタンパク質である．

βシート

βシート β-pleated sheet
β鎖 β-strand

βシートは，図3・5に示すように，複数のペプチド鎖が横並びに配列したときに形成される．このペプチド鎖は**β鎖**とよばれる．すべてのβシートは，次の特徴をもつ．

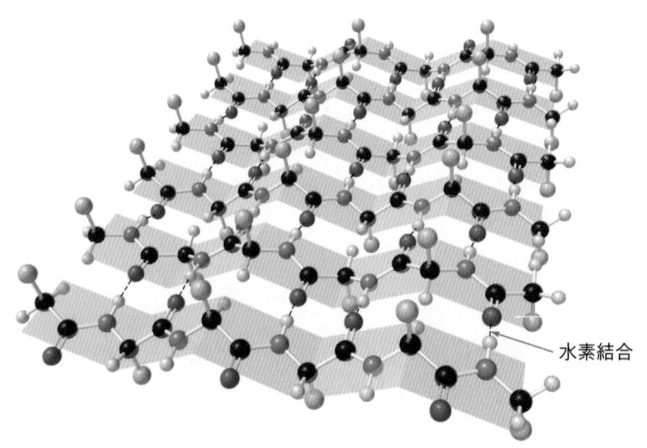

図 3・5　βシートの三次元構造. βシートは，水素結合によって結びついたペプチド鎖の広がった鎖から形成される．C=O結合とN−H結合はシート平面内にあり，側鎖の置換基R(黄色球で示す)は平面の上下に交互に配置されている．

- C=O 結合と N−H 結合はシートの平面内に存在する．
- 近接するアミノ酸残基の N−H 結合と C=O 基との間で，水素結合が形成される．
- アミノ酸の側鎖 R 基はシート平面の上方と下方を向いており，一つの鎖に沿って一端から他端へと互い違いに配置されている．

βシート構造は，アラニンやグリシンのような，小さいR基をもつアミノ酸でよくみられる．R基が大きくなると，立体的な相互作用によってペプチド鎖が互いに接近できないため，水素結合によってシート構造を安定化することができない．

ほとんどのタンパク質にはαヘリックスとβシートの領域があり，これに加えて，これらの配列のどちらの特徴ももたない他の領域がある．二次構造をもつ領域を示すために，しばしば簡略図が用いられる（図3・6）．特に，αヘリックスは平らならせん状のリボンで表され，βシートには平らな幅広い矢印が用いられる．これらの簡略図はしばしば，タンパク質の構造を**リボン図**で表す際に用いられる．

リボン図 ribbon diagram

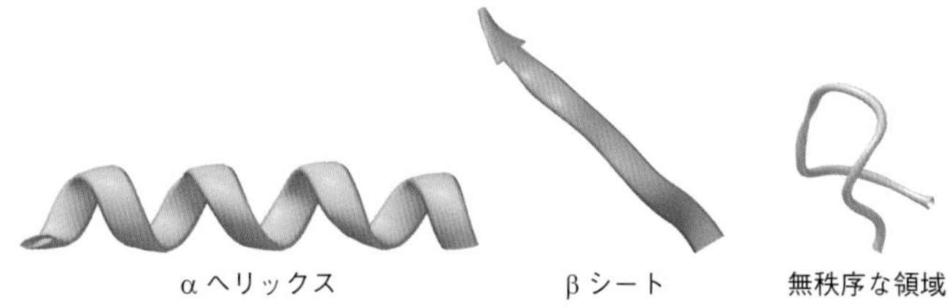

図 3・6　**タンパク質の構造を表す簡略図**

クモの糸

クモの糸は強固であり，また柔軟なタンパク質であるが，これはそのタンパク質がβシートの領域とαヘリックスの領域をもつためである（下図）．αヘリックスの領域は，ペプチド鎖がねじれており（完全には伸びておらず），そのためペプチド鎖はさらに伸びることができるので，糸に伸縮性を与える．一方，βシートの領域はほとんど完全に伸びているため，さらに伸びることはできないが，その秩序性の高い三次元構造によって糸に強固さが与えられる．このように，クモの糸は，有益な性質をもつ両方の二次構造をもつことによって，クモに適合したものになっている．

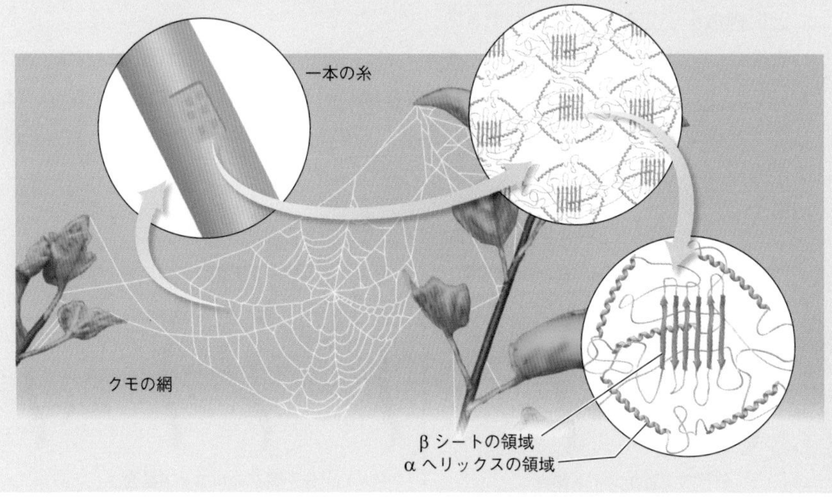

クモの糸． クモの糸はαヘリックスの領域とβシートの領域をもつため，柔軟であり，また強固である．図の緑色のコイルはαヘリックスの領域を示し，紫色の矢印はβシートの領域を示す．薄い灰色の線はαヘリックスとβシートのいずれでもないタンパク質の他の領域を示している．

タンパク質はその構造の特徴を示すために，さまざまな表記法が用いられる．図3・7には，植物と動物の両方にみられる酵素の一つであるリゾチームの構造を，三つの異なる表記法で示した．リゾチームは微生物の細胞壁における結合の加水分解を触媒する作用をもち，細胞壁を弱め，しばしば微生物を破裂させる効果を示す．

図 3・7　**リゾチーム**．(a) リゾチームの球棒模型は，色分けされた炭素，窒素，酸素，硫黄原子を用いてタンパク質の骨格を示している．この図を用いると，個々のアミノ酸の位置が最も明確にわかる．(b) 空間充塡模型は，酵素の骨格を形成するそれぞれの原子に対して，色分けした球を用いる．この図では，それぞれの原子によってどのように空間がみたされているかがわかる．(c) リボン図には，他の二つの図でははっきりとは見えない α ヘリックスと β シートの領域が示されている．

3・6C　三次構造と四次構造

三次構造 tertiary structure

ペプチド鎖全体がとる三次元構造をタンパク質の**三次構造**という．一般にペプチドは，その安定性が最大となる形状に折りたたまれる．細胞内の水に囲まれた環境では，タンパク質はしばしば，水分子との双極子–双極子相互作用と水素結合の形成を最大にするために，極性の電荷をもった多数の基を外部表面に配置するように折りたたまれる．これによって一般に，無極性の側鎖はほとんどタンパク質の内部に取込まれるので，これらの疎水性基の間に働くロンドンの分散力もまた，分子の安定化に役立つことになる．

さらに，極性官能基は（水分子とだけではなく）互いに水素結合を形成し，また COO^- 基や NH_3^+ 基のような電荷をもった側鎖をもつアミノ酸は，静電引力によって三次構造を安定化することができる．

最後に，三次構造を安定化するただ一つの共有結合として，ジスルフィド結合がある．§3・5で述べたように，この強い結合は，同じポリペプチド鎖か，あるいは同じタンパク質の別のポリペプチド鎖にある二つのシステイン残基の酸化によって形成する．

指の爪が丈夫で硬いのは，爪を構成するタンパク質における多数のジスルフィド結合によるものである．

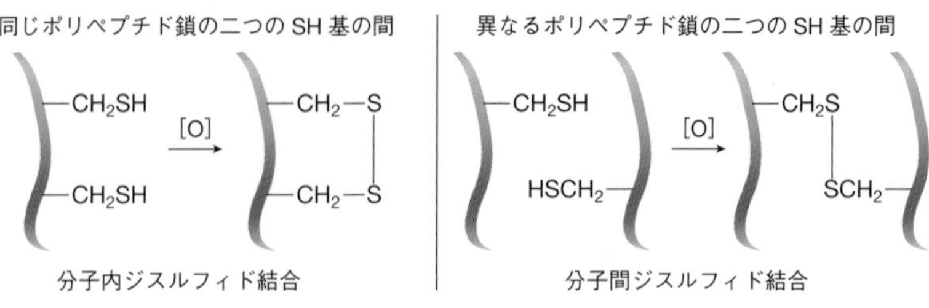

たとえば，**インスリン**は図3・8に示すように，A鎖およびB鎖と標識される二つのポリペプチド鎖からなり，それらは二つの分子間ジスルフィド結合によって共有結合で結びつけられている．A鎖は21個のアミノ酸残基からなり，分子内でジスルフィド結合を形成している．一方，B鎖は30個のアミノ酸残基をもつ．

インスリン insulin

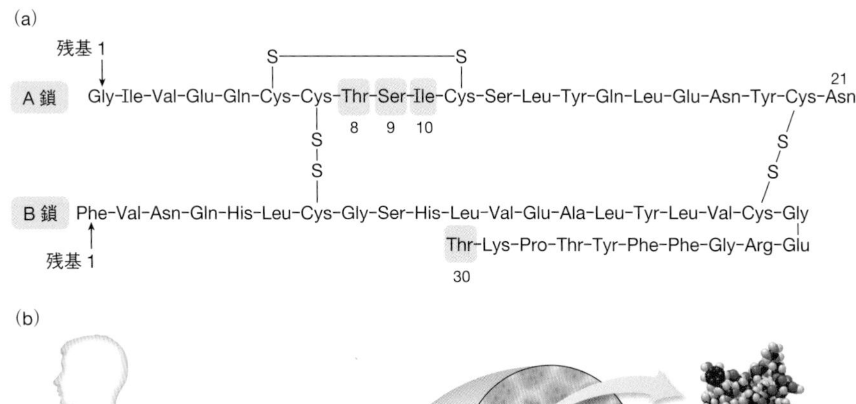

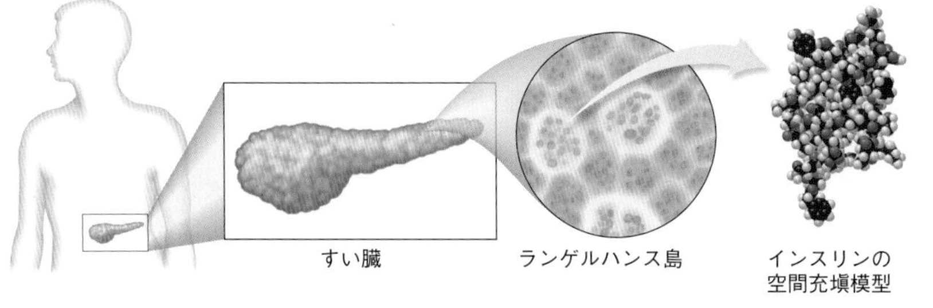

図 3・8 **インスリン**．(a) インスリンは，二つのジスルフィド結合によって結びついた二つのポリペプチド鎖(A鎖，B鎖と表記する)からなる小さなタンパク質である．A鎖では，もう一つのジスルフィド結合が二つのシステイン残基を結びつけている．(b) インスリンは血液中のグルコース濃度を調節するタンパク質であり，ランゲルハンス島とよばれるすい臓の細胞群で合成される．

図3・9に，ポリペプチド鎖の二次構造と三次構造を安定化するさまざまな分子内の相互作用を模式的に示した．無極性の炭素−炭素結合と炭素−水素結合だけをもつ近傍のアミノ酸残基は，ロンドンの分散力によって安定化される．側鎖にヒドロキシ

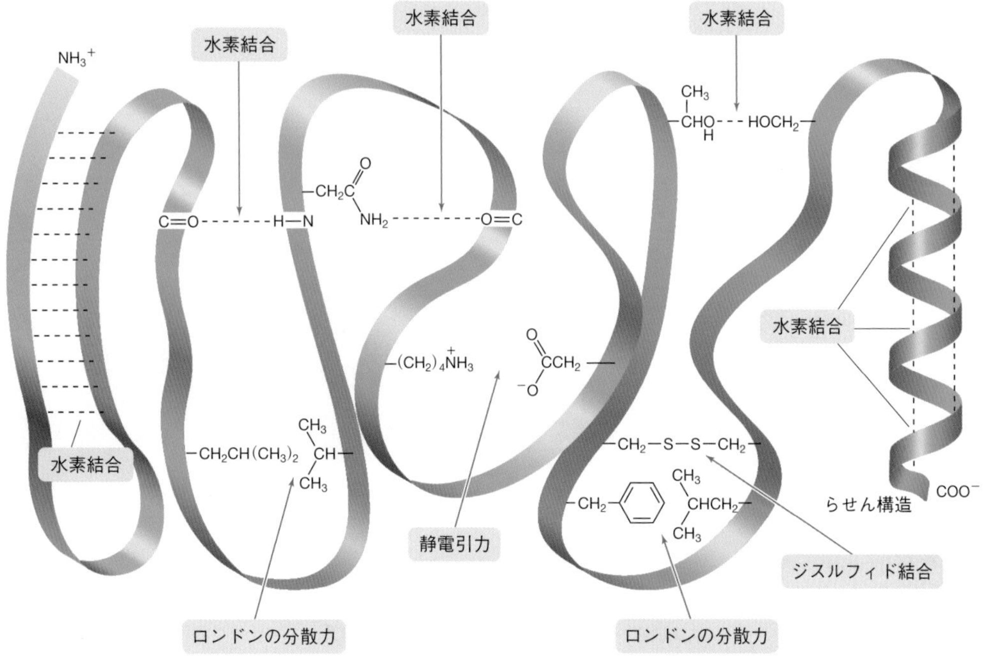

図 3・9 タンパク質の二次構造と三次構造を安定化する相互作用

インスリンのアミノ酸配列

インスリンが比較的，あるいは完全に欠乏すると糖尿病になる．この病気に関連する異常性の多くは，インスリンの投与によって抑制することができる．近年，遺伝子工学技術（§4・10）によってヒトのインスリンが入手できるようになるまでは，糖尿病の患者に用いられるインスリンはすべて，ブタやウシから得たものであった．これらのインスリンのアミノ酸配列は，ヒトのインスリンのアミノ酸配列とはわずかに異なっている．ブタのインスリンではただ一つのアミノ酸が異なるだけであるが，ウシのインスリンでは三つのアミノ酸が異なっている．これについて，以下の表で示す．

インスリンにおけるアミノ酸配列の違い

	A 鎖			B 鎖
残基の位置→	8	9	10	30
ヒトインスリン	Thr	Ser	Ile	Thr
ブタインスリン	Thr	Ser	Ile	Ala
ウシインスリン	Ala	Ser	Val	Ala

基 OH やアミノ基 NH_2 をもつアミノ酸残基は，互いに分子間で水素結合を形成することができる．

四次構造 quaternary structure
サブユニット subunit
ヘモグロビン hemoglobin

折りたたまれた二つ以上のポリペプチド鎖が集合して，一つのタンパク質複合体になるときにとる形状を，タンパク質の**四次構造**という．それぞれの個々のポリペプチド鎖は，タンパク質全体の**サブユニット**とよばれる．たとえば，**ヘモグロビン**は二つの α サブユニットと二つの β サブユニットからなり，それらは分子間力によって互いに結びつき，まとまった三次元構造を形成している．ヘモグロビンの特有の機能は，四つのサブユニットがすべてそろっているときにのみ，発現される．

図 3・10 には，タンパク質の構造の四つの段階を要約した．

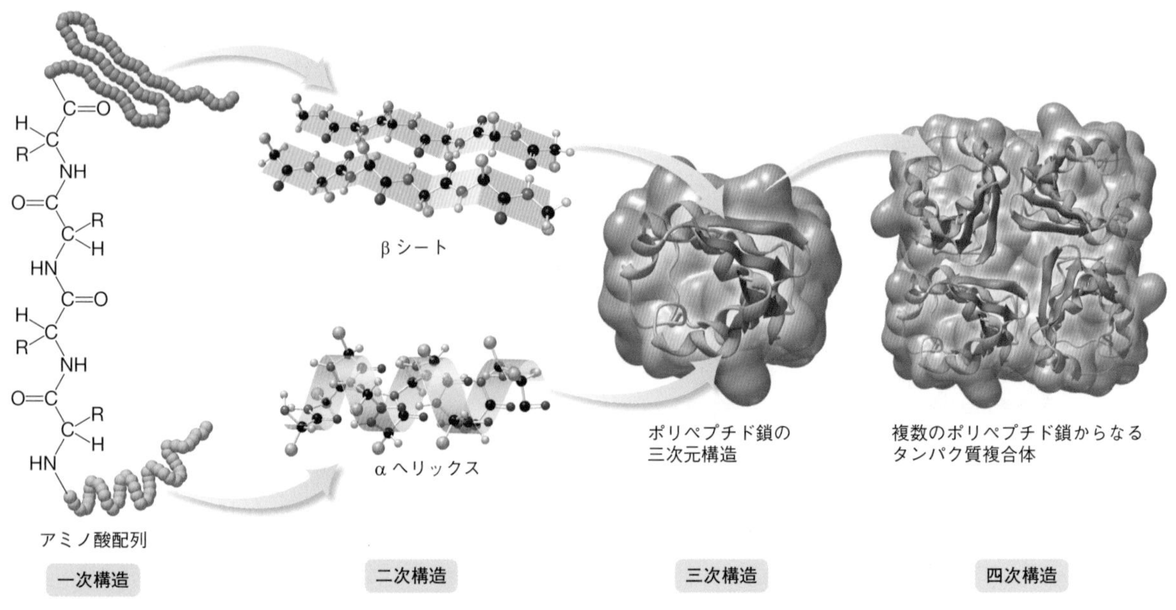

図 3・10　タンパク質の一次，二次，三次，四次構造

問題 3・5 次のそれぞれの対になったアミノ酸の構造式を書き，アミノ酸の側鎖の間に働く分子間力の名称を記せ．なお，指針として図3・9を用いてよい．
(a) Ser と Tyr (b) Val と Leu (c) 2分子の Phe

3・7 一般的なタンパク質

一般に，タンパク質はその三次元的な形状に従って，次のように分類される．

- 長い直線的なポリペプチド鎖から構成され，それらが束ねられて棒状あるいはシート状になったタンパク質を**繊維状タンパク質**という．これらのタンパク質は水に不溶であり，組織や細胞に強度を与え，それらを支持する構造的な役割を果たす．
- ポリペプチド鎖が丸まってまとまった形状となり，親水性の外部表面をもつために，水に溶けるタンパク質を**球状タンパク質**という．酵素や輸送タンパク質は球状タンパク質であり，それらは血液や他の水の多い環境に溶解する．

繊維状タンパク質 fibrous protein

球状タンパク質 globular protein

3・7A αケラチン

αケラチンは，頭髪，ひづめ，爪，皮膚，羊毛などにみられるタンパク質である．αケラチンは，ほとんどすべてαヘリックス構造をもつ長い部位から構成され，多数のアラニンとロイシン残基を含んでいる．これらの無極性アミノ酸の側鎖がαヘリックス骨格から外側に伸びているため，このタンパク質はきわめて水に溶けにくい．αケラチンは二つのらせんが互いに巻き合った構造をもっている．このような構造を**コイルドコイル**という．図3・11に模式的に示すように，さらにこれらの構造が集まってもっと大きい繊維の束を形成し，最終的には一本の頭髪をつくっている．

αケラチン α-keratin

コイルドコイル coiled-coil

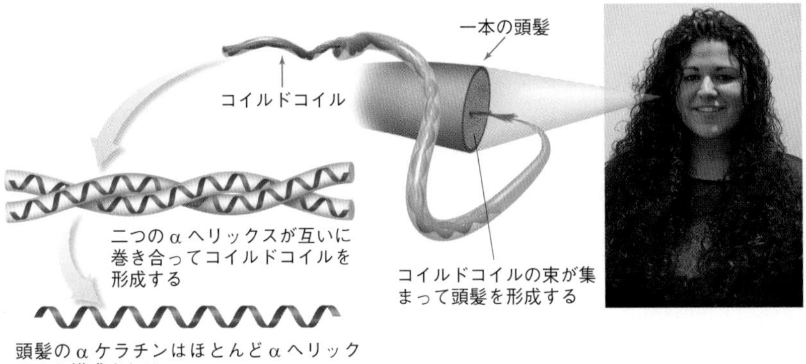

図 3・11 **頭髪の構造**

またαケラチンは多数のシステイン残基をもつため，隣接するらせんとの間にジスルフィド結合が形成される．ジスルフィド結合による架橋の数が，αケラチンからなる物質の強度を決定する．鳥獣のかぎづめ，つの，指の爪などは，広範囲に広がったジスルフィド結合の網目構造をもつため，きわめて硬い．

3・7B コラーゲン

コラーゲンは脊椎動物において最も豊富に存在するタンパク質であり，骨，軟骨，腱，歯，血管などの結合組織にみられる．そのアミノ酸残基の多くの部分を，グリシンとプロリンが占めている．コラーゲンは引き伸ばされた左巻きらせんを形成し，さらにこれらのらせんの3本が互いに巻き合って右巻きの**三重らせん**を形成している．

コラーゲン collagen

三重らせん triple helix

グリシンの側鎖は水素原子だけなので，グリシンの含有量が高いことによってコラーゲンのらせんは互いに接近し，密集して存在することが可能となる．これによって強い水素結合を形成することができ，三重らせん構造が安定化される．図3・12にコラーゲンの三重らせん構造を，二つの表記法によって示した．

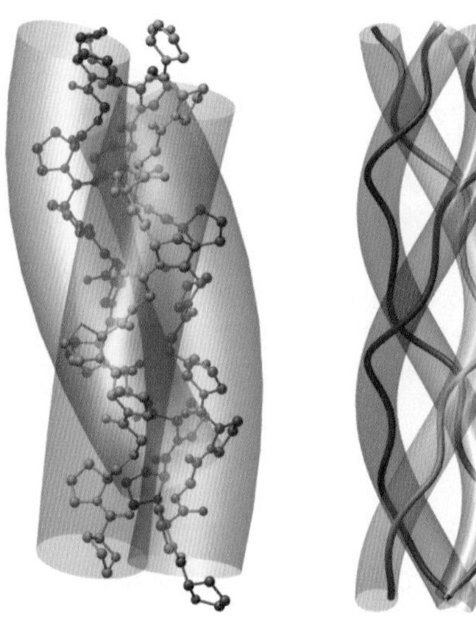

図 3・12　**コラーゲンの三重らせんに対する二つの表記．** コラーゲンでは，ふつうにはみられない左巻きらせんをもつ三つのポリペプチド鎖が，互いに巻き合って右巻きの三重らせんを形成している．小さい側鎖をもつグリシン残基の含有量が高いため，分子鎖は互いに接近することができ，鎖間で水素結合を形成することを可能にしている．

コラーゲンでは，らせんの間に形成される水素結合をより強固にするために，コラーゲン鎖に取込まれたもとのアミノ酸が修飾されるが，この反応にはビタミンC（欄外）が必要となる．食事でビタミンCが欠乏すると，コラーゲンの繊維が適切に形成されず，壊血病をひき起こす．すなわち，血管がもろくなり軟骨組織が適切に形成されないため，歯ぐきが弱くなって出血したり，暗紫色の皮膚病変が現れる．

ビタミンC

3・7C　ヘモグロビンとミオグロビン

複合タンパク質 conjugated protein

ヘム heme

ヘモグロビンとミオグロビンは代表的な球状タンパク質である．これらはタンパク質と非タンパク質分子から構成されているため，**複合タンパク質**とよばれる．ヘモグロビンとミオグロビンにおける非タンパク質分子は**ヘム**とよばれ，窒素を含む大きな環状系と錯体を形成した鉄(II)イオンFe^{2+}を含む複雑な有機化合物である．ヘモグロビンとミオグロビンに含まれるFe^{2+}が酸素と結合する．ヘモグロビンは赤血球に存在し，生体内のどこでも必要とする場所へ酸素を運搬する機能をもつ．一方，ミオグロビンは，組織において酸素を貯蔵する役割を果たす．

クジラの筋肉には高濃度のミオグロビンが含まれており，それによってクジラは長時間水中にとどまることができる．

ヘム

ミオグロビン myoglobin

ミオグロビンは，153個のアミノ酸残基をもつ単一のポリペプチド鎖から形成される（図3・13a）．ミオグロビンには8個の別べつのαヘリックス部位が存在し，ポリペプチド鎖の内部に形成された空洞にヘムが保持されている．心筋の特徴的な赤色は，ミオグロビンによるものである．

ヘモグロビンは四つのポリペプチド鎖（二つのαサブユニットと二つのβサブユニット）からなり，そのそれぞれにヘム単位が存在している（図3・13b）．ヘモグロビンはミオグロビンに比べて，さらに多くの無極性アミノ酸残基をもつ．それぞれのサブユニットが折りたたまれたとき，これらのいくつかは表面上に残る．これらの疎水性基の間に働くロンドンの分散力は，四つのサブユニットからなるヘモグロビンの四次構造の安定化に寄与している．

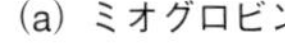

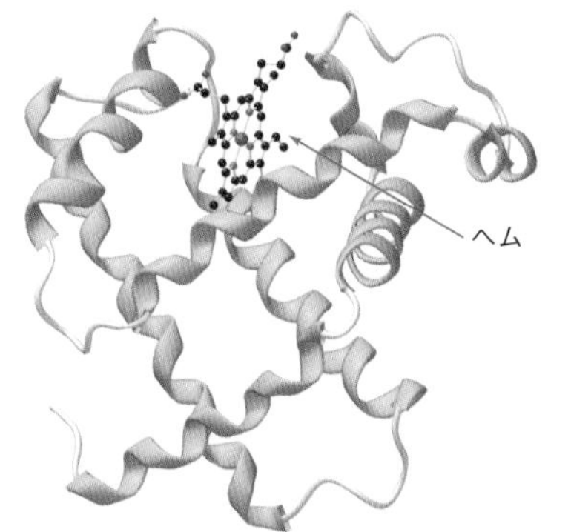

(b) ヘモグロビン

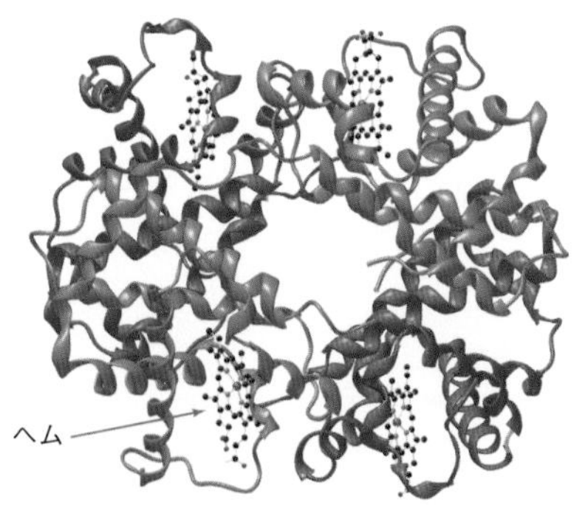

図 3・13　ミオグロビンとヘモグロビンのリボン図． (a) ミオグロビンは単一のポリペプチド鎖からなり，球棒模型で示した一つのヘム単位をもっている．(b) ヘモグロビンは，それぞれ赤色と青色で示した二つのαサブユニットと二つのβサブユニットからなり，球棒模型で示した四つのヘム単位をもっている．

一酸化炭素COが有毒であるのは，ヘモグロビンのFe^{2+}に対してCOが酸素O_2に比べて200倍も強く結合するからである．COと錯体を形成したヘモグロビンは，肺から組織へO_2を運搬することができない．代謝のために必要なO_2が組織に供給されなければ，細胞は機能することができず，死に至ることになる．

すべてのタンパク質の性質はその三次元的な形状に依存しており，その形状はタンパク質の一次構造，すなわちアミノ酸の配列によって決まる．このことを示すよい例は，ふつうのヘモグロビンと鎌状赤血球のヘモグロビンとの比較である．後者はヘモグロビンの二つのβサブユニットを構成するアミノ酸の一つが，グルタミン酸Gluからバリン Valへ変化した突然変異体である．一つのアミノ酸Gluが他の無極性アミノ酸Valに置換したことにより，ヘモグロビンの形状が変化し，その機能に重大な影響が生じる．鎌状赤血球のヘモグロビンをもつ赤血球は，引き伸ばされて三日月形になり，異常なほどもろくなる．その結果，それらは毛細血管の破裂や閉塞を起こし，それによって痛みや炎症が生じ，さらに重篤な貧血症や器官の損傷をひき起こす．最終的には，苦痛とともに若くして死に至ることもある．

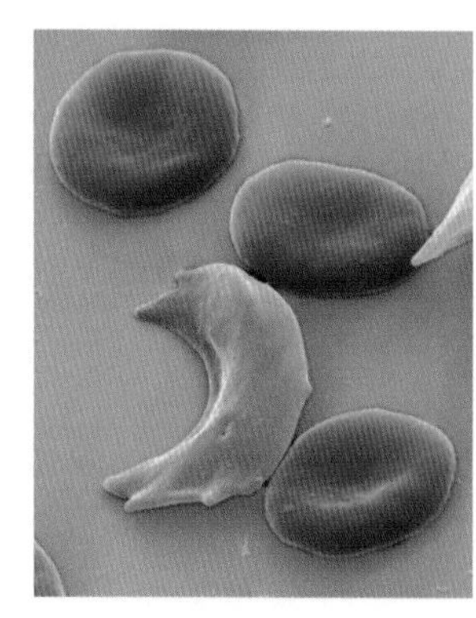

鎌状赤血球症の患者において赤血球が“鎌”のような形状になると，赤血球が毛細血管に詰まって器官に損傷を与えたり，簡単に破裂して重篤な貧血を起こす．この破滅的な病気は，ヘモグロビンにおいてただ一つのアミノ酸が変化したことからひき起こされる．正常な形をした三つの赤血球に囲まれた鎌状赤血球の形に注意してほしい．

この病気は**鎌状赤血球症**よばれ，マラリアが重大な健康上の問題となっている，中央および西アフリカに起源をもつ人々の間でもっぱらみられる病気である．鎌状赤血球のヘモグロビンは，ヘモグロビン合成の要因となるDNA配列における遺伝的な変異に由来する．両方の親からこの変異を受継いだ人は鎌状赤血球症を発症するが，片方の親だけから受継いだ人は“鎌状赤血球形質をもつ”といわれる．彼らは鎌状赤血球症を発症しないが，変異のない人よりもマラリアに対する抵抗力があるとされている．この変異に相対的に利益があることが，この有害遺伝子が世代から世代へと受継がれることの理由であろう．

鎌状赤血球症 sickle cell disease

問題 3・6　ヘモグロビンがαケラチンよりも水に対する溶解性が高い理由を説明せよ．

3・8　タンパク質の加水分解と変性

四つの段階のいずれにおいてもタンパク質の構造が乱されると，タンパク質の性質は大きく変化し，完全に破壊される場合もある．

3・8A　タンパク質の加水分解

他のアミド結合と同様に，タンパク質のペプチド結合も，酸性および塩基性水溶液，あるいはある種の酵素の存在下で加水分解される．

- タンパク質のアミド結合を加水分解すると，一次構造を構成する個々のアミノ酸が生成する．

たとえば，トリペプチド Ile-Gly-Phe のアミド結合を加水分解すると，アミノ酸のイソロイシン，グリシン，フェニルアラニンが生成する．アミド結合が開裂するときには，それぞれの結合に H_2O の成分が付け加わり，一つのアミノ酸にカルボキシラートイオン COO^- が生成し，もう一方のアミノ酸にアンモニウムイオン NH_3^+ が生成する．

ペプチド結合が開裂する

Ile-Gly-Phe　$H_3\overset{+}{N}-CH(CH(CH_3)CH_2CH_3)-CO-NH-CH_2-CO-NH-CH(CH_2C_6H_5)-COO^-$

↓ H_2O

$H_3\overset{+}{N}-CH(CH(CH_3)CH_2CH_3)-COO^-$　Ile

$H_3\overset{+}{N}-CH_2-COO^-$　Gly

$H_3\overset{+}{N}-CH(CH_2C_6H_5)-COO^-$　Phe

食事で摂取したタンパク質が消化される最初の段階は，タンパク質の骨格を形成するアミド結合の加水分解である．胃において酸性の胃液に含まれる酵素ペプシンはいくつかのアミド結合を開裂させ，より小さいペプチドに変換する．それらは小腸に送られ，酵素トリプシンやキモトリプシンによってさらに個々のアミノ酸へと分解される．

食事に含まれるタンパク質は，栄養に関してさまざまな役に立つ．炭水化物や脂質と同様に，タンパク質は代謝されてエネルギーを供給することができる．また，加水分解によって生成したそれぞれのアミノ酸は，体内で必要となる新たなタンパク質をつくるための出発物質として用いられる．同様に，アミノ酸の窒素原子は，窒素を含む他の生体分子の中に取込まれる．

例題 3・5　ペプチドの加水分解の生成物を書く

神経ペプチドであるロイシン-エンケファリン（§3・5）の加水分解によって生成するアミノ酸の構造式を書け．

（つづく）

解答

[1] ペプチド骨格におけるアミド基の位置を明確にする．

[2] H_2O を付け加えることによって，それぞれの結合を開裂させ，一つのアミノ酸にカルボキシラートイオン COO^-，もう一方のアミノ酸にアンモニウムイオン NH_3^+ を生成させる．

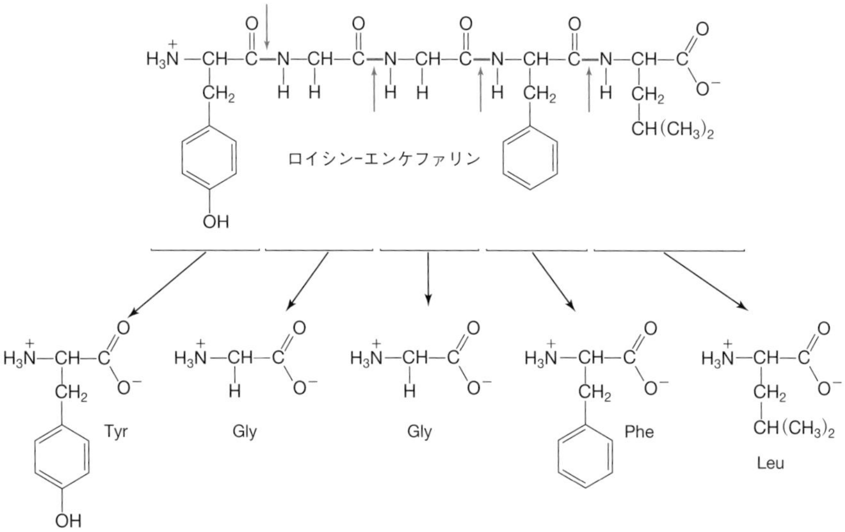

ロイシン-エンケファリン

Tyr　Gly　Gly　Phe　Leu

練習問題 3・5 次のトリペプチドの加水分解によって生成する生成物の構造式を書け．
(a) Ser-Thr-Phe　(b) Leu-Tyr-Asn

3・8B タンパク質の変性

タンパク質の二次構造，三次構造，あるいは四次構造が乱されると，タンパク質の性質も変化し，生理学的な活性が失われることもある．

- **一次構造を形成するアミド結合を開裂することなく，タンパク質の形状を変化させる過程をタンパク質の変性という．**

変性 denaturation

高温，酸，塩基，あるいは振動さえも，タンパク質が特異的な形状を保持するための非共有結合的な相互作用を乱すことがある．熱は，無極性アミノ酸の間に働く弱いロンドンの分散力を開裂させる．二次構造および三次構造のほとんどは，極性アミノ酸の間に形成される水素結合によって説明されるが，熱，酸，塩基はこれらの水素結合を開裂させる．この結果，変性によって球状タンパク質は丸まった構造がほどけ，不定形の無秩序なループ状構造になる．

卵白を加熱調理したり泡立てたりすると，卵白に含まれる球状タンパク質が変性し，不溶性のタンパク質が生成する．

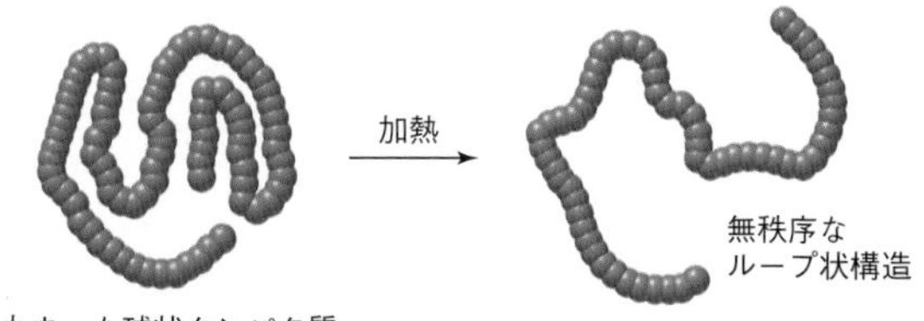

変性によってしばしば，球状タンパク質の水に対する溶解性が減少する．一般に球状タンパク質は，折りたたまれて内部に疎水性領域を形成し，外部表面の極性残基と

問題 3・7　コラーゲンは水に溶けない繊維状タンパク質であるが，加熱すると，ゼラチンとよばれるゼリー状の物質が生成する．この過程がどのように起こるかを説明せよ．

水分子との相互作用を最大にしている．これによって，球状タンパク質は水に溶解する．タンパク質が変性すると，疎水性の高い領域が外部にさらされるので，タンパク質は水に対する溶解性を失うことになる．

台所では，タンパク質の変性に関する多くの例を見ることができる．牛乳は古くなると，乳酸をつくる酵素の働きによって酸味をもつようになる．また酸によって牛乳のタンパク質が変性し，不溶性の凝乳として沈殿を形成する．卵白に含まれるおもなタンパク質のオボアルブミンは，卵をゆでたり，焼いたりすると変性し，固体を形成する．また，卵白を激しくかき回して泡立てることによってさえもタンパク質は変性し，硬いメレンゲができ上がる．

3・9　酵素：特徴と分類

酵素 enzyme

酵素はすべての生命体における反応において，生物学的な触媒として働くタンパク質である．すべての触媒と同様に酵素は反応速度を増大させるが，その反応過程において，それ自身はいつまでも変化しない．さらに，酵素によって平衡の位置は変化せず，出発物質と生成物の相対的なエネルギーも変化しない．

生体内で起こる生物学的な反応に対して，酵素はきわめて重要である．もし酵素がなければ，反応はあまりに進行が遅く，役に立たないであろう．人間では酵素は，ふつう pH は 7.4 付近，温度は 37 ℃ というきわめて特異的な生理的条件下で，反応を触媒しなければならない．

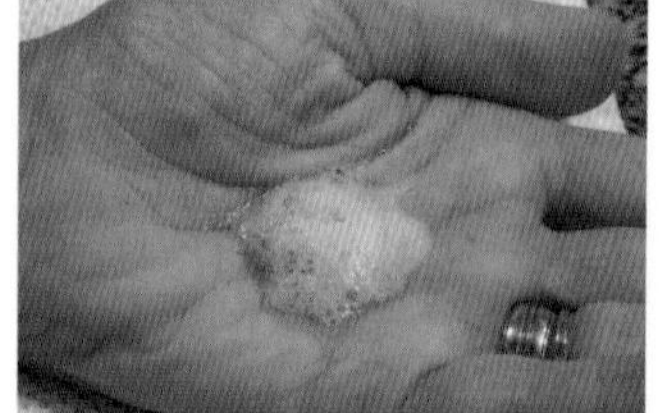

出血した傷を過酸化水素 H_2O_2 で消毒すると，血液に含まれる酵素カタラーゼによって H_2O_2 が水 H_2O と酸素 O_2 に分解されるため，O_2 ガスの発生により白い泡が生じる．

3・9A　酵素の特徴

一般に酵素は，水に可溶な球状タンパク質であり，次の二つの特性をもつ．

- 酵素は反応速度を著しく増大させる．酵素によって触媒された反応は，触媒されない同じ反応に比べて，10^6〜10^{12} 倍も加速する．
- 酵素はきわめて特異的である．

酵素の特異性は，酵素によってさまざまである．カタラーゼのようないくつかの酵素は，単一の反応だけを触媒する．カタラーゼは過酸化水素 H_2O_2 の酸素 O_2 と水 H_2O への分解を触媒する．

$$2\,H_2O_2(l) \xrightarrow{\text{カタラーゼ}} 2\,H_2O(l) + O_2(g)$$

一方，カルボキシペプチダーゼ A のように，さまざまな基質に対して特定の反応様式を触媒する酵素もある．カルボキシペプチダーゼ A はタンパク質を分解する消化酵素であり，特定の形式のペプチド結合，すなわちタンパク質の C 末端に最も近いアミド結合の加水分解を触媒する．

$$\sim\!\mathrm{NH{-}CH(R_1){-}C(=O){-}NH{-}CH(R_2){-}C(=O){-}NH{-}CH(R_3){-}COO^-} \xrightarrow[\text{ペプチダーゼ A}]{\text{カルボキシ}} \sim\!\mathrm{NH{-}CH(R_1){-}C(=O){-}NH{-}CH(R_2){-}COO^-} + \mathrm{H_3\overset{+}{N}{-}CH(R_3){-}COO^-}$$

このアミド結合だけが開裂する

乳酸のピルビン酸への変換は，乳酸デヒドロゲナーゼという酵素によって触媒される．この反応を行うためには，補因子も必要となる．

- 酵素が触媒する反応を行うために必要となる金属イオンや非タンパク質の有機分子を**補因子**という．

補因子 cofactor

NAD^+ は乳酸をピルビン酸に酸化するための補因子である．酵素の補因子として働く有機分子を特に**補酵素**という．乳酸デヒドロゲナーゼはこの酸化反応を著しく加速するが，基質である乳酸を実際に酸化するのは，補酵素の NAD^+ である．NAD^+ は生物学的な反応における一般的な酸化剤であり，補酵素として用いられる（§5・4）．

NAD^+ ニコチンアミドアデニンジヌクレオチド（nicotinamide adenine dinucleotide）の酸化型

補酵素 coenzyme

酵素の補因子として金属イオンが必要であることは，私たちが日々の食事において微量の金属を摂取しなければならない理由である．たとえば，ある酸化反応を触媒する酵素は，Fe^{3+} か Cu^{2+} のいずれかを，電子を移動させるための補因子として必要とする．

3・9B 酵素の分類

酵素は，それが触媒する反応の形式によって 6 種類に分類される．

- 酸化還元反応を触媒する酵素を**酸化還元酵素**という．

酸化還元酵素 oxidoreductase，オキシドレダクターゼともいう．

基質が酸化あるいは還元されるときには，補酵素が必要となる．補酵素は酸化剤あるいは還元剤として作用する．たとえば，乳酸デヒドロゲナーゼは補酵素 **NADH** の存在下に，ピルビン酸の乳酸への還元を触媒する．乳酸デヒドロゲナーゼはピルビン酸の乳酸への還元と同様に，乳酸のピルビン酸への酸化も触媒する（§3・9A）．

NADH ニコチンアミドアデニンジヌクレオチドの還元型

酸化還元酵素はさらに分類され，酸化を触媒するときには**酸化酵素**，還元を触媒するときには**還元酵素**，また酸化還元反応の間に 2 個の水素原子の脱離・付加が起こるときには**脱水素酵素**とよばれる．

酸化酵素 oxidase，オキシダーゼともいう．

還元酵素 reductase，レダクターゼともいう．

脱水素酵素 dehydrogenase，デヒドロゲナーゼともいう．

- ある分子から別の分子へ基の移動を触媒する酵素を**転移酵素**という．

転移酵素 transferase，トランスフェラーゼともいう．

転移酵素もさらに分類され，アミノ基 NH_2 の移動（§6・9）を触媒する酵素をアミノトランスフェラーゼ，リン酸基の移動（§6・2）を触媒する酵素をキナーゼという．アラニンアミノトランスフェラーゼはアラニンから 2-オキソグルタル酸へアミノ基を移動させ，ピルビン酸とグルタミン酸を生成する反応を触媒する．この反応過程によって，アミノ酸の代謝が開始される．

$$\underset{\text{アラニン}}{CH_3-\overset{\overset{+}{NH_3}}{C}H-CO_2^-} + \underset{\text{2-オキソグルタル酸}}{{}^-O_2CCH_2CH_2-\overset{O}{\overset{\|}{C}}-CO_2^-} \xrightarrow[\text{トランスフェラーゼ}]{\text{アラニンアミノ}} \underset{\text{ピルビン酸}}{CH_3-\overset{O}{\overset{\|}{C}}-CO_2^-} + \underset{\text{グルタミン酸}}{{}^-O_2CCH_2CH_2-\overset{\overset{+}{NH_3}}{C}H-CO_2^-}$$

酵素

加水分解酵素 hydrolase，ヒドロラーゼともいう．

• 加水分解，すなわち水による結合の開裂反応を触媒する酵素を**加水分解酵素**という．

たとえば，トリアシルグリセロールの消化は，その三つのエステルのグリセロールと脂肪酸への加水分解により開始されるが（§1・5），この反応はリパーゼとよばれる加水分解酵素によって起こる．

$$\text{トリアシルグリセロール} + 3\,H_2O \xrightarrow{\text{リパーゼ}} \text{グリセロール} + 3\ \underset{\text{脂肪酸}}{HO-\overset{O}{\overset{\|}{C}}-R}$$

酵素

加水分解酵素もさらに分類され，脂質の加水分解を触媒するリパーゼに加えて，タンパク質の加水分解を触媒する酵素をプロテアーゼ，核酸（4章）のリン酸結合の加水分解を触媒する酵素をヌクレアーゼという．カルボキシペプチダーゼA（§3・9A）はプロテアーゼの一つである．

リアーゼ lyase

• ある分子の二重結合への付加，あるいはある分子が脱離して二重結合を与える反応を触媒する酵素を**リアーゼ**という．

クエン酸回路（§5・5）におけるフマル酸への H_2O の付加は，リアーゼの一つであるフマラーゼによって触媒される．

$$\underset{\text{フマル酸}}{{}^-O_2C(H)C=C(H)CO_2^-} + H_2O \xrightarrow{\text{フマラーゼ}} \underset{\text{リンゴ酸}}{{}^-O_2C-\underset{H}{\overset{H}{C}}-\underset{OH}{\overset{H}{C}}-CO_2^-}$$

酵素

脱水酵素 dehydratase，デヒドラターゼともいう．

脱炭酸酵素 decarboxylase，デカルボキシラーゼともいう．

シンターゼ synthase

異性化酵素 isomerase，イソメラーゼともいう．

異性化 isomerization

リアーゼはさらに分類され，H_2O の脱離を触媒する酵素を**脱水酵素**，CO_2 の脱離を触媒する酵素を**脱炭酸酵素**，H_2O のような小さい分子の二重結合への付加を触媒する酵素を**シンターゼ**という．フマラーゼはシンターゼの一つである．

• ある異性体を別の異性体へ変換する反応を触媒する酵素を**異性化酵素**という．

グルコースの代謝における一つの過程は，ジヒドロキシアセトンリン酸のグリセルアルデヒド 3-リン酸（§6・3）への**異性化**，すなわち一つの異性体が別の異性体へ変換する反応である．この反応は，異性化酵素の一つであるトリオースリン酸イソメラーゼによって触媒される．

$$\underset{\text{ジヒドロキシアセトンリン酸}}{{}^-O-\underset{O^-}{\overset{O}{\overset{\|}{P}}}-O-CH_2-\overset{O}{\overset{\|}{C}}-CH_2OH} \xrightarrow[\text{イソメラーゼ}]{\text{トリオースリン酸}} \underset{\text{グリセルアルデヒド 3-リン酸}}{{}^-O-\underset{O^-}{\overset{O}{\overset{\|}{P}}}-O-CH_2-\underset{H}{\overset{OH}{C}}-\overset{O}{\overset{\|}{C}}-H}$$

酵素

獣肉軟化剤（ミートテンダライザー）には酵素パパインが含まれている．パパインはペプチド結合を加水分解する酵素であり，硬い筋のタンパク質を分解することによって肉を軟らかくする作用をもつ．パパインはパパイヤの果実から得られる．

この反応では，ジヒドロキシアセトンリン酸におけるケトンと第一級アルコールが，同じ分子式をもつアルデヒドと第二級アルコールへ異性化している．

- ある分子の加水分解によって放出されるエネルギーを用いて，結合の形成を触媒する酵素を**リガーゼ**という．

リガーゼ ligase

リガーゼは二つの分子を結びつける反応を触媒する．この反応過程は一般にエネルギー的に不利であるので，その反応を駆動するために，ある分子の加水分解によって放出されるエネルギーが用いられる．このとき，エネルギー的に不利な反応とエネルギー的に有利な反応が“共役(きょうやく)する”という．最も一般的なエネルギー的に有利な加水分解反応は，アデノシン 5′-三リン酸（ATP）のアデノシン 5′-二リン酸（ADP）とリン酸水素イオン HPO_4^{2-} への変換である．

たとえば，ピルビン酸と CO_2 からオキサロ酢酸が生成する反応に必要なエネルギーは，ATP の ADP への加水分解によって供給される．この反応は，ピルビン酸カルボキシラーゼによって触媒される．

$$CH_3-\overset{O}{\overset{\|}{C}}-CO_2^- + CO_2 + ATP \xrightarrow[\text{カルボキシラーゼ}]{\text{ピルビン酸}} {}^-O-\overset{O}{\overset{\|}{C}}-CH_2-\overset{O}{\overset{\|}{C}}-CO_2^- + ADP + HPO_4^{2-}$$

ピルビン酸　　　　オキサロ酢酸

酵素

5 章で ATP と ADP について詳しく学ぶ際に，共役反応の化学について再び説明する．表 3・3 に酵素の一般的な分類を要約した．

表 3・3　酵素の分類

酵素の分類	触媒する反応
酸化還元酵素（オキシドレダクターゼ）	**酸化・還元**
酸化酵素（オキシダーゼ）	酸化
還元酵素（レダクターゼ）	還元
脱水素酵素（デヒドロゲナーゼ）	2 個の水素原子の付加・脱離
転移酵素（トランスフェラーゼ）	**基の転移**
アミノトランスフェラーゼ	NH_2 基の転移
キナーゼ	リン酸基の転移
加水分解酵素（ヒドロラーゼ）	**加水分解**
リパーゼ	脂質エステルの加水分解
プロテアーゼ	タンパク質の加水分解
ヌクレアーゼ	核酸の加水分解
リアーゼ	**二重結合への付加** **二重結合を生成する脱離**
脱水酵素（デヒドラターゼ）	H_2O の脱離
脱炭酸酵素（デカルボキシラーゼ）	CO_2 の脱離
シンターゼ	二重結合への小さい分子の付加
異性化酵素（イソメラーゼ）	**異性化**
リガーゼ	**ATP の加水分解に伴う結合の形成**
カルボキシラーゼ	基質と CO_2 との結合形成

例題 3・6　酵素を分類する

次の反応に用いられる酵素の分類上の名称を記せ.

(a) CH_3COCOO^- ⟶ $CH_3CHO + CO_2$

ピルビン酸　　アセトアルデヒド

(b) $H_3\overset{+}{N}-CH(CH_3)-C(=O)-NH-CH_2-COO^-$ + H_2O ⟶ $H_3\overset{+}{N}-CH(CH_3)-COO^-$ + $H_3\overset{+}{N}-CH_2-COO^-$

解答　反応において変化している官能基に注目する. つづいて表3・3を用いて, その反応を触媒する酵素を分類する.

(a) 反応によって二重結合から分子 (CO_2) が脱離している. したがって, この反応を触媒する酵素はリアーゼに分類される. 脱離する分子は CO_2 であるから, リアーゼはさらに脱炭酸酵素に分類される.

(b) 反応は加水分解, すなわち水による結合の開裂反応である. したがって, この反応を触媒する酵素は加水分解酵素に分類される. 加水分解によってジペプチドにおけるアミド結合が開裂するので, 加水分解酵素はさらにプロテアーゼに分類される.

練習問題 3・6　次の反応を触媒する酵素の分類上の名称を記せ.

(a) $^-O_2C-CH_2-CH_2-CO_2^-$ ⟶ $^-O_2C-CH=CH-CO_2^-$

コハク酸　　フマル酸

(b) $^-O_2C-CH(OH)-CH_2CO_2^-$ ⟶ $^-O_2C-C(=O)-CH_2CO_2^-$

リンゴ酸　　オキサロ酢酸

3・9C 酵素の命名法

酵素の名称は一般に二つの部分からなる.

- 最初の部分は, 酵素が作用する基質を示す.
- 二番目の部分は, 触媒する反応の種類を示す (表 3・3).

たとえば, コハク酸デヒドロゲナーゼは, コハク酸から2個の水素原子を除去する反応を触媒する酵素である. また, ピルビン酸デカルボキシラーゼは, ピルビン酸から二酸化炭素 CO_2 が失われる反応を触媒する酵素である.

いくつかの酵素では, まだ古い名称が慣用的に用いられている. 名称は基質の名称に由来し, それに語尾 "アーゼ (-ase)" を付け加えることによってつけられる. たとえば, ラクターゼ (lact<u>ase</u>) は二糖であるラクトース (乳酸) の加水分解を触媒する酵素である. さらに, 基質にも, 酵素が触媒する反応の種類にも関係しない名称がつけられた酵素もある. 例として, 消化酵素のトリプシン, キモトリプシン, ペプシンがある. これらはタンパク質の加水分解を触媒する酵素である.

問題 3・8 次の酵素によって触媒される反応を記せ．
(a) アスパラギン酸アミノトランスフェラーゼ
(b) グリセルアルデヒド 3-リン酸デヒドロゲナーゼ

3・10 酵素が働くしくみ

酵素は基質が結合する領域をもつ．それを**活性部位**といい，酵素の活性部位に基質が結合した化学種を，**酵素-基質複合体**という．活性部位は小さい空洞であることが多く，活性部位にはさまざまな種類の分子間力によって基質を引きつけるアミノ酸が存在している．たとえば，酵素がもつ極性のアミノ基は基質と水素結合を形成し，また無極性のアミノ酸は疎水性基の間に働くロンドンの分散力によって基質を安定化する．

活性部位 active site

酵素-基質複合体 enzyme-substrate complex

3・10A 酵素の特異性

酵素の活性部位に対する基質の特異性を説明するために，二つのモデルが提案されている．すなわち，**鍵と鍵穴モデル**と**誘導適合モデル**である．

鍵と鍵穴モデル lock-and-key model

誘導適合モデル induced-fit model

鍵と鍵穴モデルでは，活性部位の形状は剛直であると考える．触媒として機能するためには，基質の三次元的な形状は，活性部位の形状と正確に一致しなければならない．鍵と鍵穴モデルは，多くの酵素反応にみられる高い特異性を説明する．

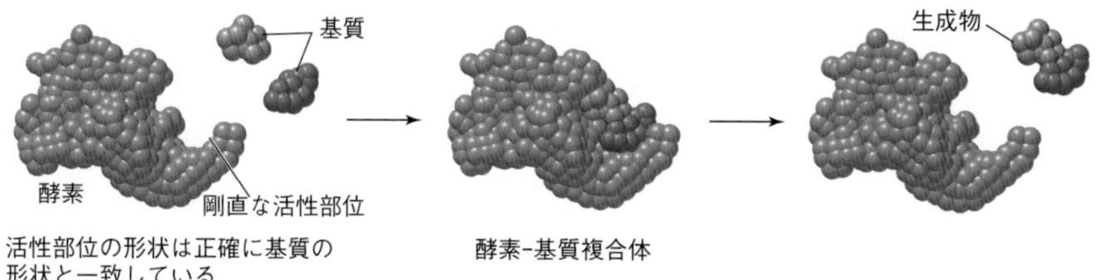

誘導適合モデルでは，活性部位の形状はもっと柔軟であると考える．基質と酵素が相互作用するとき，活性部位の形状は，基質の形状に適合するように調節することができると考える．

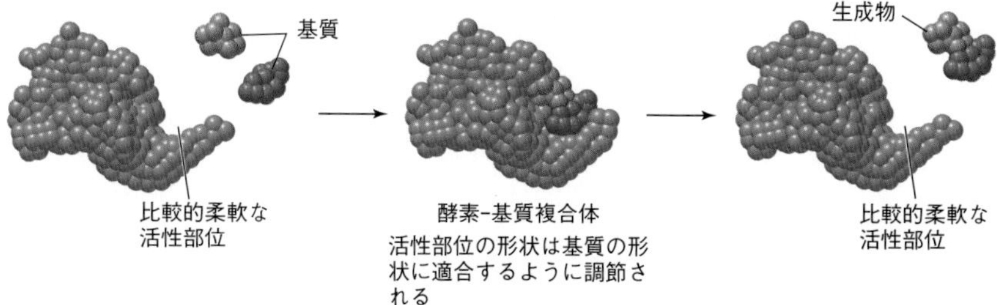

誘導適合モデルはしばしば，いくつかの酵素が，さまざまな基質に対する反応を触媒する理由を説明するために用いられる．活性部位の形状と基質の形状が類似してい

なければならないのは当然であるが，ひとたび結合が形成されると，活性部位の形状は基質が結合していない活性部位の形状から変化する．誘導適合モデルの特徴をよく示す例は，酵素ヘキソキナーゼに対するグルコースの結合形成にみることができる．その図を図3・14に示す．

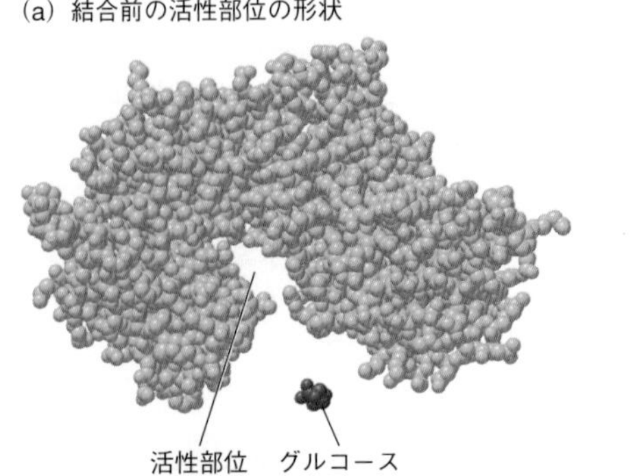

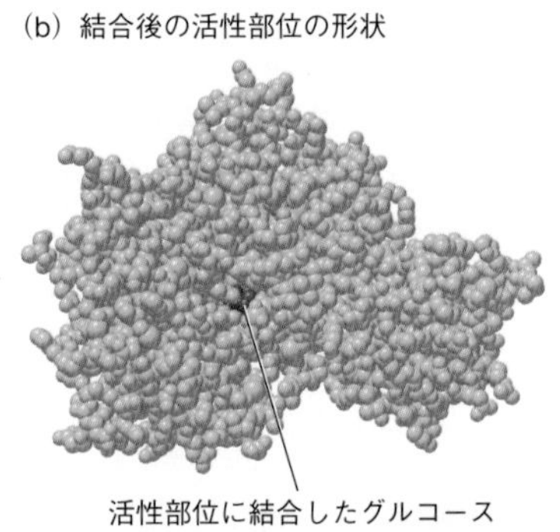

図 3・14　**ヘキソキナーゼ：誘導適合モデルの例．** (a) 遊離の酵素は，グルコース分子に適合した小さな開いた空洞をもっている．(b) 基質が結合すると，空洞は閉じてグルコース分子をさらにしっかりと取囲み，酵素-基質複合体を形成する．

3・10B　酵素の活性に影響を与える因子

酵素の活性は温度や pH によって影響される．

温度が上昇すると，ほとんどの化学反応の速度は増大する．酵素が触媒する反応の速度も温度の上昇とともに増大するが，37 ℃付近で最大の活性を示し，その後，活性は急激に低下する場合が多い．温度が高くなると酵素の変性が起こり始め，一般に 50～60 ℃で酵素の活性は完全に失われる．図3・15 (a) に，酵素が触媒する反応の速度が，温度によってどのように変化するかを表す例を示した．

また酵素の活性は，pH によっても影響を受ける．それぞれの酵素は，触媒反応が最高の速度で進行する最適な pH をもっている．細胞にある酵素の最適な pH は 7.4 付近であるが，胃で分泌される胃液に含まれるペプシンのように，最適な pH が 2 である消化酵素もある．図3・15 (b) に，最適な pH が 5 である酵素の活性が，pH によってどのように変化するかを表す例を示した．

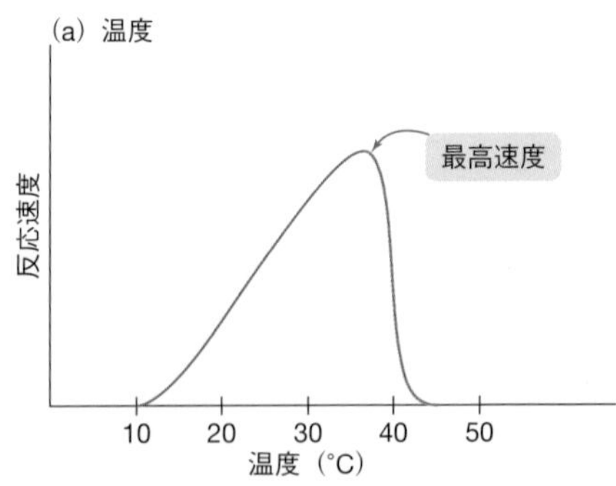

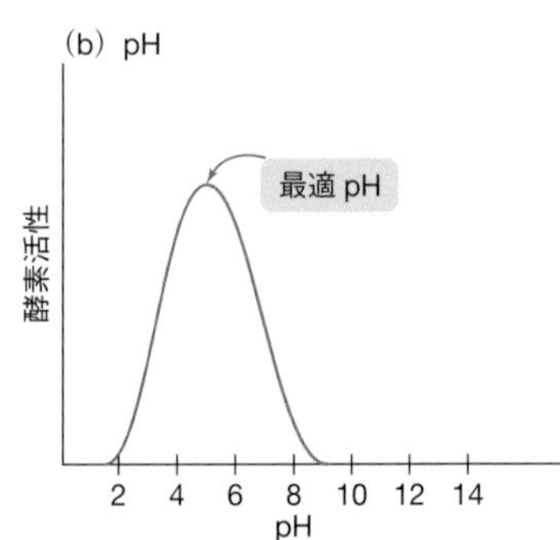

図 3・15　**酵素の活性に影響を与える因子．** (a) 酵素が触媒する反応の速度は，酵素の変性が始まるまで，温度の上昇とともに増大する．その後，反応速度は急激に減少する．このグラフに示された酵素の最大速度は，約 37 ℃において達成される．(b) 最適の pH は酵素の触媒活性が最大になる pH である．この図に示された酵素は，pH ＝ 5 において最大の活性をもつ．

問題 3・9　すいアミラーゼはすい臓から分泌される消化酵素であり，その最適な pH は 7.0 である．次のそれぞれの変化に対して，すいアミラーゼが触媒する反応の速度はどのような影響を受けるか．
(a) pH を 7 から 4 に低下させる．
(b) pH を 7 から 9 に上昇させる．
(c) 温度を 37 ℃ から 28 ℃ に低下させる．
(d) 温度を 37 ℃ から 50 ℃ に上昇させる．

3・10C　アロステリック制御

活性部位以外の位置に基質とは異なる分子が結合することによって，酵素の活性が影響されることがある．影響を与える分子を**制御物質**といい，このような酵素を**アロステリック酵素**という．また，この過程で酵素の活性が制御されることを**アロステリック制御**という．

制御物質 regulator
アロステリック酵素 allosteric enzyme
アロステリック制御 allosteric regulation

- アロステリック制御は，酵素のある部位への制御物質の結合が，活性部位に基質を結合する酵素の能力に影響を与えることによって起こる．

制御物質が結合するとタンパク質の形状が変化し，それが反応の速度を増大させる場合と，減少させる場合がある．

- 制御物質により，活性部位が基質と結合しにくくなり，反応の速度が減少する場合を**負のアロステリック制御**という．
- 制御物質により，活性部位が基質と結合しやすくなり，反応の速度が増大する場合を**正のアロステリック制御**という．

負のアロステリック制御 negative allosteric regulation
正のアロステリック制御 positive allosteric regulation

図 3・16 に，負のアロステリック制御と正のアロステリック制御の違いを示した．

負のアロステリック制御

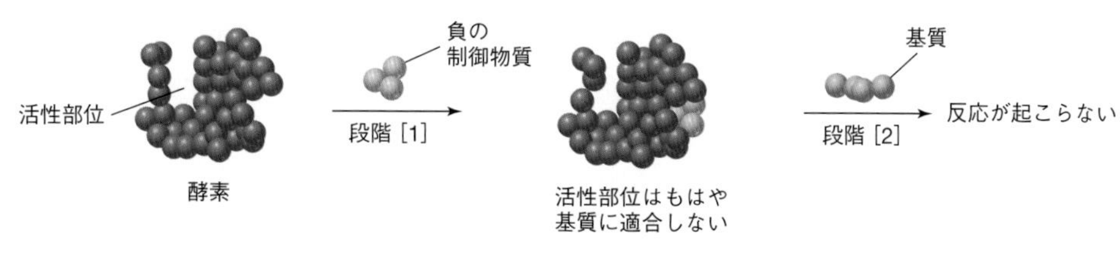

正のアロステリック制御

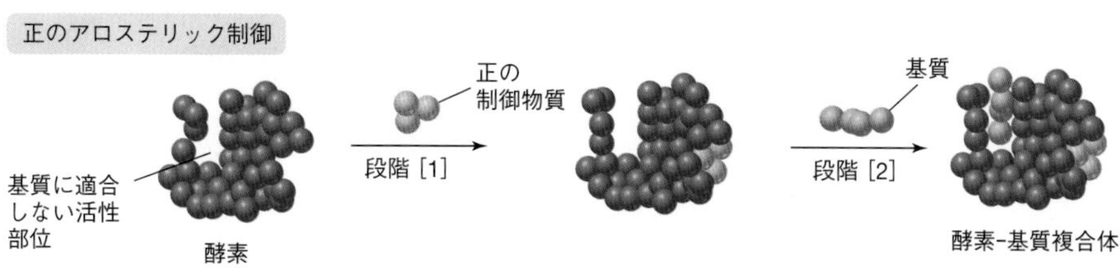

図 3・16　**アロステリック制御**．負のアロステリック制御では，制御物質が酵素に結合することによって，形状の変化が起こり (段階 [1])，活性部位が基質と結合しにくく，あるいは結合できなくなるため，反応が起こらない (段階 [2])．正のアロステリック制御では，制御物質の結合によって活性部位の形状が変化し，基質にさらに類似した形状になるため (段階 [1])，基質が結合できるようになる (段階 [2])．

問題 3・10　酵素Xは，ある特定の基質を生成物に変換する機能をもつアロステリック酵素である．制御物質YがXに結合すると，この酵素が触媒する基質の生成物への変換速度が増大する．Yは酵素Xの正の制御物質であるか，それとも負の制御物質であるか．

3・10D　酵素阻害剤

阻害剤 inhibitor

酵素に結合し，それによって酵素の活性を著しく低下させるか，あるいは完全に失わせる物質を**阻害剤**という．阻害剤は酵素に可逆的に結合する場合も，不可逆的に結合する場合もある．

可逆的阻害剤 reversible inhibitor
不可逆的阻害剤 irreversible inhibitor

- **可逆的阻害剤**は酵素と可逆的に結合し，阻害剤が放出されると酵素の活性は回復する．
- **不可逆的阻害剤**は酵素と共有結合を形成し，永久に酵素の活性を完全に失わせる．

ペニシリンが微生物を殺す抗生物質となるのは，微生物が細胞壁を合成するために必要な酵素であるグリコペプチドトランスペプチダーゼに，不可逆的に結合するためである．ペニシリンは酵素のヒドロキシ基OHに結合することによって，その酵素を不活性化させる．これによって，微生物は細胞壁を構築することができず，死に至る．ヒトの細胞は細胞壁ではなく，柔軟な細胞膜に取囲まれているから，ペニシリンはヒトの細胞にはまったく影響を与えない．

ペニシリン G

ペニシリンは酵素と共有結合を形成し，酵素を不活性化する

酵素　　不活性な酵素

可逆的阻害剤による阻害には，競合阻害と非競合阻害がある．

非競合阻害 noncompetitive inhibition

阻害剤が酵素の活性部位以外の部位に結合し，負のアロステリック制御を及ぼす場合を，**非競合阻害**という．阻害剤が結合すると，酵素の活性部位に，もはや基質と結合できないような形状の変化がひき起こされる．阻害剤と酵素との結合が解離すると，正常な酵素活性が回復する．

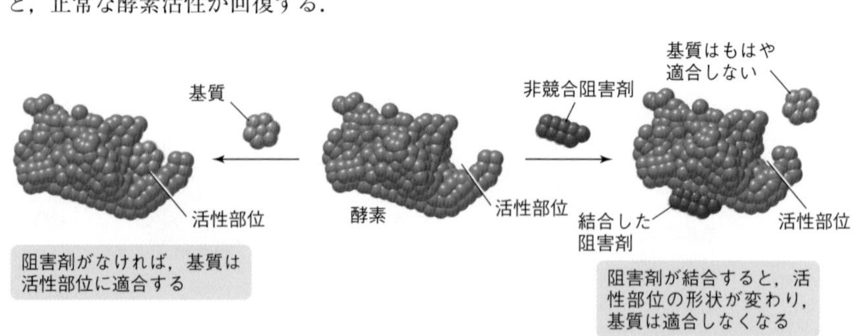

競合阻害 competitive inhibition

阻害剤が基質と類似した形状と構造をもち，そのため阻害剤が酵素の活性部位への結合に対して基質と競争する場合を，**競合阻害**という．抗生物質であるスルファニル

アミドは，微生物がビタミンの葉酸を *p*-アミノ安息香酸から合成するために必要な酵素の競合阻害剤として働く．スルファニルアミドが酵素の活性部位に結合すると，*p*-アミノ安息香酸を葉酸に変換する反応が停止するので，微生物は成長も増殖もできない．ヒトは体内で葉酸を合成せず，食事から得ているので，スルファニルアミドはヒトの細胞には影響を与えない．

スルファニルアミド
競合阻害剤

p-アミノ安息香酸
PABA

葉酸

どちらの化合物も活性部位に結合できる

問題 3・11 神経ガスのサリンは，酵素アセチルコリンエステラーゼの活性部位にあるヒドロキシ基と共有結合を形成することによって，毒物として働く．この結合の形成により，神経シナプスにおいて通常よりも多い量のアセチルコリンが放出され，筋肉のけいれんが起こる*．この説明に基づいて，サリンは競合阻害剤，非競合阻害剤，不可逆的阻害剤のいずれであるかを推定せよ．

* 訳注：サリンは，第二次世界大戦中に化学兵器としてドイツで開発された有機リン化合物．1990 年代に日本においてオウム真理教によるテロ事件で使用された．アセチルコリンは第四級アンモニウムイオン構造をもち，神経細胞と筋肉細胞の間の神経伝達物質として働く．

サリン

アセチルコリン

3・10E 酵素前駆体

酵素は合成されたときには不活性であるが，必要とされるときに活性型に変換されることがある．このような場合，酵素の不活性な前駆物質を**酵素前駆体**という．酵素前駆体はペプチド鎖に余分のアミノ酸をもつ場合が多い．酵素の活性化が必要な場合には，その部分が切離される．

酵素前駆体 proenzyme．**チモーゲン** zymogen ともいう

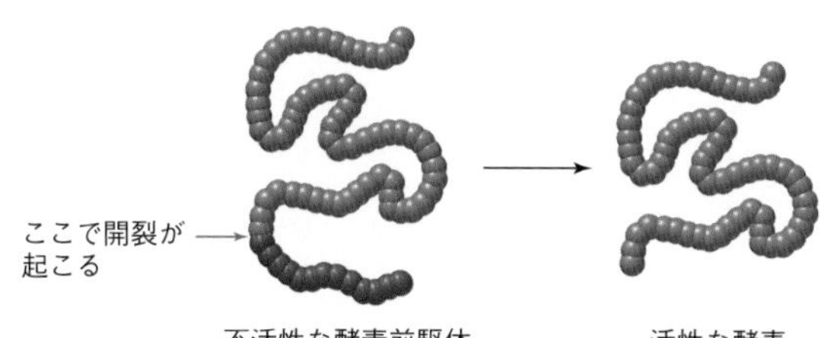

たとえば，消化酵素のトリプシンやキモトリプシンは，すい臓においてそれぞれ酵素前駆体であるトリプシノーゲン，キモトリプシノーゲンとして合成される．酵素前駆体であるためこれらのタンパク質は不活性であり，すい臓を構成するタンパク質を消化することはない．しかし，これらのタンパク質が小腸へ送り込まれると，ペプチド鎖からいくつかのアミノ酸が除去される．これによって活性な酵素が生成し，タンパク質の消化におけるペプチド結合の加水分解を触媒する．

問題 3・12 フィブリンとトロンビンは血液凝固に関与するタンパク質である．これらは最初に，それぞれ酵素前駆体であるフィブリノーゲンとプロトロンビンとして合成される．その理由を説明せよ．

酵素を用いる病気の診断と治療

血液中の酵素の濃度を測定し，生物学的な反応における酵素の重要な役割を理解することは，病気の診断と治療の両方に対してきわめて有用である．

ある酵素は，特定の細胞に比較的高い濃度で存在する．細胞が病気やけがによって損傷を受けると，細胞は破裂して死に至り，酵素は血流に放出される．したがって，血液中の酵素の活性を測定することは，ある器官における病気やけがの存在を診断するための強力な手段となる．たとえば，胸部に痛みをもつ患者が緊急救急室に来たとき，クレアチンホスホキナーゼ（CPK）や他の酵素の濃度を測定することによって，心臓のある部分における損傷の結果として，心臓発作が起こるかどうかを診断することができる．表に，診断に用いられる一般的な酵素を一覧表として示した．

診断に用いられる一般的な酵素

酵　素	症　状
クレアチンホスホキナーゼ	心臓発作
アルカリホスファターゼ	肝臓あるいは骨疾患
酸性ホスファターゼ	前立腺がん
アミラーゼ，リパーゼ	すい臓疾患

酵素を阻害する分子は有用な薬剤になる可能性がある．この例として §3・10では，抗生物質のペニシリンとスルファニルアミドの二つについて述べた．また，**アンギオテンシン変換酵素阻害剤**（angiotensin-converting enzyme inhibitor，ACE 阻害剤と略記）は，高血圧の患者を治療するために用いられる一群の薬剤である．生理活性作用をもつアンギオテンシンⅡはオクタペプチドであり，血管を細くすることによって血圧を上昇させる作用をもつ．まず，酵素前駆体であるアンギオテンシノーゲンから血圧上昇作用のないデカペプチドのアンギオテンシンⅠが合成され，ついで ACE の作用によってアンギオテンシンⅡに変換される．ACE は不活性なデカペプチドから，二つのアミノ酸を切り離す反応を触媒する．したがって，アンギオテンシンⅠのアンギオテンシンⅡへの変換を妨害することによって，血圧を低下させることができる．現在では，カプトプリルなどいくつかの有効な ACE 阻害剤が市販されている．

カプトプリル

さらに，いくつかの酵素阻害剤は，**後天性免疫不全症候群**（acquired immunodeficiency syndrome，**AIDS** と略記）をひき起こすウイルスである**ヒト免疫不全ウイルス**（human immunodeficiency virus，**HIV** と略記）を処置するためにも用いられる．最も有効な治療法は **HIV プロテアーゼ阻害剤**（HIV protease inhibitor）の使用である．HIV プロテアーゼは，HIV が自身の複製をつくるために必要な酵素であり，HIV プロテアーゼ阻害剤はその作用を阻害する．HIV プロテアーゼを不活性化することによってウイルスの個体数を減少させ，病気を制御することができる．アンプレナビルはプロテアーゼ阻害剤の一つである．下図に，酵素 HIV-1 プロテアーゼの三次元構造を示す．

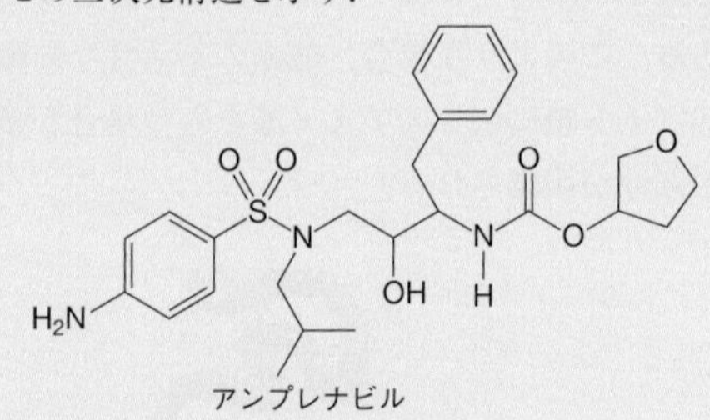

アンプレナビル

(a) HIV プロテアーゼの球棒模型

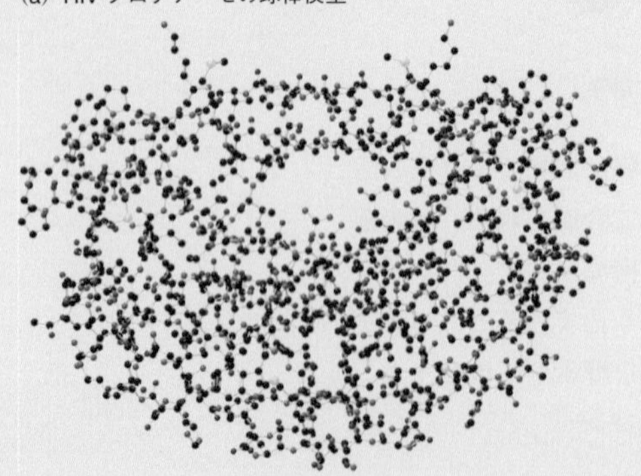

(b) 活性部位にプロテアーゼ阻害剤のアンプレナビルが結合した酵素のリボン図

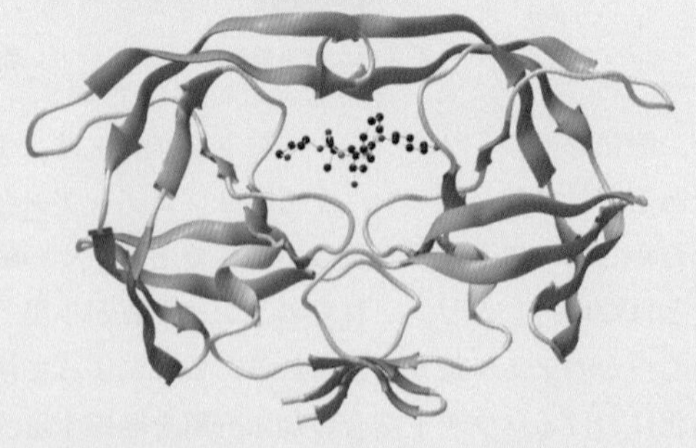

HIV プロテアーゼ

4

核酸とタンパク質の合成

4・1　ヌクレオシドとヌクレオチド
4・2　核　酸
4・3　DNA 二重らせん
4・4　複　製
4・5　RNA
4・6　転　写
4・7　遺伝暗号
4・8　翻訳とタンパク質合成
4・9　突然変異と遺伝病
4・10 組換え DNA
4・11 ウイルス

一卵性双生児は同一の遺伝子をもっているので，頭髪や眼の色，あるいは肌の色のような DNA によって決まる特徴も同一である．

あなたの身長の高低も肌や眼の色も，あなたに特有の性質は細胞の染色体にある核酸によって決まる．核酸のうち DNA は生物の遺伝情報を保持し，これを RNA が翻訳することによって，細胞が適切に機能し成長するために必要なタンパク質の合成が行われる．核酸の塩基配列のわずかな変化さえも，生物に重大な影響を与えることがある．4 章では，核酸について理解を深め，また DNA に保存された遺伝情報がどのようにタンパク質の合成に翻訳されるかを学ぶ．

4・1　ヌクレオシドとヌクレオチド

核酸は枝分かれのないポリマーであり，その繰返し単位を**ヌクレオチド**という．核酸には二つの種類がある．

核酸 nucleic acid
ヌクレオチド nucleotide

- **デオキシリボ核酸（DNA）**は生物の遺伝情報を保存し，それを一つの世代から次の世代へと伝達する．
- **リボ核酸（RNA）**は DNA がもつ遺伝情報を，細胞におけるすべての機能に必要なタンパク質に翻訳する．

デオキシリボ核酸 deoxyribonucleic acid，**DNA** と略記
リボ核酸 ribonucleic acid，**RNA** と略記

DNA と RNA を形成するモノマーのヌクレオチドは，三つの部分から構成される．すなわち，単糖，含窒素塩基，リン酸基である．

DNA 分子は数百万のヌクレオチドからなるが，RNA はもっと小さく，数千程度のヌクレオチドから形成される．DNA は細胞の核にある染色体の中に存在し，それぞれの染色体は異なる種類の DNA をもっている．染色体の数は生物の種によって異なる．ヒトは 23 対，すなわち 46 個の染色体をもっている．それぞれの染色体は多数の

遺伝子 gene

遺伝子からなる．**遺伝子**とは，一つのタンパク質の合成を指令する DNA 分子の一部をいう．

本書では，核酸を形成するモノマーのヌクレオチドの構造と生成を検討することから核酸の学習を始める．

4・1A　ヌクレオシド：単糖と塩基の結合

DNA と RNA のヌクレオチドはいずれも，五員環の単糖をもつ．これはしばしば単に，糖部分とよばれる．

接頭語 deoxy は "酸素をもたない" を意味している．

- RNA では，単糖はアルドペントースの D-リボースである．
- DNA では，単糖は D-2-デオキシリボース，すなわち C2 にヒドロキシ基をもたないアルドペントースである．

HOCH$_2$　O　OH　OH　OH
D-リボース
(RNA に存在)

5　HOCH$_2$　O　OH　4　1　3　2　OH　C2 に OH 基がない
D-2-デオキシリボース
(DNA に存在)

シトシン cytosine
ウラシル uracil
チミン thymine
ピリミジン pyrimidine
アデニン adenine
グアニン guanine
プリン purine

核酸に存在する含窒素塩基は 5 種類だけである．単一の環をもつ 3 種類の塩基，**シトシン**，**ウラシル**，**チミン**は，母体化合物**ピリミジン**の誘導体である．二つの環をもつ 2 種類の塩基，**アデニン**，**グアニン**は母体化合物**プリン**の誘導体である．それぞれの塩基は，以下のように一文字表記によって表される．

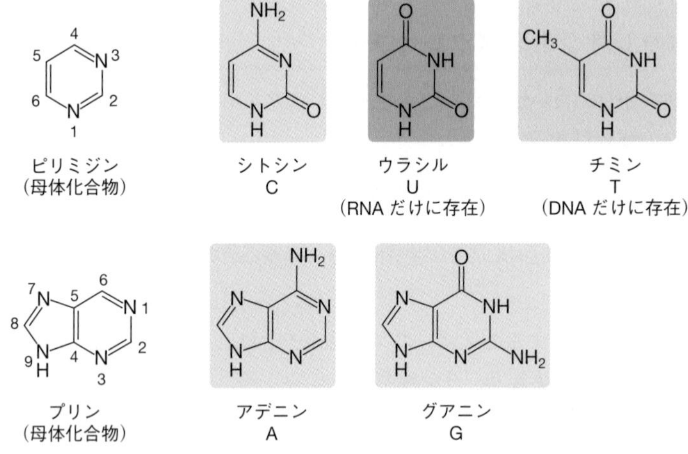

ウラシル U は RNA だけにみられ，チミン T は DNA だけにみられる．その結果，次のように要約することができる．

- DNA は塩基として，A, G, C, T をもつ．
- RNA は塩基として，A, G, C, U をもつ．

ヌクレオシド nucleoside

単糖のアノマー炭素と，塩基の窒素原子を結合させることによって形成する分子を**ヌクレオシド**という．ヌクレオシドは 2 章で述べたグリコシド（§2・5）の窒素誘導体であるから，*N*-グリコシドである．ヌクレオシドでは，塩基の環の原子と区別するために，単糖の炭素の番号にはプライム（′）がつけられる．

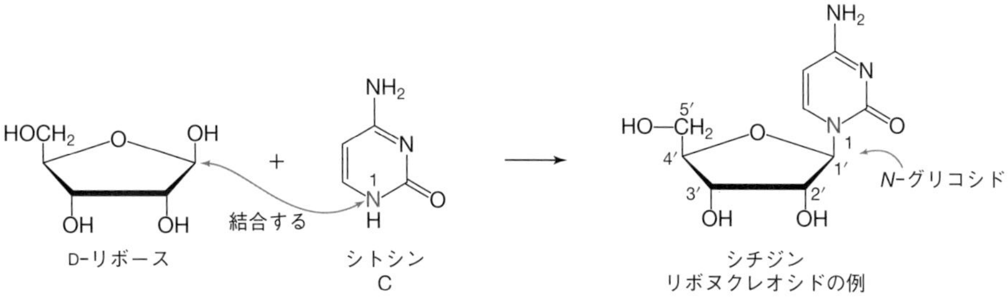

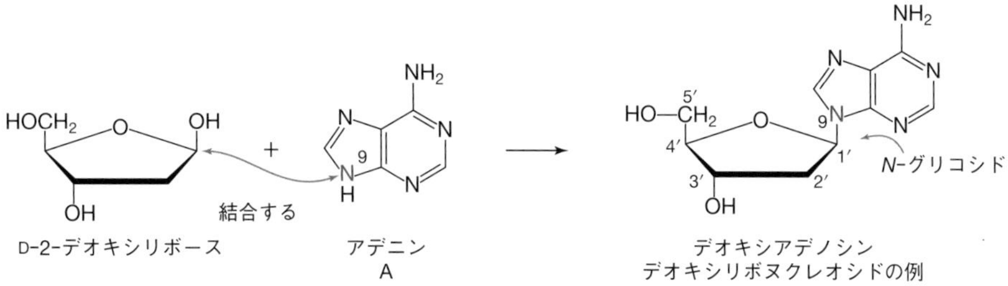

ピリミジン塩基では，1 位の窒素原子が糖の 1′ 位の炭素原子と結合している．プリン塩基では，9 位の窒素原子が糖の 1′ 位の炭素原子と結合している．シトシンとリボースが結合すると，リボヌクレオシドの**シチジン**が生成する．アデニンと 2-デオキシリボースが結合すると，デオキシリボヌクレオシドの**デオキシアデノシン**が生成する．

シチジン cytidine
デオキシアデノシン deoxyadenosine

ヌクレオシドは，それを構成する塩基の誘導体として命名される．

- ピリミジン塩基に由来するヌクレオシドを命名するには，語尾“イジン（-idine）”を用いる．たとえば，シトシン（cytosine）はシチジン（cytidine）となる．
- プリン塩基に由来するヌクレオシドを命名するには，語尾“オシン（-osine）”を用いる．たとえば，アデニン（adenine）はアデノシン（adenosine）となる．
- デオキシリボヌクレオシドに対しては，デオキシアデノシン（deoxyadenosine）のように，接頭語“デオキシ（deoxy-）”を付け加える．

例題 4・1 ヌクレオシドを命名する

次のヌクレオシドを生成するために用いられる塩基と単糖の名称を記せ．さらにこのヌクレオシドを命名せよ．

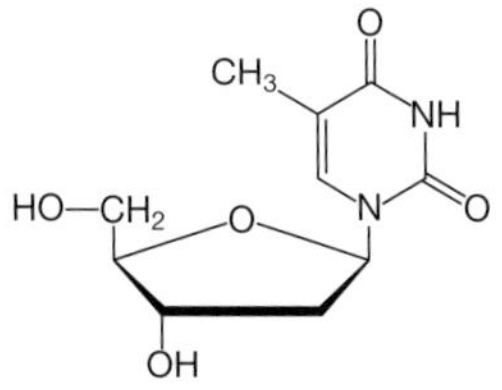

解答

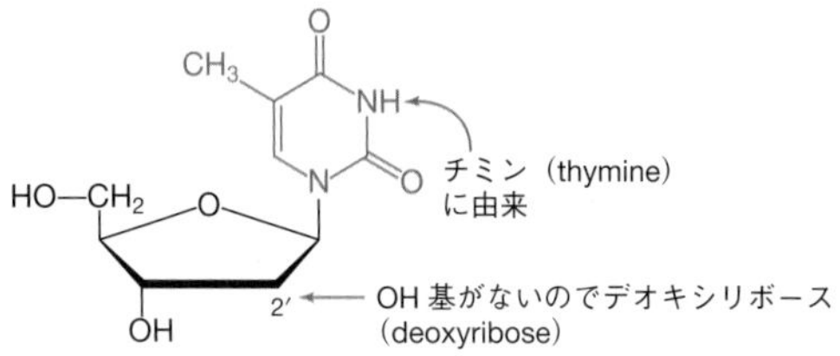

（つづく）

- 糖は C2′ に OH 基をもたないので，デオキシリボースである．
- 塩基はチミンである．
- デオキシリボヌクレオシドを命名するには，塩基の名称の語尾を“イジン（-idine)”に変え，さらに接頭語“デオキシ（deoxy-)”を付け加える．本問の塩基はチミン（thymine）であるから，ヌクレオシドの名称はデオキシチミジン（deoxythymidine）となる．

練習問題 4・1　次のヌクレオシドを生成するために用いられる塩基と単糖の名称を記せ．さらにこのヌクレオシドを命名せよ．

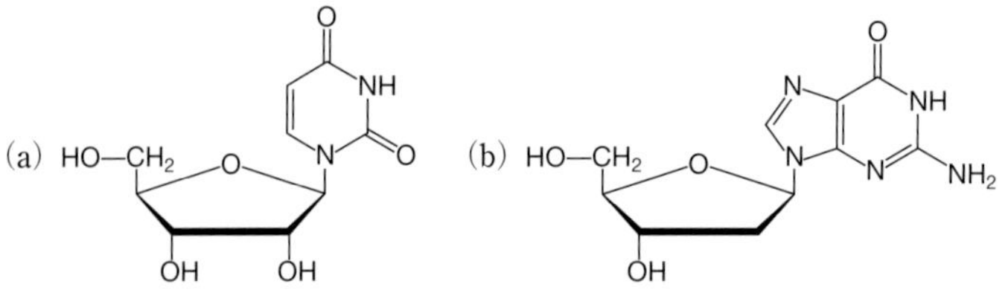

4・1B　ヌクレオチド：ヌクレオシドとリン酸基の結合

リボヌクレオチド ribonucleotide

デオキシリボヌクレオチド deoxyribonucleotide

ヌクレオシドの 5′-OH に，リン酸基が結合することによって生成する分子を**ヌクレオチド**という．ヌクレオチドは，それが誘導されるヌクレオシドの名称に，5′-一リン酸（5′-monophosphate）を付け加えることによって命名される．リボースに由来するヌクレオチドを**リボヌクレオチド**，D-2-デオキシリボースに由来するものを**デオキシリボヌクレオチド**という．

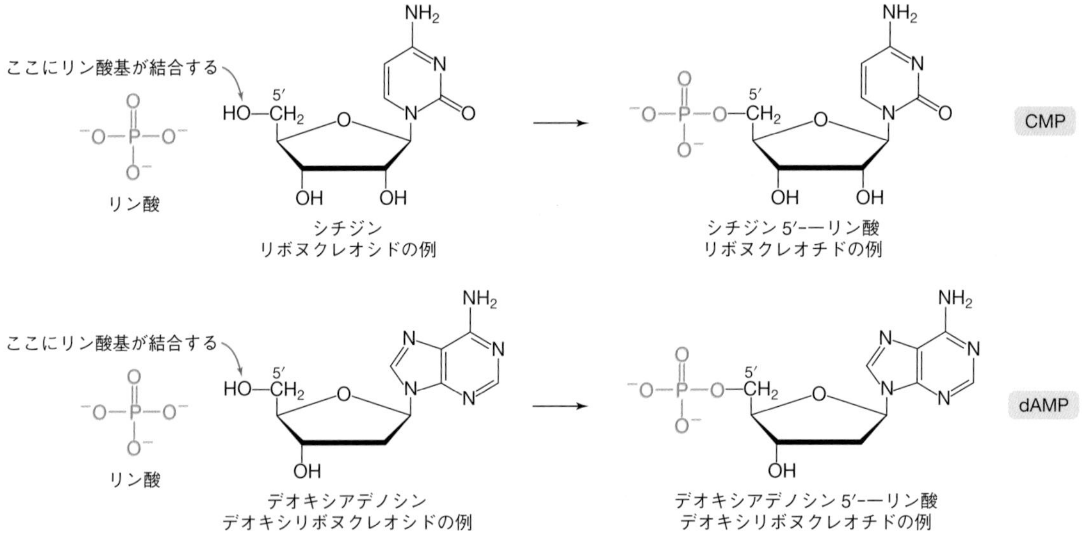

ヌクレオチドの名称は長くなるため，一般に，三文字あるいは四文字表記を用いて略記される．たとえば，シチジン 5′-一リン酸（cytidine 5′-monophosphate）は CMP となり，デオキシアデノシン 5′-一リン酸（deoxyadenosine 5′-monophosphate）は dAMP となる．

表 4・1 に核酸とその構成成分について，これまで学んだ事項を要約した．また表 4・2 には，核酸の化学において必要な塩基，ヌクレオシド，ヌクレオチドについて，用いられる名称と略号をまとめた．

表 4・1 ヌクレオシド，ヌクレオチド，核酸の構成

化合物の種類	構成成分
ヌクレオシド	・単糖と塩基 ・リボヌクレオシドの単糖は D-リボース ・デオキシリボヌクレオシドの単糖は D-2-デオキシリボース
ヌクレオチド	・ヌクレオシドとリン酸基(単糖と塩基とリン酸基) ・リボヌクレオチドの単糖は D-リボース ・デオキシリボヌクレオチドの単糖は D-2-デオキシリボース
DNA	・デオキシリボヌレオチドのポリマー ・単糖は D-2-デオキシリボース ・塩基は A, G, C, T
RNA	・ヌクレオチドのポリマー ・単糖は D-リボース ・塩基は A, G, C, U

表 4・2 核酸における塩基，ヌクレオシド，ヌクレオチドの名称

塩基	略号	ヌクレオシド	ヌクレオチド	略号
DNA				
アデニン	A	デオキシアデノシン	デオキシアデノシン 5′-一リン酸	dAMP
グアニン	G	デオキシグアノシン	デオキシグアノシン 5′-一リン酸	dGMP
シトシン	C	デオキシシチジン	デオキシシチジン 5′-一リン酸	dCMP
チミン	T	デオキシチミジン	デオキシチミジン 5′-一リン酸	dTMP
RNA				
アデニン	A	アデノシン	アデノシン 5′-一リン酸	AMP
グアニン	G	グアノシン	グアノシン 5′-一リン酸	GMP
シトシン	C	シチジン	シチジン 5′-一リン酸	CMP
ウラシル	U	ウリジン	ウリジン 5′-一リン酸	UMP

問題 4・1 次のヌクレオチドにおける塩基と単糖の名称を記せ．また，それぞれのヌクレオチドを命名し，それを三文字あるいは四文字表記を用いて略記せよ．

(a) (b)

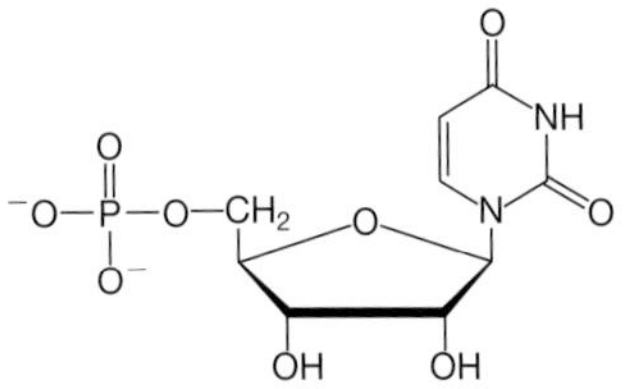

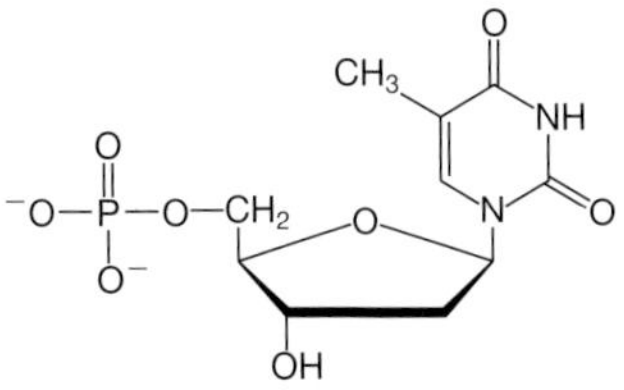

問題 4・2 デオキシシチジンに関する次のそれぞれの文について，その正誤を判定せよ．
(a) デオキシシチジンはヌクレオチドである．
(b) デオキシシチジンはヌクレオシドである．
(c) デオキシシチジンはその 5′-OH 基にリン酸基をもつ．
(d) デオキシシチジンはピリミジン塩基をもつ．

ヌクレオシドの 5′-OH 基に，二つあるいは三つのリン酸基が付け加わることによって，ヌクレオシドの二リン酸，三リン酸誘導体も生成する．たとえば，アデノシンはアデノシン 5′-二リン酸 (adenosine 5′-diphosphate)，およびアデノシン 5′-三リン酸 (adenosine 5′-triphosphate) に変換される．これらはそれぞれ，ADP および ATP と

略記される．これらのリン酸誘導体，特にATPは生体におけるエネルギー生産に中心的な役割を果たしている．これについては5章で詳しく学ぶ．

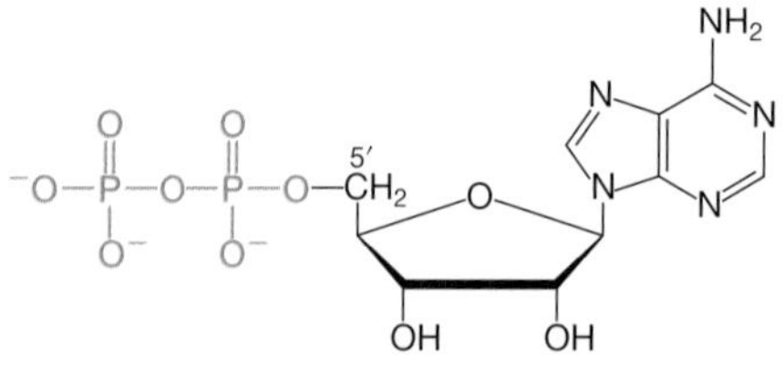

アデノシン5′-二リン酸
ADP

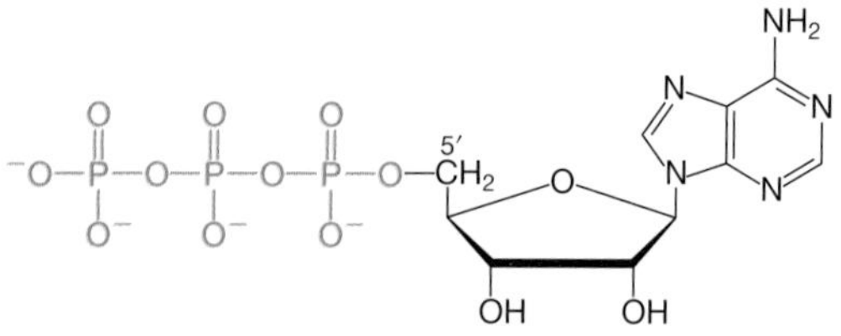

アデノシン5′-三リン酸
ATP

例題 4・2　ヌクレオチドの構造式を書く

GMPと略称されるヌクレオチドの構造式を書け．

解答　GMPはグアノシン5′-一リン酸である．まず，糖の構造式を書く．名称に接頭語“デオキシ（deoxy-）”がないのでGMPはリボヌクレオチドであり，糖はリボースとなる．つづいて，塩基を書く．この場合はグアニンであり，糖の五員環のC1′に結合している．最後に，リン酸基を付け加える．GMPはヌクレオシドの5′-OHに結合した一つのリン酸基をもつ．

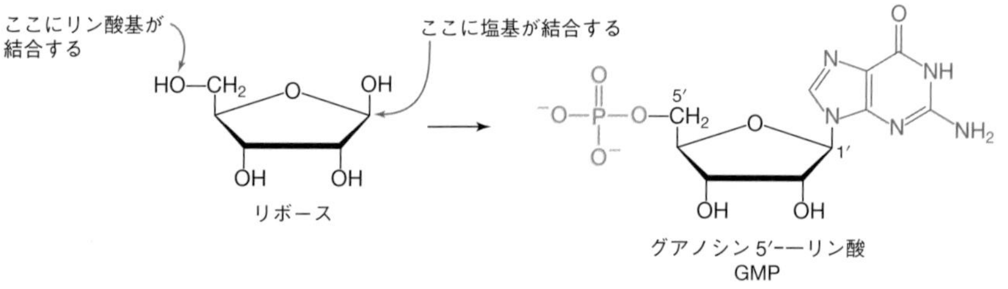

ここにリン酸基が結合する

ここに塩基が結合する

リボース

グアノシン5′-一リン酸
GMP

練習問題 4・2　次のヌクレオチドの構造式を書け．

(a) UMP　　(b) dTMP　　(c) AMP

4・2 核　酸

ホスホジエステル結合 phosphodiester bond

核酸はDNAとRNAのどちらもヌクレオチドのポリマーであり，一つのヌクレオチドの3′-OH基と，もう一つのヌクレオチドの5′-リン酸基を**ホスホジエステル結合**（§1・6）で結びつけることによって形成される．

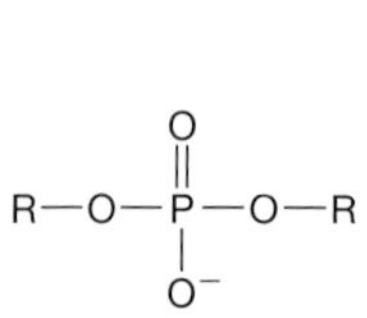

$$R{-}O{-}\overset{\overset{\displaystyle O}{\|}}{\underset{\underset{\displaystyle O^-}{|}}{P}}{-}O{-}R$$

ホスホジエステル結合

5′末端 5′end

3′末端 3′end

たとえば，dCMP（デオキシシチジン5′-一リン酸）の3′-OH基とdAMP（デオキシアデノシン5′-一リン酸）の5′-リン酸基を結合させると，一端に5′-リン酸基，他端に3′-OH基をもつジヌクレオチドが生成する．リン酸基をもつ末端を**5′末端**，OH基をもつ末端を**3′末端**という．

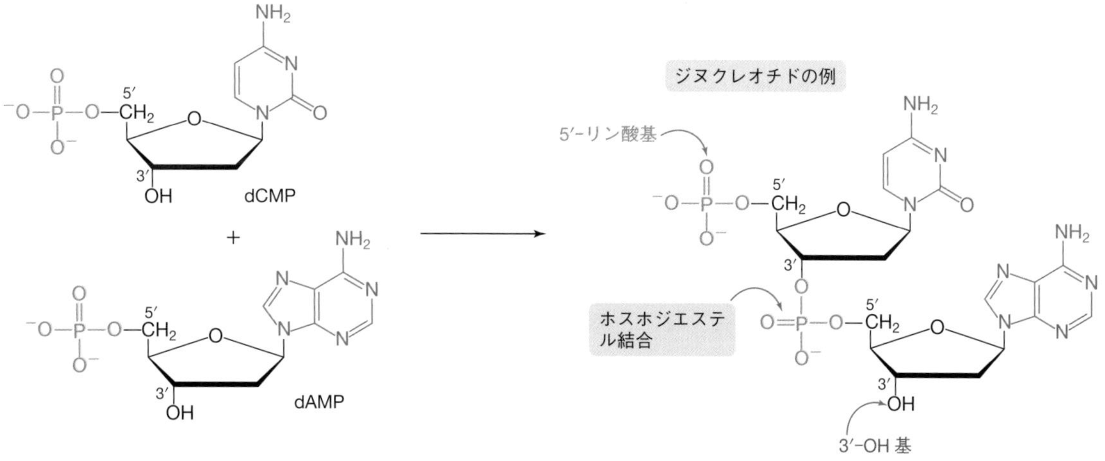

さらにヌクレオチドが付け加わることによって核酸は伸長し，そのたびにヌクレオチドを結びつける新たなホスホジエステル結合が形成される．図 4・1 に，四つの異なるヌクレオチドから生成するポリヌクレオチドの構造を示した．ポリヌクレオチドは，以下に述べる注目すべき特徴をもつ．

- ポリヌクレオチドは，糖とリン酸基が交互に配列した骨格をもつ．すべてのポリヌクレオチドは同一の糖-リン酸骨格をもつ．
- 一つのポリヌクレオチドは塩基の種類と配列順序によって，他のポリヌクレオチドと区別される．
- ポリヌクレオチドは 5′ 末端に一つの遊離のリン酸基をもつ．
- ポリヌクレオチドは 3′ 末端に一つの遊離の OH 基をもつ．

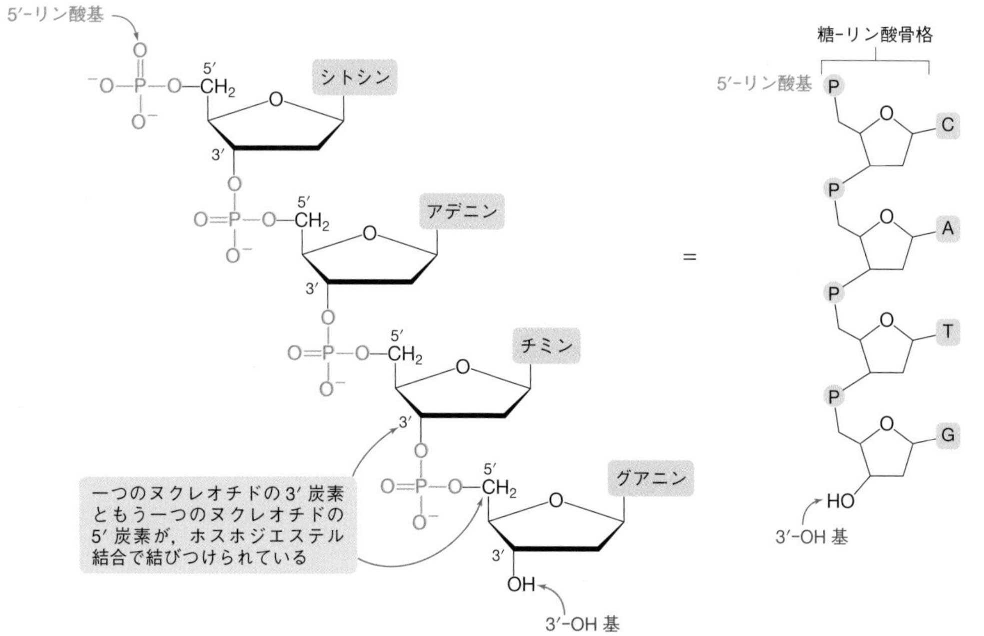

図 4・1　ポリヌクレオチドの一次構造．ポリヌクレオチドでは，一つのヌクレオチドの 3′ 炭素ともう一つのヌクレオチドの 5′ 炭素がホスホジエステル結合で結びつけられている．ポリヌクレオチドの構造は，それを構成する塩基の一文字表記を 5′ 末端から 3′ 末端の方向へ順に並べることによって表される．たとえば，図のポリヌクレオチドの構造は CATG と表される．

一次構造 primary structure

ポリヌクレオチドにおけるヌクレオチドの配列を，ポリヌクレオチドの**一次構造**という．この配列は塩基の種類によって決定され，その核酸に特有のものとなる．生物の遺伝情報は，DNA における塩基の配列によって保持される．

ポリヌクレオチドの名称は，それを構成する塩基の配列を 5′ 末端から順に，塩基に対して一文字表記を用いることによって表す．たとえば，図 4・1 に示したポリヌクレオチドは，5′ 末端から順にシトシン，アデニン，チミン，グアニンをもつので，このポリヌクレオチドは CATG と命名される．

例題 4・3　ジヌクレオチドの構造式を書き，命名する

(a) AMP の 3′-OH 基と GMP の 5′-リン酸基を結合させることによって生成するジヌクレオチドの構造式を書け．
(b) 5′ 末端と 3′ 末端を標識せよ．
(c) このジヌクレオチドの名称を記せ．

解答

(a), (b) まず，それぞれのヌクレオチドの構造式を書く．ヌクレオチドは糖の C5′ にリン酸基，C1′ に塩基をもつ．つづいて，3′-OH 基と 5′-リン酸基を結びつけ，ホスホジエステル結合を形成させる．

AMP
3′-OH 基と 5′-リン酸基を用いてホスホジエステル結合を形成させる
GMP
5′-リン酸基
アデニン A
グアニン G
3′-OH 基

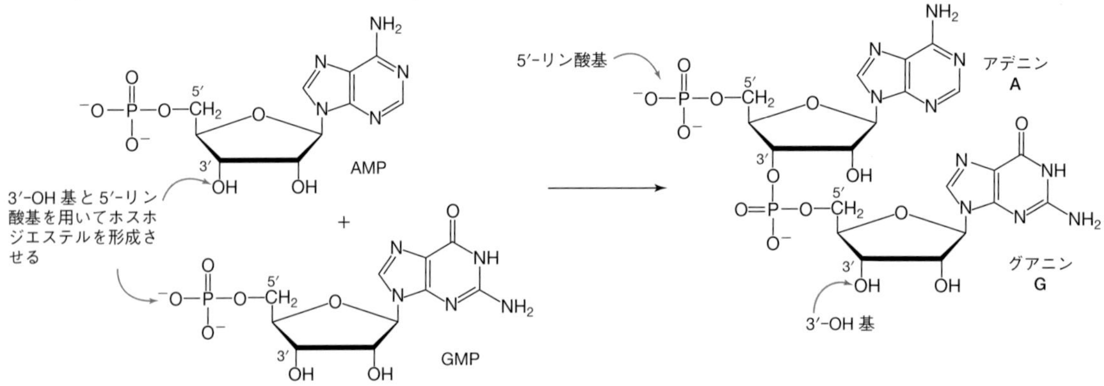

(c) ポリヌクレオチドの名称は 5′ 末端のヌクレオチドから順に，塩基に対する一文字表記を用いて表すので，このジヌクレオチドは AG と命名される．

練習問題 4・3　次のジヌクレオチドの構造式を書け．
(a) dTMP の 3′-OH 基と dGMP の 5′-リン酸基を結合させることによって生成するジヌクレオチド
(b) ジヌクレオチド CU

問題 4・3　ポリヌクレオチド ATGGCG に関する次のそれぞれの文について，その正誤を判定せよ．
(a) ポリヌクレオチドは 6 個のヌクレオチドをもつ．
(b) ポリヌクレオチドは六つのホスホジエステル結合をもつ．
(c) 5′ 末端のヌクレオチドは塩基グアニンをもつ．
(d) 3′ 末端のヌクレオチドは塩基グアニンをもつ．
(e) このポリヌクレオチドは DNA 分子の一部の可能性がある．
(f) このポリヌクレオチドは RNA 分子の一部の可能性がある．

4・3　DNA 二重らせん

ワトソン James Watson
クリック Francis Crick

DNA の構造に関する現在の理解は，1953 年のワトソンとクリックによって最初に提案されたモデルに基づいている（図 4・2）．

二重らせん double helix

- DNA は右巻きの二重らせん構造をもつ二つのポリヌクレオチド鎖からなる．

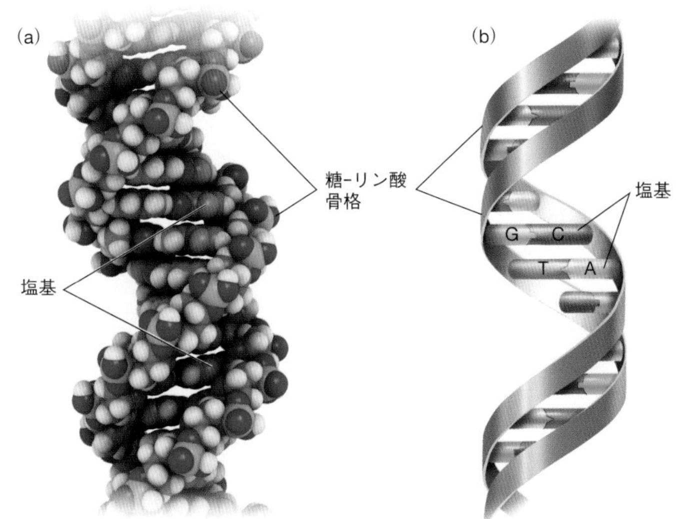

図 4・2 **DNAの三次元構造：二重らせん．** DNAはポリヌクレオチド鎖の二重らせんから構成されている．図(a)には空間充塡模型によって，糖-リン酸骨格の三次元構造を示した．らせんの外側にリン(橙)，酸素(赤)，炭素(黒)，水素(白)が見えている．図(b)には二重らせんをリボン図で描き，らせんの内部にある塩基を標識した．

ポリヌクレオチドの糖-リン酸骨格はらせんの外側にあり，塩基は内側にあってらせんの軸に垂直になっている．DNAの二つの鎖は互いに反対の方向に伸びている．すなわち，一つの鎖は5′末端から3′末端へと伸び，もう一方の鎖は3′末端から5′末端へと伸びている．

図4・3に示すように，二重らせんは二つのDNA鎖の塩基間の水素結合によって安定化されている．一方の鎖のプリン塩基は常に，もう一方の鎖のピリミジン塩基と水素結合を形成している．二つの塩基は，次のような予想可能な様式で互いに水素結合を形成している．このようにして形成される塩基対を，**相補的塩基対**という．

相補的塩基対 complementary base pair

- アデニンAは二つの水素結合によってチミンTと対を形成する．この塩基対をA-T塩基対という．
- シトシンCは三つの水素結合によってグアニンGと対を形成する．この塩基対をC-G塩基対という．

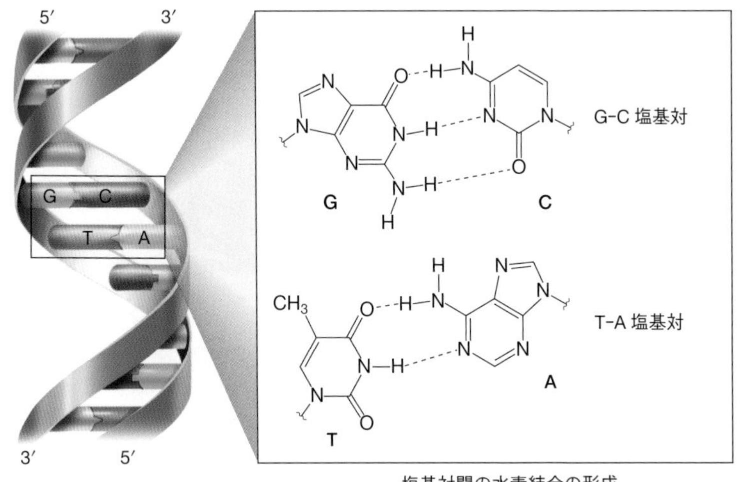

図 4・3 **DNA二重らせんにおける水素結合の形成．** 塩基対(A-TとC-G)に形成される水素結合によって，DNAの二つの鎖が結びつけられている．

このように塩基対の形成が一定の様式で起こるため，一方のDNA鎖の配列がわかれば，もう一方の鎖の配列を知ることができる．このことを例題4・4で示してみよう．

例題 4・4　DNA分子の相補的な鎖の配列を書く

次の配列をもつDNA分子の一部について，これと相補的な鎖の配列を書け．

5′-TAGGCTA-3′

解答　相補的塩基対の形成を用いて，相補的な鎖の配列を決定する．AはTと対を形成し，CはGと対を形成する．

もとの鎖　5′-TAGGCTA-3′
↓↓↓↓↓↓↓
相補的な鎖　3′-ATCCGAT-5′

練習問題 4・4　次のDNA鎖について，それと相補的な鎖の配列を書け．

(a) 5′-AAACGTCC-3′
(b) 5′-TATACGCC-3′
(c) 5′-ATTGCACCCGC-3′
(d) 5′-CACTTGATCGG-3′

ヒトゲノム human genome
ヒストン histone
ヌクレオソーム nucleosome

ヒトゲノム，すなわちヒトのすべての遺伝子は，きわめて巨大なDNA分子から構成される．それらは細胞の核の中に，きっちりと詰込まれている．図4・4に示すように，DNA鎖の二重らせんは**ヒストン**とよばれるタンパク質を芯として，そのまわりに巻きついて**ヌクレオソーム**を形成し，それが鎖状につながる．さらにヌクレオ

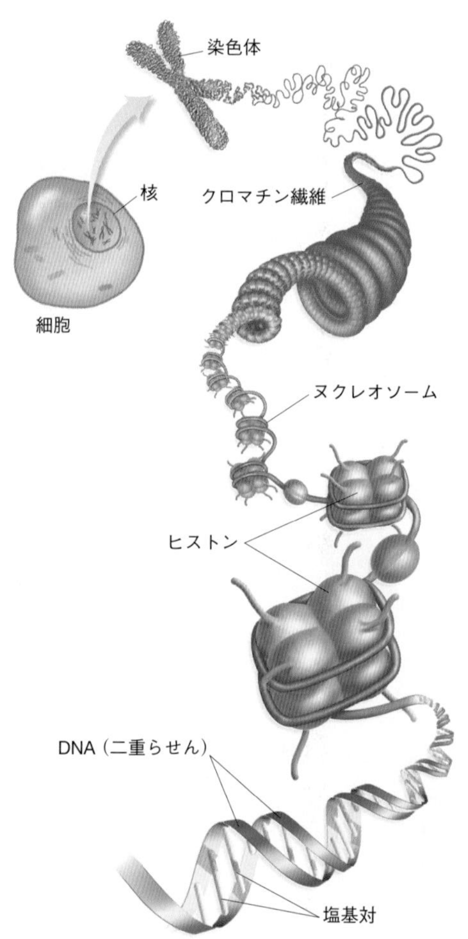

図 4・4　染色体の構造

ソームの鎖はらせん状に巻きあがって，**クロマチン**とよばれる超らせん構造をもつ繊維を形成する．これが23対あるヒトの染色体のそれぞれを構成している．

クロマチン chromatin

§4・2において，生物の遺伝情報はそのDNA分子の塩基配列に保存されていることを学んだ．この情報は，どのようにして一つの世代から次の世代へと受継がれるのだろうか．また，DNA分子に保存された情報を用いて，どのようにタンパク質の合成が指示されるのだろうか．

これらの質問に回答するためには，次の三つの重要な過程を理解しなければならない．

- 細胞が分裂するとき，DNAがそれ自身の複写をつくる過程を**複製**という．
- DNAから特定のRNAが合成される過程を**転写**という．この過程において，DNAに保存された遺伝情報がRNAに受渡される．
- RNAからタンパク質が合成される過程を**翻訳**という．この過程において，RNAがもつ遺伝情報によってタンパク質の特定のアミノ酸配列が決まる．

複製 replication

転写 transcription

翻訳 translation

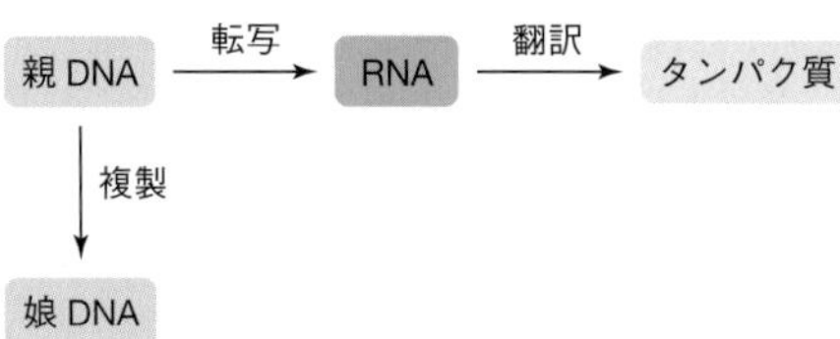

それぞれの染色体は多数の遺伝子をもっている．遺伝子はDNA分子の一部分であり，それから特定のタンパク質の合成が誘導される．このとき，“DNAの遺伝情報がタンパク質に発現された”という．タンパク質の合成を導く遺伝情報，いいかえれば遺伝子となるのは，染色体におけるDNAのほんのわずかな部分（1～2%）にすぎない．

4・4 複　　製

親細胞のDNAがもつ遺伝情報は，複製によってどのように新しい娘細胞へ渡されるのだろうか．複製過程の中核となるのは，DNAの二重らせん構造と相補的塩基対の存在である．

複製では，DNA鎖は解離し，それぞれが新しい鎖に対する鋳型として働く．すなわち，もとのDNA分子（親DNA）から二つのDNA分子（娘DNA）が生成し，それぞれは親DNAの一つの鎖と，新しく合成された一つの鎖からなる．この過程を**半保存的複製**という．娘DNAの両方の鎖の配列は，親DNAにおける配列と正確に一致している．

半保存的複製 semiconservative replication

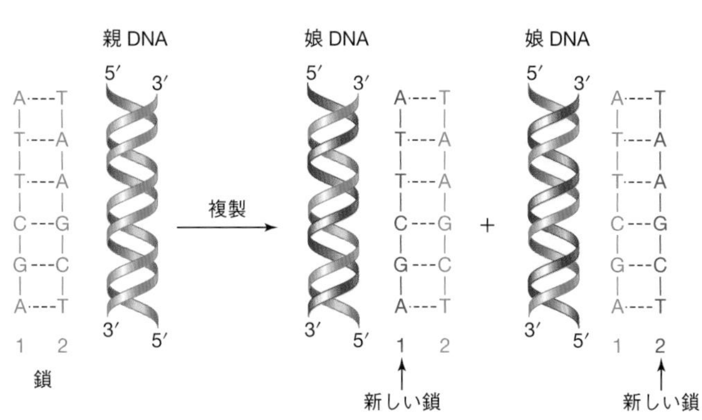

メセルソン Matthew Meselson
スタール Franklin Stahl

複製の半保存的な性質は，1958年に報告されたメセルソンとスタールの見事な実験によって知られていたが，複製の詳細はこの50年の間に少しずつ理解されてきた．複製の最初の段階はDNAの巻戻し，すなわち二重らせんがほどけ，それぞれの鎖の塩基が露出することである．DNAの巻戻しはらせんに沿って，多くの場所で同時に起こる．その領域を**複製バブル**といい，そこで複製が進行する．また，巻戻しが起こった箇所を**複製フォーク**という．二重らせんの巻戻しによって，二つの鎖を結びつけていた水素結合が開裂する．

複製バブル replication bubble
複製フォーク replication fork

ひとたびほどけたDNA鎖に塩基が露出すると，酵素DNAポリメラーゼが触媒となり，核に存在するA, T, G, C塩基をもつ4種類のヌクレオシド三リン酸を用いて複製過程が進行する．複製には次の三つの重要な特徴がある．それぞれを図4・5に示す．

- 鋳型となる鎖の塩基の種類によって，新しい鎖の塩基の配列が決まる．すなわち，必ずAはTと対を形成し，GはCと対を形成する．
- 新しいホスホジエステル結合が，ヌクレオシド三リン酸の5′-リン酸基と新しいDNA鎖の3′-OH基の間で形成される．
- 複製は鋳型となる鎖の3′末端から5′末端へと，一つの方向だけに進行する．

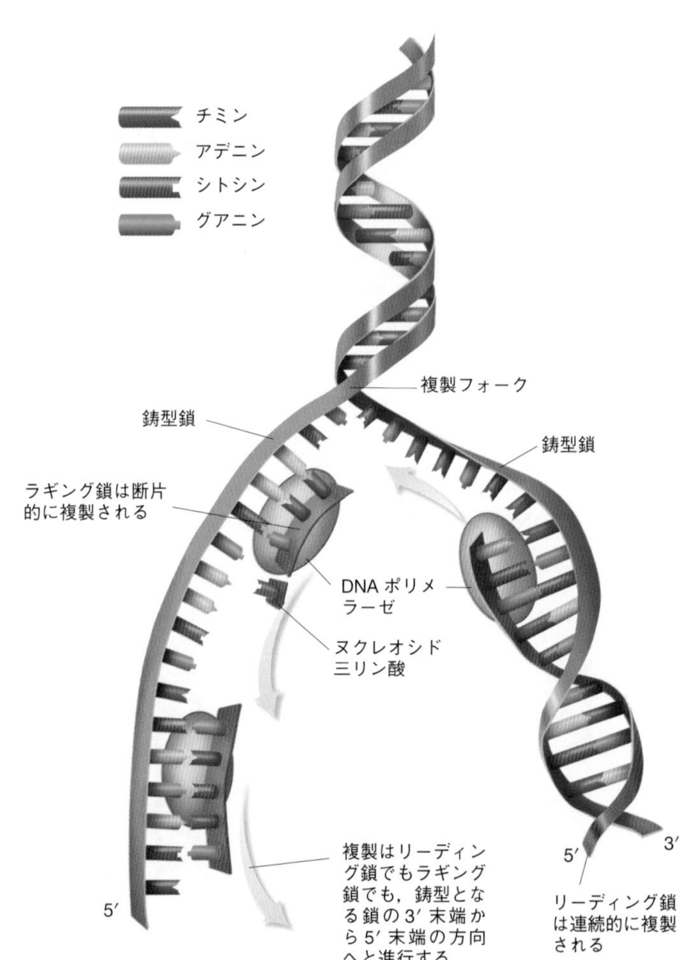

図4・5　**DNAの複製**．複製は二本鎖が解離したDNAの両方の鎖に沿って起こる．複製はどちらの鎖でも常に，鋳型となる鎖の3′末端から5′末端の方向へと進行する．リーディング鎖では複製は連続的に進行するが，ラギング鎖では断片的に複製が起こり，後に酵素DNAリガーゼによってつなぎ合わされる．

複製は鋳型となる鎖の3′末端から5′末端へと一つの方向だけに進行するので，二つの新しいDNA鎖が合成される手法は，いくらか異なることになる．一つのDNA鎖は，鋳型となるDNA鎖と相補的なヌクレオチド配列が，5′末端から3′末端の方向へと連続的に合成される．こうして生成した新しいDNA鎖を**リーディング鎖**という．もう一方のDNA鎖は小さい部分に分かれて合成され，後に酵素DNAリガーゼによって結びつけられる．このDNA鎖を**ラギング鎖**という．最終的には，二つの新たなDNA鎖が形成され，それぞれは二つのDNA鎖を結びつける相補的塩基対をもち，娘DNA分子を形成するDNA鎖の一つとなる．

リーディング鎖 leading strand

ラギング鎖 lagging strand

例題 4・5　新たに合成されたDNA鎖の配列を決定する

鋳型となるDNA鎖の配列が3′-TGCACC-5′であるとき，新たに合成されたDNA部分の配列を記せ．

解答　相補的塩基対の形成を用いて，新たな鎖における対応する配列を決定する．必ずAはTと対を形成し，CはGと対を形成する．

鋳型となる鎖　3′-T G C A C C-5′
↓↓↓↓↓↓
新しい鎖　5′-A C G T G G-3′

練習問題 4・5　次のそれぞれの配列が鋳型となる鎖の配列であるとき，新たに合成されたDNA部分の配列を記せ．

(a) 3′-AGAGTCTC-5′
(b) 5′-ATTGCTC-3′
(c) 3′-ATCCTGTAC-5′
(d) 5′-GGCCATACTC-3′

4・5 RNA

RNAもヌクレオチドから形成される．しかし，RNAでは，次の点がDNAとは異なっている．

- 糖がリボースである．
- 塩基の一つとして，チミンTにかわってウラシルUが用いられる．
- RNAは単一の鎖からなる．

RNA分子はDNA分子に比べてかなり小さい．RNAは単一の鎖からなるが，RNA鎖はそれ自身で折りたたまれ，ループを形成する．それによって，単一の鎖内で対となる塩基の間に水素結合が形成され，らせん構造をもつ領域を形成している．RNA分子内で，あるいはRNAとDNAの間で塩基対の形成が起こるときには，CとGが塩基対を形成し，AとUが塩基対を形成する．

RNA分子には次の三つの種類がある．

- **リボソームRNA**　• **メッセンジャーRNA**　• **転移RNA**

リボソームRNA（rRNA）は最も豊富に存在するRNAであり，細胞の細胞質にあるリボソームにみられる．それぞれのリボソームは一つの大きなサブユニットと，一つの小さいサブユニットからなり，それぞれはrRNAとタンパク質から構成されている．rRNAはタンパク質合成の際に，ポリペプチドが組立てられる場所となる．

メッセンジャーRNA（mRNA）は細胞の核にあるDNAから細胞質にあるリボソームへと情報を伝達する役割をもつ．DNA分子のそれぞれの遺伝子は，特定のmRNA分子に対応する．さらに，mRNA分子のヌクレオチドの配列によって，特定のタンパク質のアミノ酸配列が決まる．mRNAは必要に応じてDNAから合成され，特定のタンパク質が合成された後には速やかに分解される．

リボソームRNA ribosomal RNA，**rRNA**と略記

メッセンジャーRNA messenger RNA，**mRNA**と略記．伝令RNAともいう．

転移RNA transfer RNA，**tRNA**と略記

受容ステム acceptor stem

アンチコドン anticodon

転移 RNA（tRNA）は RNA のうちで最も小さく，70〜90 個のヌクレオチドからなる．tRNA は mRNA の遺伝情報を解釈し，リボソームのタンパク質が合成される場所へ特定のアミノ酸を運搬する役割をもつ．それぞれのアミノ酸は，一つあるいは複数の tRNA 分子によって認識される．tRNA は二つの重要な部位をもつ．一つは tRNA の 3′ 末端であり，**受容ステム**とよばれる．この部位は常に ACC というヌクレオチド配列をもち，特定のアミノ酸と結合する遊離の OH 基をもつ．もう一つはアンチコドンアーム（アンチコドンステムともいう）とよばれ，三つのヌクレオチド配列からなる．この配列を**アンチコドン**といい，mRNA 分子における三つの塩基と相補的になっている．これによって，合成されているポリペプチド鎖に付け加えられるべきアミノ酸が識別される（§4・8）．

(a) tRNA のクローバー葉形表示

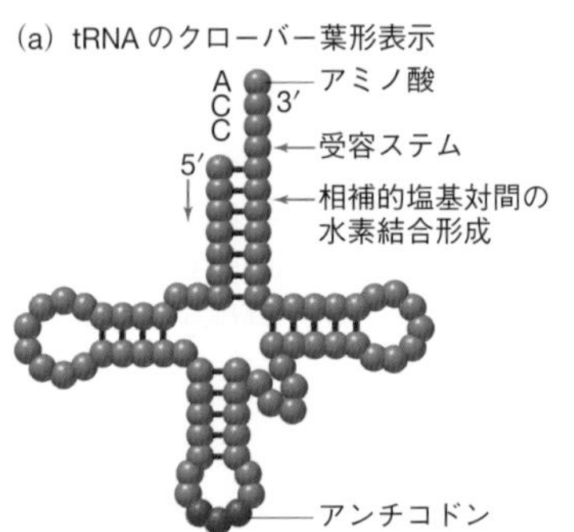

(b) tRNA の三次元表示

図 4・6　**転移 RNA.** (a) tRNA 分子が折りたたまれることによって，相補的塩基対が互いに水素結合を形成する領域が生じる．それぞれの tRNA は 3′ 末端に特定のアミノ酸を結合しており，タンパク質合成においてそのアミノ酸を識別するためのアンチコドンをもっている．(b) 空間充塡模型により tRNA の三次元構造を示し，アミノ酸の結合部位を黄色，アンチコドン領域を赤色で標識した．

tRNA 分子は図 4・6(a) に示すように，クローバー葉形に描かれることが多い．図にはアンチコドンとなる三つのヌクレオチド配列を標識した．折りたたみによって tRNA に，近接する相補的塩基対が互いに水素結合を形成する領域がつくられる．図 4・6(b) には，tRNA 分子の三次元構造をより正確に表す模型を示した．

表 4・3 に 3 種類の RNA の特徴をまとめた．

表 4・3　**3 種類の RNA 分子**

RNA の種類	略号	機能
リボソーム RNA	rRNA	リボソームに存在してタンパク質合成の場所となる
メッセンジャー RNA	mRNA	DNA からリボソームに情報を伝達する
転移 RNA	tRNA	タンパク質合成のために特定のアミノ酸をリボソームに運搬する

4・6 転　　写

DNA がもつタンパク質の合成に関する情報の変換は転写，すなわち DNA からメッセンジャー RNA（mRNA）の合成によって開始される．

RNA の合成は，DNA 複製と同様の様式で始まる．まず，DNA の二重らせんがほどける（図 4・7）．しかし，RNA は単一の鎖からなるので，RNA を合成するには一つの DNA 鎖だけが必要となる．

鋳型鎖 template strand

非鋳型鎖 non-template strand

- RNA 合成のために用いられる DNA 鎖を**鋳型鎖**という．
- RNA 合成のために用いられない DNA 鎖を**非鋳型鎖**という．

それぞれの mRNA 分子は DNA 分子の小さい断片に相当する．転写は DNA 鋳型鎖

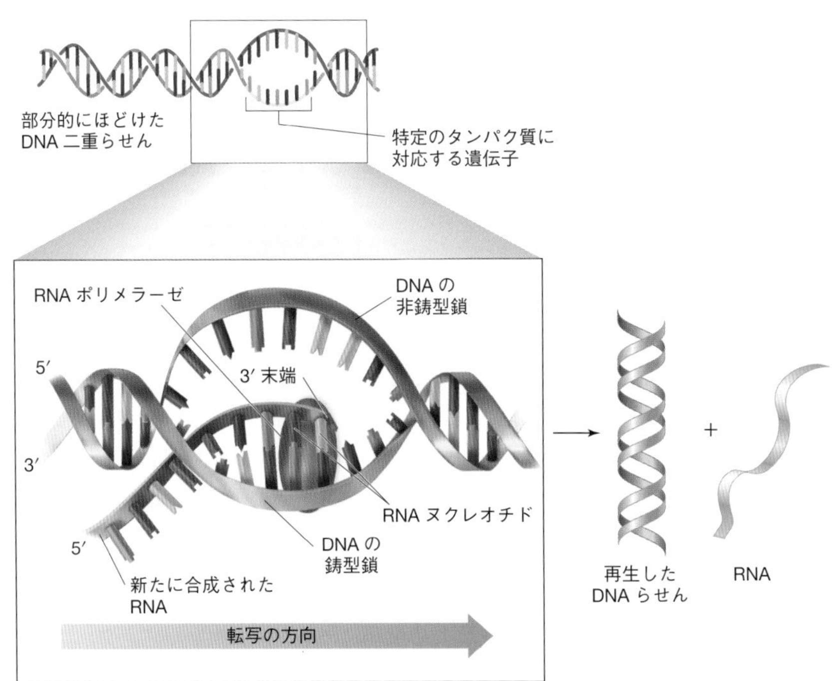

図 4・7　**転写**．転写では，DNA 二重らせんがほどけ，酵素 RNA ポリメラーゼの触媒により，DNA の鋳型鎖に沿って mRNA が合成される．転写は鋳型鎖の 3′ 末端から 5′ 末端の方向へと進行し，DNA の鋳型鎖と相補的な塩基対をもつ mRNA 分子が生成する．

の特定の塩基配列から開始され，酵素 RNA ポリメラーゼを用いて，鋳型鎖の 3′ 末端から 5′ 末端へと進行する．相補的塩基対の形成によって，成長する RNA 鎖に付け加えられる RNA ヌクレオチドが決まる．すなわち，C は G と対を形成し，T は A と対を形成し，A は U と対を形成する．こうして，RNA 鎖は 5′ 末端から 3′ 末端の方向へと成長する．転写は，DNA 鋳型鎖の特定の塩基配列に到達したときに完了する．合成された新たな mRNA 分子は放出され，DNA 分子の二重らせんが再び形成される．

微生物では，新たな mRNA 分子は合成された後，すぐにタンパク質合成に用いられる．ヒトでは，mRNA 分子はタンパク質合成に用いられる前にまず修飾される．すなわち，mRNA 分子の一部が除去され，mRNA の断片がつなぎ合わされる．この機構については本書では述べない．

- 転写によって，その鋳型となった DNA 鎖と相補的な配列をもつ mRNA 分子が生成する．
- DNA の非鋳型鎖は鋳型鎖と相補的であるから，mRNA 分子は，RNA 鎖では T が U に置き換わっていることを除いて，非鋳型鎖の正確な複写である．

mRNA 分子の塩基配列と，DNA 分子の鋳型鎖および非鋳型鎖の塩基配列はどのような関係にあるだろうか．これに関する問題を例題 4・6 でやってみよう．

例題 4・6　mRNA 分子の配列を決定する

DNA 分子の鋳型鎖の一部が 3′-CTAGGATAC-5′ の配列をもつとき，この鋳型から合成される mRNA 分子の配列を記せ．また，DNA 分子のこの部分に対応する非鋳型鎖の配列を記せ．

解答　mRNA は，それが合成される DNA の鋳型鎖と相補的な塩基配列をもつ．したがって，mRNA は，塩基 T の代わりに塩基 U をもつことを除いて，DNA の非鋳型鎖と同一の塩基配列をもつ．

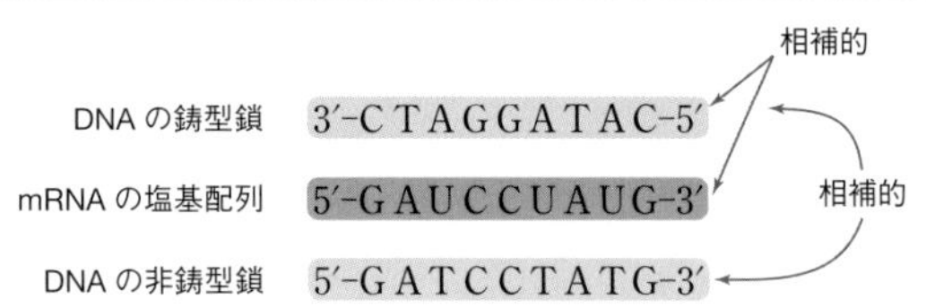

（つづく）

練習問題 4・6　以下のそれぞれのDNAの断片について，次の問い①，②に答えよ．

① それぞれを鋳型鎖として合成されるmRNA分子の配列を記せ．

② DNA分子において，それぞれに対応する非鋳型鎖の配列を記せ．

(a) 3′-TGCCTAACG-5′　　(b) 3′-GACTCC-5′

問題 4・4　次のmRNA鎖が合成されるDNAの鋳型鎖の配列を示せ．

(a) 5′-UGGGGCAUU-3′　　(b) 5′-GUACCU-3′

4・7 遺伝暗号

ひとたびDNAの遺伝情報がmRNA分子に転写されると，個々のタンパク質の合成はmRNAの指令によって行われる．mRNAはわずか4種類の異なるヌクレオチドだけからできているが，どのようにして20種類の異なるアミノ酸からなるポリペプチドの合成を指令するのだろうか．その答えは，次のような**遺伝暗号**にある．

遺伝暗号 genetic code

- 三つのヌクレオチドの配列（三つ組）が，ある特定のアミノ酸と対応関係にある．それぞれの三つ組をコドンという．

コドン codon

たとえば，mRNA分子のコドンUCAはアミノ酸のセリンと対応関係にあり，またコドンUGCはアミノ酸のシステインと対応関係にある．微生物からクジラ，ヒトに至るまで，ほとんどすべての生物において，同じ遺伝暗号が用いられている．

表 4・4　遺伝暗号：メッセンジャーRNAにおける三つ組

最初の塩基 (5′末端)	二番目の塩基								三番目の塩基 (3′末端)
	U		C		A		G		
U	UUU	Phe	UCU	Ser	UAU	Tyr	UGU	Cys	U
	UUC	Phe	UCC	Ser	UAC	Tyr	UGC	Cys	C
	UUA	Leu	UCA	Ser	UAA	終止	UGA	終止	A
	UUG	Leu	UCG	Ser	UAG	終止	UGG	Trp	G
C	CUU	Leu	CCU	Pro	CAU	His	CGU	Arg	U
	CUC	Leu	CCC	Pro	CAC	His	CGC	Arg	C
	CUA	Leu	CCA	Pro	CAA	Gln	CGA	Arg	A
	CUG	Leu	CCG	Pro	CAG	Gln	CGG	Arg	G
A	AUU	Ile	ACU	Thr	AAU	Asn	AGU	Ser	U
	AUC	Ile	ACC	Thr	AAC	Asn	AGC	Ser	C
	AUA	Ile	ACA	Thr	AAA	Lys	AGA	Arg	A
	AUG	Met	ACG	Thr	AAG	Lys	AGG	Arg	G
G	GUU	Val	GCU	Ala	GAU	Asp	GGU	Gly	U
	GUC	Val	GCC	Ala	GAC	Asp	GGC	Gly	C
	GUA	Val	GCA	Ala	GAA	Glu	GGA	Gly	A
	GUG	Val	GCG	Ala	GAG	Glu	GGG	Gly	G

4 種類の異なるヌクレオチド A, C, G, U があるので，それらを三つ組合わせる方法は 4 × 4 × 4 = 64 種類ある．したがって，64 種類の異なるコドンがある．表 4・4 に示すように，61 種類のコドンは特定のアミノ酸と対応関係にあり，したがって多くのアミノ酸は複数のコドンに対応している．たとえば，コドン GGU, GGC, GGA, GGG はいずれも，アミノ酸のグリシンと対応関係にある．三つのコドン UAA, UAG, UGA は，どのアミノ酸にも対応しない．これらのコドンはタンパク質合成の停止を指令するコドンであり，**終止コドン**とよばれる．

コドンは mRNA の 5′ 末端から 3′ 末端の方向に書かれている．すなわち，mRNA の 5′ 末端はタンパク質の N 末端アミノ酸と対応関係にあり，mRNA の 3′ 末端は C 末端アミノ酸と対応関係にある．例題 4・7 で，mRNA の塩基配列をペプチドのアミノ酸配列に変換する問題をやってみよう．

終止コドン stop codon

問題 4・5　次のコドンと対応関係にあるアミノ酸の名称を記せ．
(a) GCC　(b) AAU　(c) CUA
(d) AGC

問題 4・6　次のアミノ酸と対応関係にあるコドンを記せ．
(a) イソロイシン　(b) リシン
(c) グルタミン酸

例題 4・7　mRNA からアミノ酸配列を誘導する

次の mRNA の塩基配列と対応関係にあるアミノ酸配列を示せ．

5′-CAU AAA ACG GUG UUA AUA-3′

解答　表 4・4 を用いて，それぞれのコドンに対応するアミノ酸を見分ける．コドンは mRNA 分子の 5′ 末端から 3′ 末端の方向へ書かれており，N 末端から C 末端の方向へ書かれたペプチドと対応する．

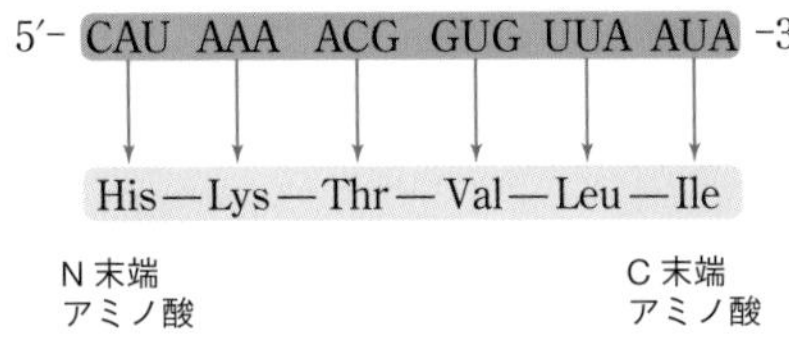

練習問題 4・7　次のそれぞれの mRNA の塩基配列と対応関係にあるアミノ酸配列を示せ．
(a) 5′-CAA GAG GUA UCC UAC AGA-3′
(b) 5′-GUC AUC UGG AGG GGC AUU-3′

問題 4・7　次のペプチドと対応関係にある mRNA の可能な塩基配列を書け．
(a) Met-Arg-His-Phe　(b) Gly-Ala-Glu-Gln

問題 4・8　以下に示す mRNA 分子におけるヌクレオチドの配列について，次の問いに答えよ．

5′-GAG CCC GUA UAC GCC ACG-3′

(a) この mRNA が合成される DNA の鋳型鎖の配列を記せ．
(b) この mRNA から合成されるペプチドを記せ．

4・8　翻訳とタンパク質合成

mRNA がもつタンパク質合成に関する情報は，リボソームにおいて翻訳される．タンパク質合成では，それぞれの種類の RNA がそれぞれの役割を担っている．

- mRNA はタンパク質のアミノ酸配列を決定するコドンの配列をもつ．
- 個々の tRNA はペプチド鎖に付け加えるべき特定のアミノ酸を運搬する．
- rRNA は結合部位をもち，タンパク質合成が起こる場所となる．

それぞれの tRNA は，mRNA がもつコドンと相補的で，個々のアミノ酸を識別する三つのヌクレオチドの配列をもつ（§4・5）．これが**アンチコドン**である．たとえば，mRNA のコドン UCA は tRNA 分子がもつアンチコドン AGU に対応し，それはアミノ酸としてセリンと対応関係にある．表 4・5 に他の例を示した．

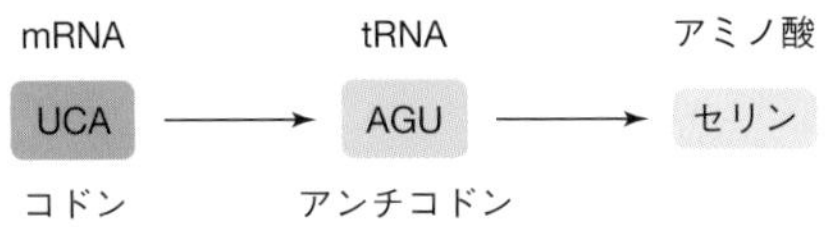

表 4・5　コドン，アンチコドンとアミノ酸の関係

mRNA コドン		tRNA アンチコドン		アミノ酸
ACA	⟶	UGU	⟶	トレオニン
GCG	⟶	CGC	⟶	アラニン
AGA	⟶	UCU	⟶	アルギニン
UCC	⟶	AGG	⟶	セリン

問題 4・9　以下のそれぞれのコドンについて，次の問い ①，② に答えよ．
① アンチコドンを書け．
② それぞれのコドンに対応するアミノ酸の名称を記せ．
(a) CGG　(b) GGG　(c) UCC　(d) AUA

開始 initiation
伸長 elongation
終結 termination

翻訳には**開始**，**伸長**，**終結**の三つの段階がある．図 4・8 に翻訳のおもな特徴を示した．

[1] 開始

翻訳は mRNA 分子がリボソームの小さいサブユニットに結合し，その結合部位に対して tRNA 分子が，ペプチド鎖の最初のアミノ酸を運搬することから始まる．翻訳はいつも，アミノ酸のメチオニンと対応関係にあるコドン AUG から開始する．リボソームに到達する tRNA は，その相補的塩基対であるアンチコドン UAC をもつ．リボソームの大小のサブユニットが結びついて緊密な複合体を形成し，そこでタンパク質合成が進行する．

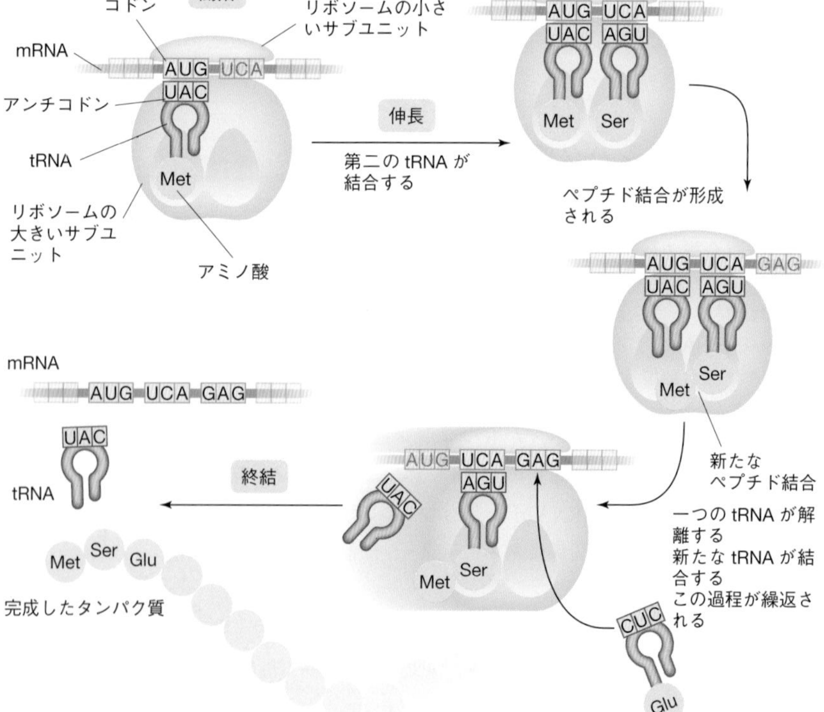

図 4・8　**翻訳：RNA からタンパク質の合成．開始**(initiation)：タンパク質の合成は，mRNA がリボソームサブユニットに結合し，そこにアミノ酸を運搬する最初の tRNA が到着することによって開始される．mRNA のコドンと tRNA のアンチコドンの相補的塩基対の間に水素結合が形成される．**伸長**(elongation)：タンパク質の合成が進む．最初の tRNA に隣接するリボソームの部位に，次の指定されたアミノ酸をもつ tRNA が結合する．ペプチド結合が形成され，tRNA は放出される．リボソームは次のコドンの位置に移動し，この過程が繰返される．**終結**(termination)：終止コドンに到達すると，タンパク質合成は止まる．合成は完了し，タンパク質は複合体から放出される．

[2] 伸長

mRNA の第二のコドンに対するアンチコドンをもつ tRNA 分子が mRNA に結合する．それによって対応するアミノ酸が運搬され，二つのアミノ酸の間にペプチド結合が形成される．最初のアミノ酸を運搬し，もはや不要となった tRNA 分子は，複合体から解離する．リボソームは mRNA 鎖に沿って次のコドンへと移動し，新しい tRNA 分子が mRNA に結合してこの過程が繰返される．タンパク質合成はいつも，リボソームの隣接する二つの部位で起こる．

[3] 終結

翻訳は終止コドンに到達するまで継続する．三つの終止コドン UAA, UAG, UGA のいずれに対しても，相補的なアンチコドンをもつ tRNA は存在しない．このためタンパク質合成は終結し，タンパク質はリボソームから放出される．一般に，ペプチド鎖の最初のアミノ酸であるメチオニンは，最終的なタンパク質では不要であるため，タンパク質合成が完了した後に除去される．

図 4・9 に，典型的な DNA の断片と，それに対応する mRNA，tRNA，およびアミノ酸の配列を示した．

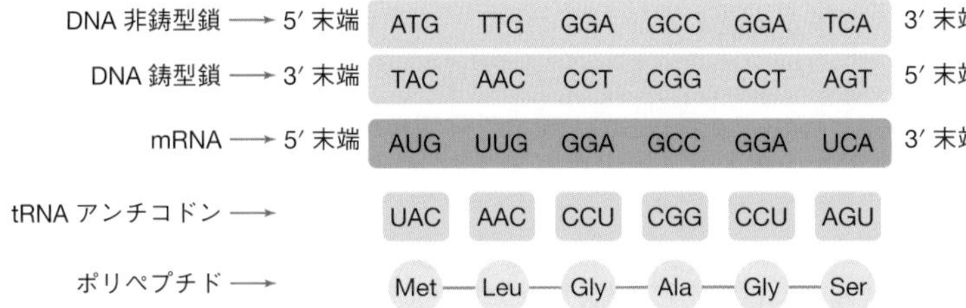

図 4・9 **DNA，mRNA，tRNA，ポリペプチドにおける塩基配列の比較**

例題 4・8 mRNA を用いてアミノ酸の配列と tRNA アンチコドンの種類を決定する

以下の mRNA 配列から生成すると考えられるアミノ酸の配列を示せ．また，必要となる tRNA 分子のそれぞれがもつアンチコドンを示せ．

5′-CAA AAG ACG UAC CGA-3′

解答 表 4・4 を用いて，それぞれのコドンと対応関係にあるアミノ酸を決定する．アンチコドンは，コドンに対して相補的な塩基からなる．A は U と対を形成し，C は G と対を形成する．

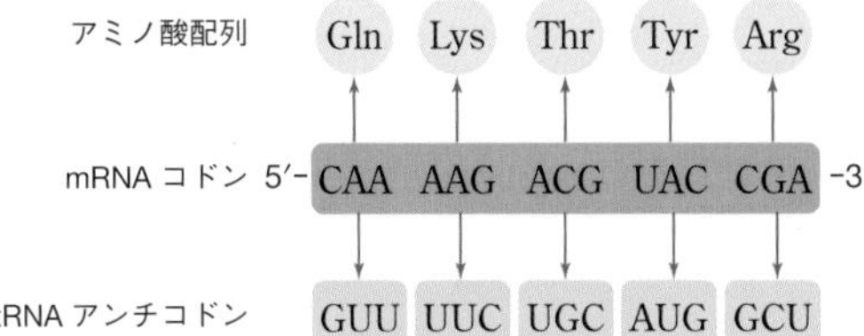

練習問題 4・8 次の mRNA 配列から生成すると考えられるアミノ酸の配列を示せ．また，必要となる tRNA 分子のそれぞれがもつアンチコドンを示せ．

(a) 5′-CCA CCG GCA AAC GAA GCA-3′ (b) 5′-GCA CCA CUA AGA GAC-3′

例題 4・9　DNA からアミノ酸の配列を誘導する

次の DNA 鋳型鎖から合成されるポリペプチドを記せ．

3′-CGG TGT CTT TTA-5′

解答　DNA 鋳型鎖から合成されるポリペプチドを決定するためには，まず，DNA 配列を用いて，転写された mRNA 配列を決定する．つづいて，表 4・4 に示された遺伝暗号を用いて，mRNA に与えられたコドンと対応関係にあるアミノ酸を決定する．

DNA 鋳型鎖 ⟶ 3′- CGG TGT CTT TTA -5′

mRNA ⟶ 5′- GCC ACA GAA AAU -3′

ポリペプチド ⟶ Ala − Thr − Glu − Asn

練習問題 4・9　次の DNA 鋳型鎖から合成されるポリペプチドを記せ．

(a) 3′-TCT CAT CGT AAT GAT TCG-5′　(b) 3′-GCT CCT AAA TAA CAC TTA-5′

4・9 突然変異と遺伝病

複製過程では，きわめて確実な機構によって DNA の正確な複写が合成されるが，ときおり誤りが起こることがある．これによって，わずかに異なったヌクレオチド配列をもつ DNA 分子が生成する．

突然変異 mutation

• DNA 分子のヌクレオチド配列に変化が生じることを**突然変異**という．

突然変異が生殖とは関係のない細胞で起こる場合には，突然変異はその生物において娘細胞に受渡されるが，次の世代へは伝達されない．しかし，もし突然変異が卵細胞や精子細胞で起これば，突然変異は次の世代へと受渡される．突然変異は偶発的な現象ではあるが，DNA の構造を変化させる化学物質によってひき起こされる場合もある．これらを**変異原**という．また，X 線や紫外線のような高いエネルギーをもつ放射線にさらされた場合にも，突然変異が起こることがある．

変異原 mutagen

突然変異は，DNA 分子に生じる変化によって分類することができる．

点突然変異 point mutation

• 一つのヌクレオチドが別のヌクレオチドへ置換される場合を，**点突然変異**という．

もとの DNA 〜〜 GAGTTC 〜〜
↓ G が C に置き換わる
点突然変異 〜〜 GACTTC 〜〜

欠失突然変異 deletion mutation

• DNA 分子から一つあるいは複数のヌクレオチドが失われる場合を，**欠失突然変異**という．

もとの DNA 〜〜 GAGTTC 〜〜
↓ G が失われる
欠失突然変異 〜〜 GATTC 〜〜

挿入突然変異 insertion mutation

• DNA 分子に一つあるいは複数のヌクレオチドが付け加えられる場合を，**挿入突然変異**という．

もとの DNA 〰 GAGTTC 〰
C が付け加わる
挿入突然変異 〰 GAGCTTC 〰

突然変異は生命体に対して，無視できる程度の，あるいは最小の影響を与えることもあれば，致命的な影響を与えることもある．突然変異の影響を理解するためには，DNA 配列から転写される mRNA の配列のみならず，それによって生成するアミノ酸についても考慮しなければならない．例として，特定のタンパク質に対応する遺伝子の三塩基配列 CTT に点突然変異が起こった場合について，いくつかの可能性を考えてみよう．

DNA における塩基配列 CTT は，mRNA におけるコドン GAA に転写される．さらに表 4・4 を用いると，このコドンはアミノ酸のグルタミン酸と対応関係にあることがわかる．もし，DNA において点突然変異が起こり，CTT が CTC に置き換えられたとすると，CTC は mRNA においてコドン GAG に転写される．しかし，GAG は同じアミノ酸のグルタミン酸と対応関係にあるので，この変異はこの DNA 部分から合成されるタンパク質に影響を与えない．このような変異を**サイレント突然変異**という．

サイレント突然変異 silent mutation，**非表現突然変異**ともいう

もとの配列 CTT → GAA → Glu
DNA mRNA
同じアミノ酸
突然変異は影響を与えない
点突然変異 CTC → GAG → Glu

次に，点突然変異によって DNA の塩基配列 CTT が CAT に置き換えられたとしよう．CAT は mRNA でコドン GUA に転写され，GUA はアミノ酸のバリンと対応関係にある．したがって，この場合には，突然変異によって一つのアミノ酸が変化した，すなわちグルタミン酸がバリンに置き換わったタンパク質が合成される．いくつかのタンパク質では，一次構造におけるこの変化は，タンパク質の二次構造や三次構造にほとんど影響を与えないかもしれない．しかし，ヘモグロビンのようなタンパク質では，グルタミン酸がバリンに置き換わることによって，生成するタンパク質の性質が著しく異なり，その結果，致命的な病気である鎌状赤血球症がひき起こされる（§3・7）．

もとの配列 CTT → GAA → Glu
DNA mRNA
異なったアミノ酸
突然変異の影響により，タンパク質が変化する
点突然変異 CAT → GUA → Val

最後に，点突然変異によって DNA の塩基配列 CTT が ATT に置き換わった場合を考えてみよう．ATT は mRNA でコドン UAA に転写されるが，UAA は終止コドンである．これによってタンパク質合成が停止されるので，もはやペプチド鎖にアミノ酸が付け加わることはない．この場合には，必要なタンパク質は合成されず，その役割によっては，この生物は死に至るかもしれない．

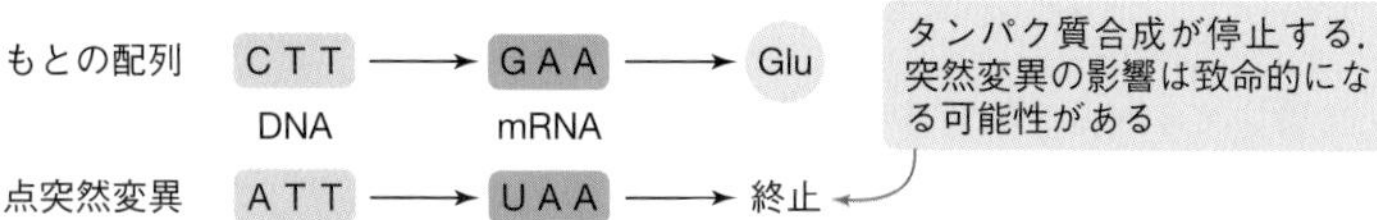

例題 4・10　点突然変異の結果を推定する

(a) 塩基配列 AGAGAT をもつ DNA の部分から生成するジペプチドを記せ．(b) 点突然変異が起こり，この DNA 部分が配列 ATAGAT に変化したとき，どのようなジペプチドが生成するか．

解答　まず，与えられた DNA の配列を，相補的塩基対をもつ mRNA の配列に転写する．つづいて表 4・4 を用いて，それぞれのコドンが何のアミノ酸と対応関係にあるかを決定する．

(a) コドン UCU はアミノ酸のセリンと対応関係にあり，CUA はロイシンと対応関係にある．したがって，ジペプチド Ser–Leu が生成する．

AGA GAT ⟶ UCU CUA ⟶ Ser—Leu
DNA　mRNA　ジペプチド

(b) コドン UAU はアミノ酸のチロシンと対応関係にあるので，点突然変異の結果，ジペプチド Tyr–Leu が合成されることになる．

ATA GAT ⟶ UAU CUA ⟶ Tyr—Leu
DNA　mRNA　ジペプチド

練習問題 4・10　塩基配列 AACTGA をもつ DNA の部分について次の問いに答えよ．

(a) 転写と翻訳を経て，この DNA から生成するジペプチドを記せ．

(b) 点突然変異によって，DNA が次のそれぞれの塩基配列に変化したとき，生成するアミノ酸の配列はどのように変化するか．

［1］AACGGA　［2］ATCTGA　［3］AATTGA

問題 4・10　欠失突然変異が起こり，塩基配列 TATGCACTT をもつ DNA 部分が TAACTT に変化したとしよう．これらの DNA 部分のそれぞれから合成されるペプチドを比較し，違いを述べよ．

遺伝病 genetic disease

嚢胞性線維症膜貫通調節タンパク質 cystic fibrosis transmembrane regulator, CFTR と略記

嚢胞性線維症の患者は，定期的に胸部理学療法を受けなければならない．この治療には，肺に詰まる濃い粘液を取除くために，胸部を強打することが含まれる．

突然変異によって，タンパク質の欠損や欠陥をもつタンパク質の生成がひき起こされ，その条件が一つの世代から次の世代へと受継がれるとき，**遺伝病**が起こる．たとえば，白人に最も一般的な遺伝病として嚢胞性線維症がある．この疾患は，細胞膜を横切るイオンの適切な移動に必要なタンパク質である**嚢胞性線維症膜貫通調節タンパク質**の欠陥を生じさせる突然変異によってひき起こされる．嚢胞性線維症の患者には，すい臓から分泌される酵素の減少により発育不良がみられ，また肺にべとべとした粘液がたまって，ひどい肺感染症をひき起こし，寿命を縮めることになる．表 4・6 には，他の遺伝病とそれらの分子科学的な要因を一覧表に示した．

表 4・6　遺伝病

疾患	特徴
テイ・サックス病	精神遅滞：酵素ヘキソサミニダーゼ A の活性不足による
鎌状赤血球症	貧血，毛細血管の閉塞や炎症：欠陥のあるヘモグロビンによる
フェニルケトン尿症	精神遅滞：フェニルアラニンをチロシンに変換するために必要な酵素フェニルアラニンヒドロキシラーゼの欠損による
ガラクトース血症	精神遅滞：ガラクトースの代謝に必要な酵素の欠損による
ハンチントン病	進行性身体障害：ハンチンチンタンパク質に対応する遺伝子の欠陥に起因し，脳のある領域の神経細胞が変性する

4・10　組換え DNA

この 30 年間に発明された実験技術により，科学者は DNA 分子を操作し，天然に存在しない新しい形態の DNA を作り出せるようになった．

組換え DNA recombinant DNA

- 複数の起源に由来する断片を組合わせて形成された合成による DNA を，**組換え DNA** という．

遺伝子工学 genetic engineering

実験室において DNA を操作する過程を表現するために，しばしば**遺伝子工学**という用語が用いられる．この技術によって，一つの生物の遺伝子，すなわち DNA の断

片を，別の生物のDNAにつなぎ合わせることが可能になり，組換えDNAが形成される．

4・10A 一般的な原理

組換えDNAを形成させるためには，次の三つの重要な成分が必要となる．

- 新しいDNA断片を挿入するためのDNA分子
- 特定の位置でDNAを開裂させる酵素
- もとのDNA分子に挿入される別の生物に由来する遺伝子

組換えDNAの形成はしばしば，細菌の一種である大腸菌（*Escherichia coli, E. coli* と略記）の環状二本鎖のDNA分子から開始される（図4・10）．このDNA分子は**プラスミド**とよばれる．細菌から単離されたプラスミドDNAは，**制限酵素**という酵素を用いて特定の位置で開裂（切断）される．さまざまな種類の制限酵素が知られている．それぞれの酵素はDNA分子における特定の塩基配列を認識し，特定の位置で二本鎖DNAを切断する．

プラスミド plasmid

制限酵素 restriction enzyme

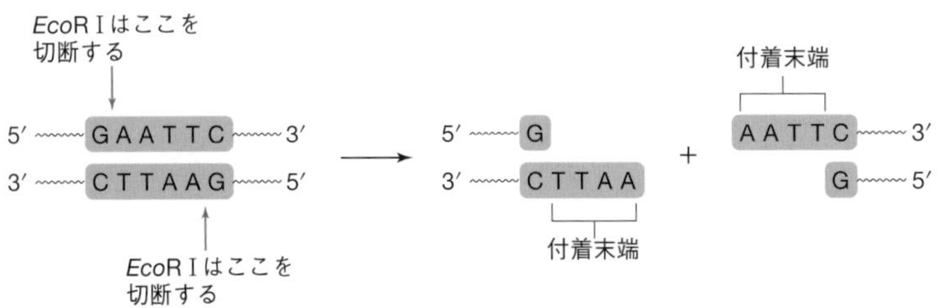

たとえば，酵素*Eco*RⅠ（エコアールワン）は塩基配列GAATTCを認識し，両方の鎖のGとAの間でDNA分子を切断する．プラスミドDNAは最初は環状であるので，

遺伝子組換え作物は，さまざまな技術によって変換されたDNAをもち，それによってしばしば耐病性が向上し，保存期限や栄養価が改良されることがある．1990年代に，パパイアリングスポットウイルスのまん延により，ハワイのパパイア産業は壊滅的な打撃を受けた．遺伝子組換え技術によってウイルスに抵抗力をもつレインボーパパイアがつくられ，これによってハワイ島のパパイア産業は回復した．

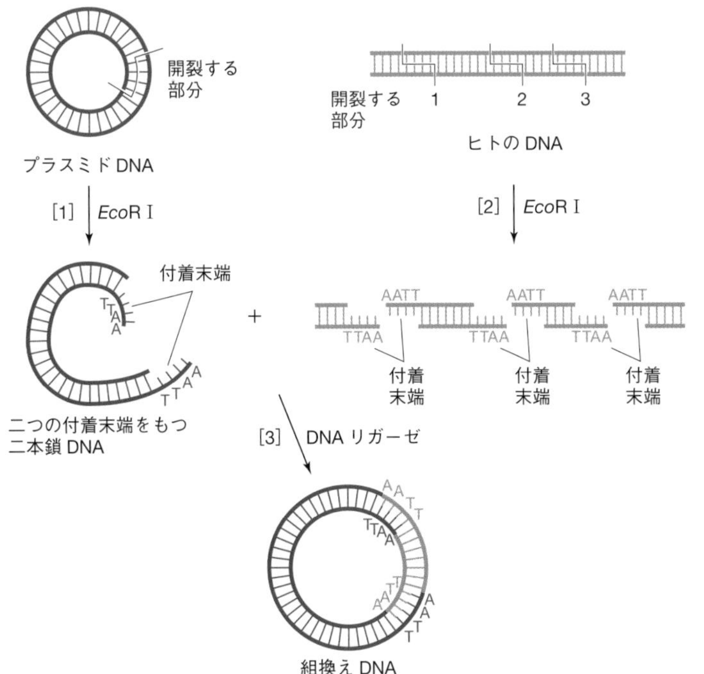

図4・10 **組換えDNAの生成**．[1]細菌のプラスミドDNAを制限酵素*Eco*RⅠにより切断すると，二つの付着末端をもつ鎖状の二本鎖DNAが生成する．[2] たとえばヒトのDNAを同じ制限酵素により切断すると，プラスミドDNAの付着末端と相補的な塩基配列をもつDNA断片が生成する．[3] 酵素DNAリガーゼの存在下で，二つのDNA断片を結合させると，新たな部位をもつDNAが生成する．DNAの断片が挿入されるので，組換えDNAはもとのプラスミドよりも大きくなる．

この操作によって二つの末端の配列がわかった鎖状の二本鎖DNAが生成する．この場合，一つの鎖の末端には対をつくっていない塩基部分があり，その部分は相補的な塩基配列をもつDNA断片と水素結合を形成することができる．このような末端を**付着末端**という．

付着末端 sticky end

さて，同じ制限酵素を用いて，別の起源に由来するDNA，たとえばヒトのDNAを切断すると，先の付着末端と相補的な塩基配列をもつ第二のDNA断片が得られる．酵素DNAリガーゼの存在下で，二つのDNA断片を結びつけると，第二のDNA断片は開いたプラスミドDNAに組込まれ，組換えDNA分子が生成する．

このような操作によって新たに形成された組換えDNAは，再び細菌の細胞の中へ挿入される．組換えDNAは転写によってmRNAへ変換され，さらにmRNAの指令によって，組込まれたDNA配列に対応するタンパク質が合成される．細菌は速やかに成長し分裂するので，この方法によって，多量のタンパク質が，短い時間で合成されることになる．

何百万人という糖尿病の患者に用いられるホルモンのインスリンは，この方法によって多量に入手できるようになった最初の遺伝子工学によるタンパク質であった．それが用いられた1983年以前には，糖尿病の患者にはウシやブタから単離されたインスリンが用いられた．p.74のコラムで述べたように，これらのインスリンとヒトのインスリンのアミノ酸配列は，類似してはいるが，同一ではない．これらのわずかな違いは，人によってはアレルギー反応をひき起こすことがある．

問題 4・11　制限酵素 *Hin*d Ⅲ（ヒンディースリー）はDNA配列AAGCTTを認識し，AとAの間でDNAを切断する．次の二本鎖DNAの部分について，この酵素による開裂によって生成する付着末端の塩基配列を書け．

5′ ～～～ C C A A G C T T G G A T T ～～～ 3′

3′ ～～～ G G T T C G A A C C T A A ～～～ 5′

4・10B　ポリメラーゼ連鎖反応

たとえば，生命にかかわる遺伝病である囊胞性線維症をひき起こす遺伝子のような特定の遺伝子を研究するには，何百万個もの純粋な遺伝子の複写が必要となる．現在では，**ポリメラーゼ連鎖反応**（**PCR**）という技術によって，どんな遺伝子でもわずか数時間の間に，実質的にいくらでもその複写を合成することができる．PCRによってDNAの断片の**クローン**，すなわち正確な複写が作製される．

ポリメラーゼ連鎖反応 polymerase chain reaction，**PCR**と略記

クローン clone

- PCRによってDNA分子の特定の部分が増幅され，一つの分子の数百万個の複写が作製される．

PCRによってDNAを増幅するには，次の四つの要素が必要となる．

- 増幅の対象となるDNAの断片
- 増幅対象のDNA断片の二つの末端と相補的な塩基配列をもつ2種類の短いポリヌクレオチド．これを**プライマー**という．
- 鋳型となる鎖から相補的な鎖の合成を触媒する酵素DNAポリメラーゼ
- DNAの新たな鎖の合成に必要なヌクレオチドA, T, C, Gの供給源となるそれぞれのヌクレオシド三リン酸

プライマー primer

ポリメラーゼ連鎖反応は三つの段階からなる一連の操作を繰返すことによって，遺伝子を増幅させる．次のHow Toでその操作を示すことにしよう．

How To　ポリメラーゼ連鎖反応を用いてDNA試料を増幅させる方法

段階 1　DNAの断片を加熱し，二重らせんをほどいて単一の鎖を形成させる．

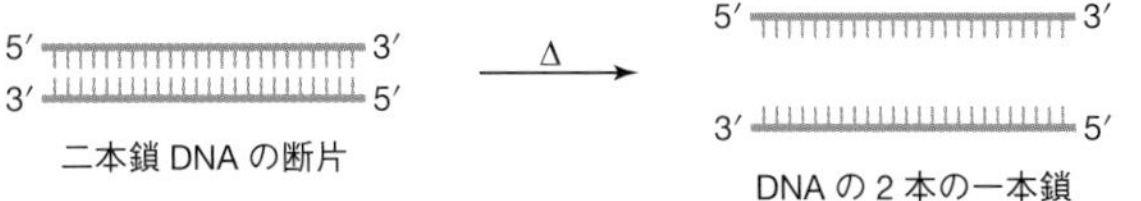

段階 2　増幅対象となるDNA断片の，どちらかの末端と相補的な塩基配列をもつプライマーを添加する．

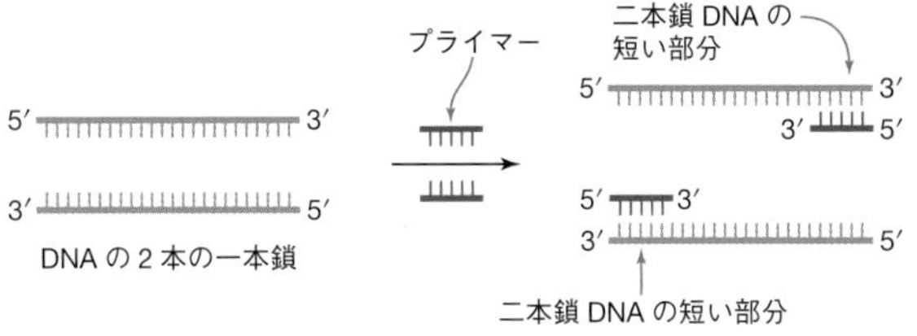

- プライマーは鋳型となる鎖と相補的な塩基配列をもっているので，単一の鎖と水素結合を形成する．
- プライマーが結合することによって，それぞれの鎖に短い二本鎖DNAの部分が生成する．それに対してDNAポリメラーゼを作用させると，3′ 末端に新たなヌクレオチドを付け加えることができる．

段階 3　DNAポリメラーゼと添加されたヌクレオチドを用いて，DNA断片を伸長させる．

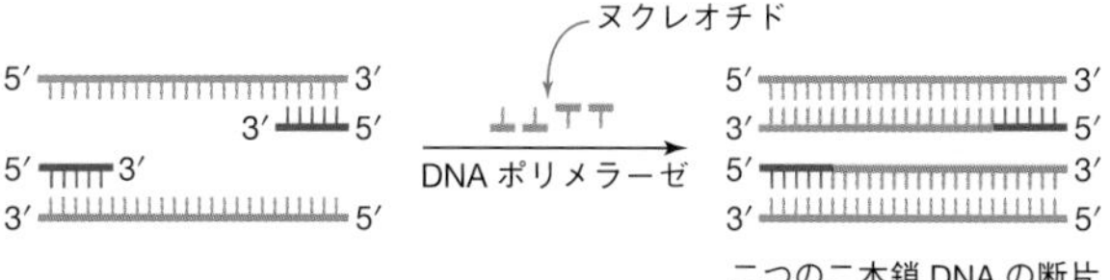

- 反応混合物に含まれるヌクレオシド三リン酸 dATP, dCTP, dGTP, dTTP を用い，DNAポリメラーゼを触媒として，鋳型となる鎖に相補的な塩基対をもつ新たな鎖が合成される．
- 3段階からなる一連の操作を1回行うと，1分子の二本鎖DNAから2分子の二本鎖DNAが生成する．二本鎖DNA分子は，もとの鎖と新たに合成された鎖のそれぞれ1本ずつからなる．
- 一連の操作の後，DNAの量は2倍となる．それを1サイクルとして20回繰返すと，1分子のDNAから約1,000,000分子の複写が作製される．

PCRサイクルのそれぞれの段階は，異なる温度で行われる．現在ではPCRの操作は完全に自動化されており，**サーマルサイクラー**というそれぞれの段階に必要な加熱と冷却を制御する装置を用いて行われる．また，一般に ***Taq***（タック）**ポリメラーゼ**とよばれる耐熱性のDNAポリメラーゼが用いられるので，新しいPCRサイクルを開始するたびに新たな酵素を添加する必要はない．

サーマルサイクラー thermal cycler
Taq ポリメラーゼ *Taq* polymerase

4・10C　ヒトゲノム計画

現代のDNAに関する技術の発展により，この20年間において目覚ましい成果が得られている．

ヒトゲノム計画は，ヒトの遺伝子における30億に及ぶすべての塩基対を同定し，配列を決定する国際的な事業である．この事業は1990年に開始され，2003年に完了した．この事業によってきわめて重要な情報が与えられた．たとえば，塩基対のうちのわずか2%がヒトゲノムの約20,000遺伝子を構成していることが判明したが，これは最初に想定されたよりも，かなり小さい比率であった．多国間の協力により，10年以上にわたって“がらくた（junk）”DNA，すなわちタンパク質合成に関わらないDNAの役割を明らかにする研究がなされた．この結果，このようなDNAも細胞のさまざまな重要な機能の要因になっていることが示されている．

ヒトゲノム計画 human genome project

また，ヒトゲノム計画の完成によって，多くの医学的な発展がもたらされた．いまや何千もの遺伝病について，遺伝子的な原因が明らかにされている．これに基づいて米国では，すべての新生児に，誕生後すぐに簡単な血液検査によって多数の遺伝病に対する検査が行われる．これは新生児スクリーニング，または先天性代謝異常検査とよばれる．また，家族に遺伝病が見つかったとき，両親は遺伝子検査を行い，彼らの子孫が異常性を受継ぐ可能性について知ることができる．

新生児スクリーニングによって，生命を脅かす病気を検出することができる．それらは早期に検出できれば治療が可能である．

現在では，膨大な量のDNA配列情報を入手することができ，技術が改良されるに伴って，何千もの植物や動物のゲノムの塩基配列が明らかにされている．1990年であれば塩基配列の決定に数年かかったであろうゲノムも，いまや数日の仕事で決定さ

DNA指紋鑑定法

ヒトのDNAはそれぞれの個人に特有であるから，現在では個人を識別するための方法として，**DNA指紋鑑定法**（DNA fingerprinting）が日常的に用いられている．

皮膚，唾液，精液，血液など，ほとんどすべての種類の細胞がDNA指紋鑑定法のための試料として用いられる．試料に含まれるDNAをPCR法によって増幅した後，さまざまな制限酵素を用いて断片に切断する．さらに断片は，**ゲル電気泳動**（gel electrophoresis）という方法によって大きさに従って分離される．分離されたDNA断片は放射性の反応剤と反応させた後，X線フィルム上に可視化すると，一連の水平な帯からなる画像が得られる．それぞれの帯はDNAの断片に対応し，低分子量のものから高分子量のものへと配列している．

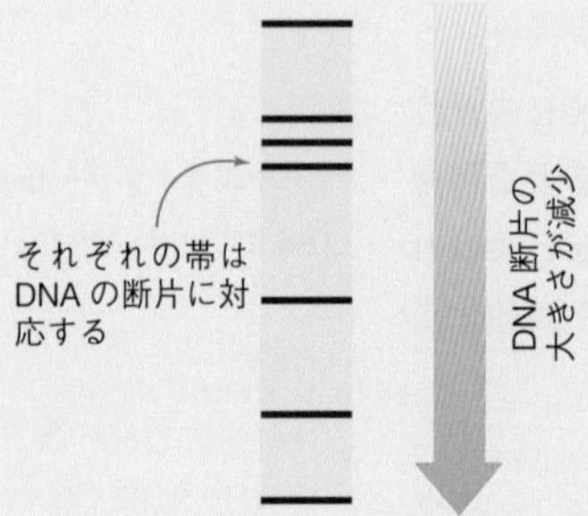

異なる人のDNAを比較するには，それらの試料を同じゲルの上に並べて置き，ゲル電気泳動によって得られた水平な帯の位置を比較する．現在ではDNA指紋鑑定法は，たとえば犯罪事件において，容疑者が有罪か無罪かを立証するために，日常的に用いられている（右図）．また，同一のDNAをもつのは一卵性双生児だけであるが，血縁関係のある人は互いにいくつかの類似したDNA断片をもっている．このためDNA指紋鑑定法は，子供のDNAとそれぞれの親のDNAを比較することによって，親子関係を立証するために用いることができる．さらに，DNAは，他の方法が使えないとき，死体の身元を明らかにするために利用される．2001年9月11日のアメリカ同時多発テロ事件の際に，倒壊したワールドトレードセンターのがれきの中から見つかった遺体の身元判定には，DNA指紋鑑定法が役立った．

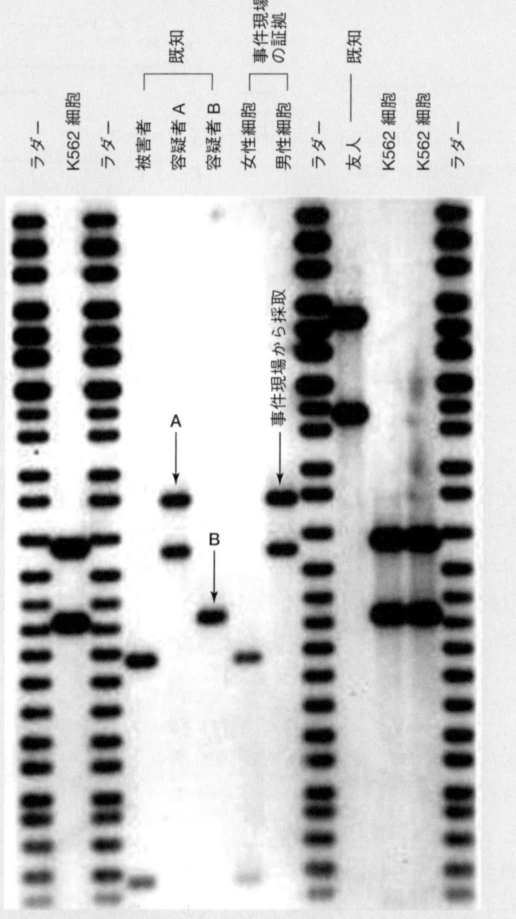

法医学分析におけるDNA指紋鑑定法． 1〜13の番号をつけた縦の列は，それぞれのDNA試料に対応している．列1, 3, 9および13はDNAラダー（DNA ladder）とよばれる．これらは大きさがわかっているDNA断片に対応し，これによって指紋鑑定を行うDNA断片のおおよその大きさがわかる．列4は婦女暴行被害者のDNAであり，列7は事件現場から採取された女性のDNAである．二つの列は一致しており，これらは同一人物のDNAであることを示している．容疑者と思われる二人（**A**と**B**とする）のDNAが列5と列6に示されている．列8は事件現場から採取された男性のDNAである．水平の帯が容疑者**A**のものと一致していることは，**A**が有罪であることを示唆しており，これによって**B**は容疑者から除外される．

れる．部分的な遺伝子検査の費用はそれほど高くはないので，私たちは血液検査や唾液検査によって，自分の先祖について，あるいは遺伝病を発症する危険性について詳しく知ることができるのである．

4・11 ウイルス

ウイルス virus

ワクチン vaccine

ウイルスはタンパク質の被膜に覆われた，DNA あるいは RNA 分子からなる感染性の構造体である．ウイルスはそれ自身の酵素も，遊離のヌクレオチドももたないので自己を複製することができない．しかし，ウイルスは宿主となる生物に侵入し，その生物学的な機構を使って増殖する．

DNA をもつウイルスは，宿主となる生物の物質を用いて DNA を複製し，DNA を RNA に転写し，被膜となるタンパク質を合成する．こうして，ウイルスは新たなウイルス粒子をつくり出す．これらの新たなウイルス粒子は宿主の細胞を離れて，新しい細胞を感染させ，この過程が繰返される．ふつうのかぜやインフルエンザ，ヘルペスなど多くの伝染病は，ウイルスによるものである．

ワクチンはウイルスを不活性化させたものであり，ウイルスによる感染症を予防するための医薬品として用いられる．ワクチンを投与するとヒトの免疫系にウイルスに対する抗体が形成され，それが感染症の発生を防ぐ．おたふくかぜ，はしか，水ぼうそうなど，かつてはきわめて一般的であった多くの子供の病気は，いまやワクチン接種によって予防することができる．急性灰白髄炎（ポリオ）は世界中のへんぴな地域でさえも，ワクチン接種によりほぼ完全に根絶した．

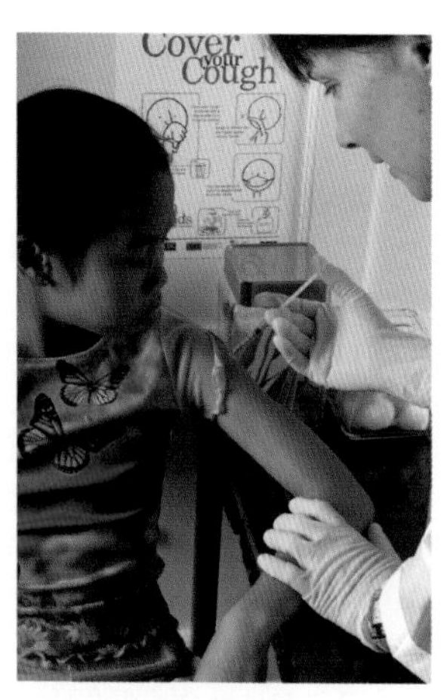

幼年時のワクチン接種によって，水ぼうそう，はしか，おたふくかぜのようなかつては一般的であった病気の発生率は著しく低下した．

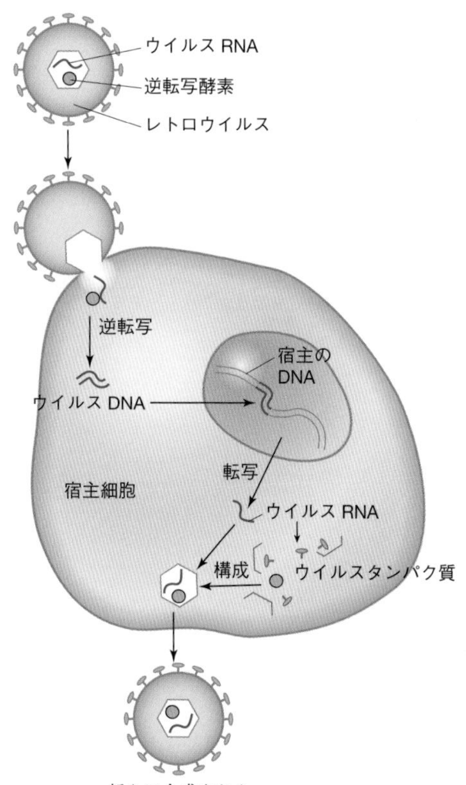

図 4・11 **レトロウイルスが生物を感染させるしくみ**．レトロウイルスはウイルス RNA と逆転写酵素をもっている．レトロウイルスは宿主細胞に結合し，それを感染させる．逆転写によって RNA からウイルス DNA が生成する．ウイルス DNA の一つの鎖が鋳型となってウイルス RNA に転写され，さらにウイルスタンパク質に翻訳される．新たなウイルスが組立てられ，宿主細胞から離れて他の細胞を感染させる．

レトロウイルス retrovirus

逆転写 reverse transcription

AZT（アジドチミジン）はジドブジンともよばれ，1990 年代から HIV の治療に用いられている．

構造体の中心に RNA をもつウイルスに，**レトロウイルス**とよばれる一群のウイルスがある．レトロウイルスが宿主となる生物に侵入すると，まず**逆転写**とよばれる方法で DNA が合成される（図 4・11）．ひとたびウイルスの DNA が合成されると，DNA は RNA に転写され，RNA はタンパク質の合成を指令する．こうして，新たなレトロウイルス粒子が合成され，宿主から離れて他の細胞を感染させる．

ヒト免疫不全ウイルス

後天性免疫不全症候群（acquired immunodeficiency syndrome，**AIDS** と略記）は**ヒト免疫不全ウイルス**（human immunodeficiency virus，**HIV** と略記）によってひき起こされる．HIV はレトロウイルスの一種であり，侵入する生命体に対する身体の免疫応答にとって中心的な役割をもつリンパ球を攻撃する．このため，HIV に感染したヒトは，生命を脅かすような細菌の感染を受けやすくなる．HIV は，感染者の血液や他の体液に直接接触することによって拡散する．

近年，AIDS の流行との戦いにおける重要な発展があった．現在における HIV に対する最良の治療法は，ウイルスの増殖サイクルの異なる段階でウイルスを破壊するように設計されたいくつかの薬剤を混合して投与することである．一つの薬剤はアンプレナビルのようなプロテアーゼ阻害剤であり（p.90 のコラム），これはウイルスの RNA が，必要とするタンパク質を合成することを妨げる酵素阻害薬として働く．

他の薬剤は，ウイルスに特有な必須の生化学的過程である逆転写を阻害するように設計されている．この種の薬剤には，アジドチミジン（azidothymidine，AZT と略記），ジデオキシイノシン（dideoxyinosine，ddI と略記）の二つがある．これらの薬剤はヌクレオシドの合成類縁体である．それぞれの薬剤の構造は，ウイルスの DNA に取込まれるヌクレオシドとよく似ているため，それらはリン酸基が 5′-OH に導入された後に，伸長する DNA 鎖に挿入される．しかし，それぞれの薬剤は 3′ 位にヒドロキシ基をもたないため，さらにヌクレオチドを DNA 鎖に付け加えることができない．こうして DNA 合成は停止される．

OH 基をもたない

アジドチミジン
AZT

OH 基をもたない

ジデオキシイノシン
ddI

このように，HIV プロテアーゼ阻害剤とヌクレオシド類縁体は，いずれも HIV の生命過程を破壊するが，それらの機構はきわめて異なっている．

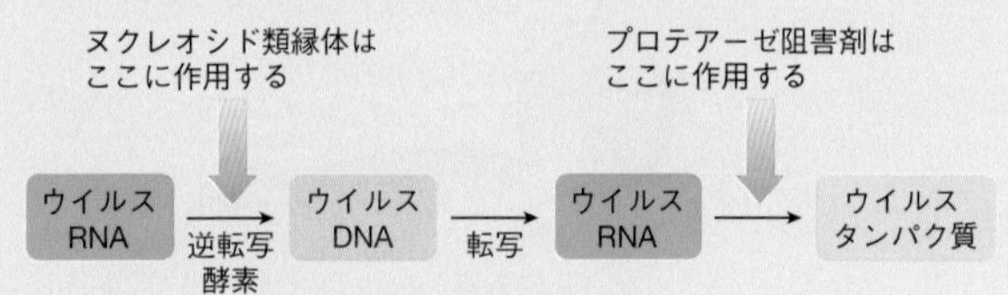

5

代謝とエネルギーの生産

5・1 序　論
5・2 代謝の概要
5・3 ATP とエネルギーの生産
5・4 代謝における補酵素
5・5 クエン酸回路
5・6 電子伝達系と酸化的リン酸化

短距離走者が短時間に必要とする大きなエネルギーは，ATP とクレアチンリン酸によって供給される．これらの活性分子は加水分解による結合の開裂によって，エネルギーを放出する．

生物の形態はきわめて多様であるにもかかわらず，ほとんどすべての生物は同じ生体分子をもち，同じ生化学反応を行っている．5 章は細胞において，ある分子を別の分子へ変換する複雑な生化学的過程を扱う二つの章のうちの最初の章である．5 章では，エネルギーを生産する基本的な反応に注目する．反応過程はしばしば多くの段階からなるが，それぞれの反応は，すでに学んだ反応と同じ化学的な原理を適用することによって理解することができる．

5・1 序　論

それぞれの瞬間に，生体細胞では何千という反応が起こっている．すなわち，大きな分子がそれを構成する小さい分子に分解され，一方で小さい分子が大きな分子に変換される．そして，これらの反応に伴ってエネルギーの変化が起こっている．

- **代謝**とは，生体内で起こる一連の化学反応の全体をいう．

代謝 metabolism

代謝には大きく分けて，**異化**と**同化**とよばれる二つの過程がある．

異化 catabolism
同化 anabolism

- **異化**は大きな分子が小さな分子へ分解される過程である．異化の過程では，一般にエネルギーが放出される．
- **同化**は小さな分子から大きな分子を合成する過程である．同化の過程では，一般にエネルギーが吸収される．

たとえば，グルコース $C_6H_{12}O_6$ が酸化されて二酸化炭素と水になる反応は，異化の例である．一方，タンパク質がその構成成分であるアミノ酸から合成される反応は，同化の例である．しばしば出発物質から最終生成物への変換は，**代謝経路**とよばれる組織化された一連の反応過程によって進行する．代謝経路は線状であることも，環状のこともある．

代謝経路 metabolic pathway

線状代謝経路

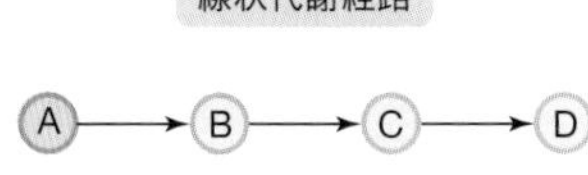

環状代謝経路

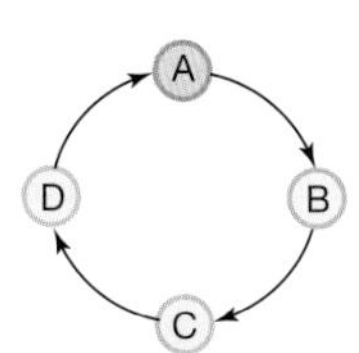

線状代謝経路 linear metabolic pathway
環状代謝経路 cyclic metabolic pathway

- どの反応物とも異なる最終生成物が生成する一連の反応を，**線状代謝経路**という．
- 最初の反応物を再び生成する一連の反応を，**環状代謝経路**という．

本章では，代謝に伴うエネルギー変化に注目する．人体が動く，考える，話す，笑う，呼吸するためにはエネルギーが必要となる．また，体温を一定に維持し，新しい細胞や組織を合成するためにもエネルギーが必要である．

生体内における反応は実験室で行われる反応と同じ原理に従うが，生体のエネルギー要求にはいくつか特殊な条件が伴っている．一般に，生体は十分な食事から得られるエネルギーを，すべて一度に用いることはできない．したがって，エネルギーは貯蔵され，少しずつ放出される必要がある．さらに，エネルギーは生体のどこでも，また必要なときにはいつでも容易に利用できる分子に貯蔵されなければならない．

細胞質 cytoplasm

細胞小器官 organelle **オルガネラ**ともいう

ミトコンドリア mitochondrion, *pl.* mitochondria

英字の mitochondrion は，複数形 mitochondria の単数形である．

膜間腔 intermembrane space

ミトコンドリアマトリックス mitochondrial matrix

エネルギーの生産は，細胞のどこで起こるのだろうか．図5・1に示すように，典型的な動物細胞は細胞膜に取囲まれており（§1・7），染色体の中にDNAを保持する核をもっている（§4・3）．細胞膜と核との間の細胞内の領域を**細胞質**といい，そこにはそれぞれ特定の機能をもつさまざまな特殊な構造体が存在している．それらを**細胞小器官**という．**ミトコンドリア**は小さなソーセージ型の細胞小器官であり，エネルギーの生産はその中で起こる．ミトコンドリアは外膜と多くのひだをもつ内膜から構成され，これら二つの膜の間の領域を**膜間腔**という．ミトコンドリアの内膜によって囲まれた領域は**ミトコンドリアマトリックス**とよばれ，エネルギーの生産が起こるのはこの領域である．細胞におけるミトコンドリアの数は，その細胞がどの程度エネルギーを必要とするかに依存して異なっている．ヒトの心臓，脳，筋肉にある細胞は，ミトコンドリアの多い代表的な細胞である．

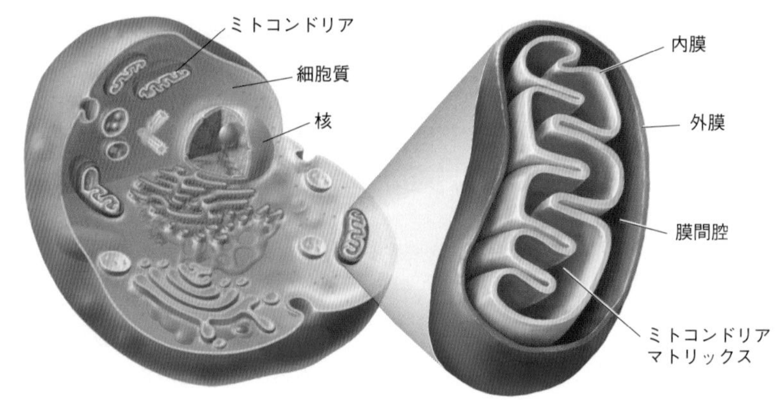

図 5・1　**典型的な動物細胞におけるミトコンドリア．** ミトコンドリアは細胞の細胞質にある小さな細胞小器官である．細胞におけるエネルギーの生産は，ミトコンドリアで起こる．

5・2　代謝の概要

ガソリンが自動車に動力を与える燃料であると同様に，食物はエネルギーを供給するために生体によって代謝される燃料である．異化の過程によって，食物に含まれる炭水化物，タンパク質，脂質は小さな分子に分解され，生体が必要とするエネルギーが放出される．この過程には多数の異化の過程がかかわっているが，図5・2に示すように，四つの段階に整理することができる．

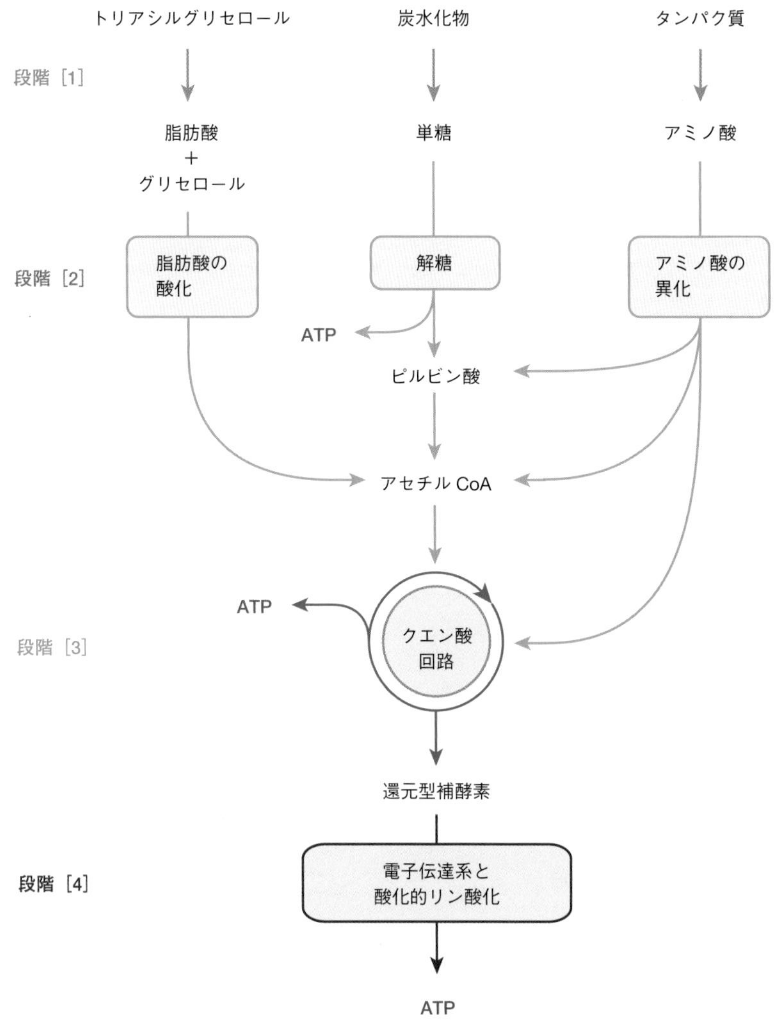

図 5・2　生化学的な異化とエネルギー生産における四つの段階

5・2A　段階［1］消化

食物の異化は**消化**から始まる．消化は唾液や胃，小腸における酵素によって触媒される（図 5・3）．消化によって，大きな分子がそれを構成する小さな分子に変換される．炭水化物の単糖への加水分解は，唾液に含まれる酵素アミラーゼによって開始され，さらに小腸で継続される．タンパク質の消化は胃で開始され，その酸によってタンパク質は変性を受ける．さらに胃では，プロテアーゼであるペプシンによってタンパク質骨格の開裂が始まり，小さなポリペプチドやアミノ酸になる．タンパク質の消化は小腸でも継続し，そこではトリプシンやキモトリプシンによってタンパク質骨格はさらに開裂し，アミノ酸が生成する．最も一般的な脂質であるトリアシルグリセロールは，まず肝臓から分泌される胆汁によって乳状となり，小腸において酵素リパーゼによってグリセロールと脂肪酸に加水分解される．

消化 digestion

ひとたび消化によってこれらの小さい分子が生成すると，それぞれの分子は小腸壁を通して吸収され，血流に入り，生体の他の細胞に輸送される．セルロースのように，消化管を通して移動する間に代謝されない物質もある．これらの物質は吸収されずに大腸に移り，体外に排出される．

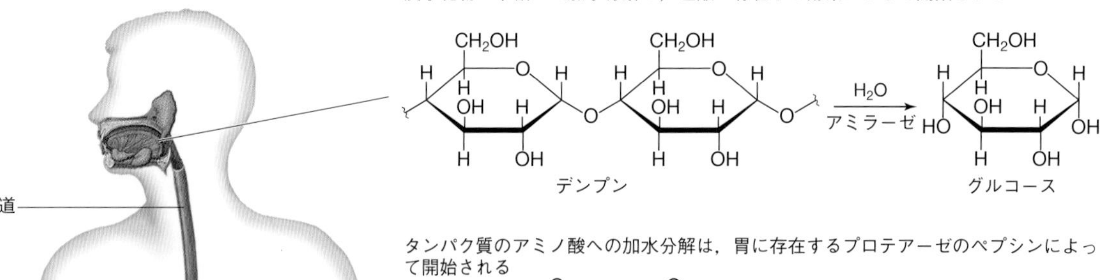

図 5・3　**炭水化物，タンパク質，トリアシルグリセロールの消化．** 異化の第一段階は**消化**であり，ここでは大きな分子が加水分解されて小さな分子になる．デンプンのような多糖は単糖へ(§2・6)，タンパク質はその構成単位であるアミノ酸へ(§3・8)，トリアシルグリセロールはグリセロールと脂肪酸へ加水分解される(§1・5)．これらの分子はそれぞれ特有の代謝経路に入り，さらに小さな構成単位へと分解され，エネルギーが放出される．

5・2B　異化の段階 [2]～段階 [4]

生成した小さな分子の異化が継続して起こり，それぞれの種類の分子はさらに小さな単位に分解される．この過程において，エネルギーが放出される．

段階 [2]　アセチル CoA の生成

アセチル **CoA** acetyl-CoA

単糖，アミノ酸，脂肪酸は，炭素 2 個の単位であるアセチル基 CH_3CO- まで分解され，それが補酵素 A と結合して**アセチル CoA** を生成する．アセチル CoA の詳細な構造は §5・4 で述べる．

$CH_3-\overset{O}{\overset{\|}{C}}-$　　$CH_3-\overset{O}{\overset{\|}{C}}-S-CoA$

アセチル基　　アセチル CoA

補酵素 A に由来

単糖，アミノ酸，脂肪酸の異化過程では，いずれも同じアセチル CoA が生成する．この結果，すべての生体分子が共通の異化過程である**クエン酸回路**によって代謝され，エネルギーが生産される．

クエン酸回路 citric acid cycle

段階 [3] クエン酸回路

クエン酸回路は，ミトコンドリアにおける異化の基本となる過程である．この生化学的な回路によって，アセチル CoA のアセチル基が二酸化炭素に酸化される．この過程で生産されたエネルギーはヌクレオシド三リン酸（§4・1）における化学結合と，§5・4 に構造を示す還元型の補酵素に貯蔵される．

段階 [4] 電子伝達系と酸化的リン酸化

ミトコンドリアにおいて，電子伝達系と酸化的リン酸化によって，**アデノシン 5′-三リン酸**（**ATP**）が生成する．ATP は代謝経路における主要なエネルギー運搬分子である．また，酸素 O_2 が還元型補酵素からプロトン H^+ と電子を受容することにより，水が生成する．異化の結果として，生体分子が CO_2 と H_2O へ変換され，エネルギーが生産されて ATP 分子に貯蔵される

アデノシン 5′-三リン酸 adenosine 5′-triphosphate，**ATP** と略記

すべての異化過程はクエン酸回路に集約されるので，異化の詳しい説明は，この中核をなす共通過程から始めることにしよう．しかし，詳細を理解するためには，まず異化過程に関与するいくつかの分子の構造と性質を理解しなければならない．特に，§5・3 を，ATP の性質とそれが反応にエネルギーを供給するしくみの説明にあてる．さらに §5・4 では，鍵となる補酵素の**ニコチンアミドアデニンジヌクレオチド**（**NAD^+**），**フラビンアデニンジヌクレオチド**（**FAD**），および補酵素 A の構造と反応を説明する．

ニコチンアミドアデニンジヌクレオチド nicotinamide adenine dinucleotide，**NAD^+** と略記

フラビンアデニンジヌクレオチド flavin adenine dinucleotide，**FAD** と略記

問題 5・1　すべての異化過程が，単一の共通経路であるクエン酸回路に集約されることは，どのような利点があるだろうか．

5・3　ATP とエネルギーの生産

§4・1 で学んだように，ATP（アデノシン 5′-三リン酸）は，アデノシン，すなわち糖のリボースと塩基のアデニンからなるヌクレオシドの 5′-OH 基に 3 個のリン酸基を結合させることによって形成される．同様に，**アデノシン 5′-二リン酸**（**ADP**）は，アデノシンの 5′-OH 基に 2 個のリン酸基を結合させることによって形成される．

アデノシン 5′-二リン酸 adenosine 5′-diphosphate，**ADP** と略記

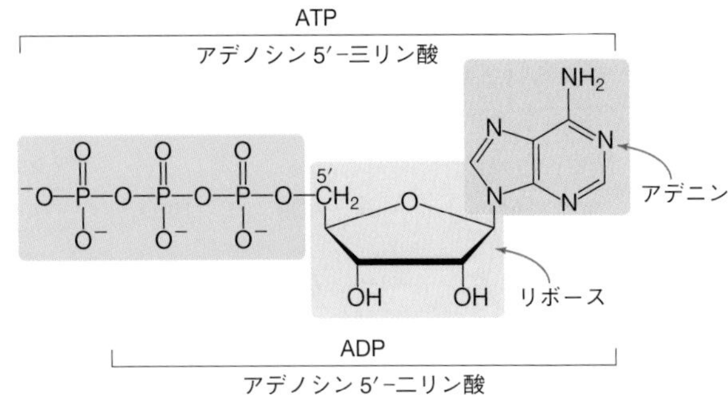

5・3A　ATP の加水分解と生成の一般的特徴

代謝経路において，エネルギーの貯蔵と放出に関して最も重要な過程は，ATP と ADP の相互変換である．

- ATP の加水分解により一つのリン酸基が脱離し，ADP とリン酸水素イオン HPO_4^{2-} が生成する．この反応により，30.5 kJ/mol のエネルギーが放出される．なお，HPO_4^{2-} はしばしば無機リン酸（inorganic phosphate）の意味で P_i と略記される．

この結合が開裂する

ATP ＋ H_2O ⟶ ADP ＋ P_i

私たちが歩いたり，走ったり，飲み込んだり，呼吸したりするようなあらゆる過程に必要なエネルギーは，ATP の ADP への加水分解により放出されるエネルギーによって供給される．一般に，加水分解による結合の開裂によって，エネルギーを放出する活性な分子を“高エネルギー分子”という．ATP は高エネルギー分子のうちで，最も重要な分子である．ATP は近接した位置に負電荷をもつ 4 個の酸素原子があるため，同じ電荷の間に働く電気的な反発によって，ADP への加水分解が駆動される．ADP は ATP よりも負電荷をもつ酸素原子が少ないので，電気的な反発も小さい．

リン酸化 phosphorylation

- 逆反応，すなわち**リン酸化**によって，ADP にリン酸基が結合し，ATP が生成する．リン酸化は 30.5 kJ/mol のエネルギーを必要とする．

この結合が形成する

ADP ＋ HPO_4^{2-} (P_i) ⟶ ATP ＋ H_2O

これらの反応により，ATP はエネルギー運搬体となる．

- ATP が ADP から合成されるとき，エネルギーが吸収されて ATP に貯蔵される．
- ATP が ADP に加水分解されるとき，エネルギーが放出される．

図 5・4 に ATP の合成と加水分解の際に起こる反応とエネルギー変化を要約した．反応によってエネルギーが放出されるとき，エネルギー変化は負 (−) の値で表される．したがって，ATP の加水分解におけるエネルギー変化は −30.5 kJ/mol である．一方，反応でエネルギーが吸収されるとき，エネルギー変化は正 (＋) の値で表され

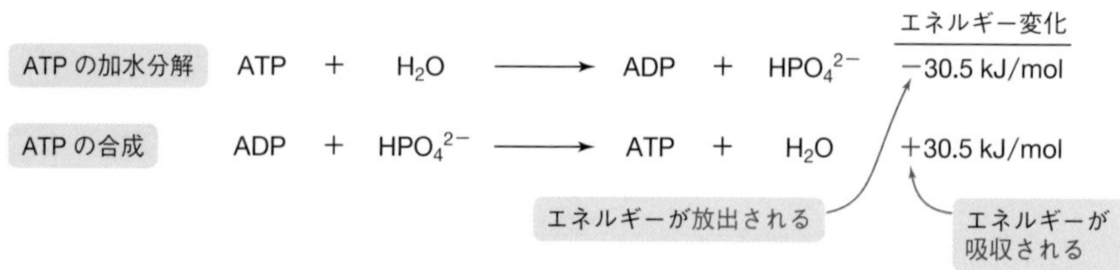

図 5・4　**ATP の加水分解と合成**

る．したがって，ADPのリン酸化におけるエネルギー変化は＋30.5 kJ/molである．ADPとHPO_4^{2-}によるATPの合成はATPの加水分解の逆反応であり，このような反応に対するエネルギー変化は，値は等しく符号は逆となる．

ATPは絶えず合成され，加水分解されている．それぞれのATP分子は，合成されてから約1分間で，加水分解によりエネルギーを放出すると推定されている．

問題 5・2　以下にグアノシン5′-三リン酸（guanosine 5′-triphosphate，GTP）の球棒模型を示す．GTPも高エネルギー分子の一つであり，グアノシン5′-二リン酸（guanosine 5′-diphosphate，GDP）に加水分解されるときに30.5 kJ/molが放出される．GTPの構造式を書け．また，GTPのGDPへの加水分解に対する化学反応式を書け．

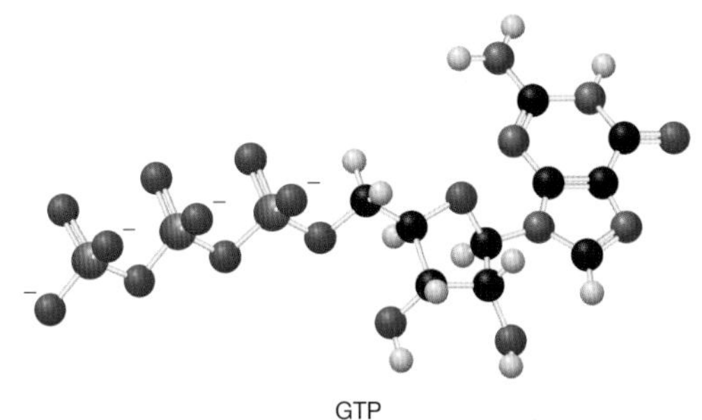

GTP

5・3B 代謝経路における共役反応

エネルギーを放出する反応は，反応物よりもエネルギーの低い生成物が生成するので，有利な過程である．一方，エネルギーを吸収する反応は，反応物よりエネルギーの高い生成物が生成するので，不利な過程である．

ATPのADPへの加水分解は，有利な反応である．なぜなら，この反応によってエネルギーが放出され，接近して位置する多くの負電荷の間の電気的な反発が，部分的に緩和されるからである．ATPの加水分解によって放出されるエネルギーは，不利なエネルギー変化をもつ反応を駆動するために使うことができる．このとき，二つの反応を共役（きょうやく）させるという．

- 一つの反応によって放出されるエネルギーが，他の反応を駆動するためのエネルギーを供給するとき，同時に起こるこれら一対の反応を**共役反応**という．

共役反応 coupled reaction

グルコースのCO_2とH_2Oへの異化を考えよう．これはさまざまな生化学的な経路において，多数の段階を必要とする過程である．全体の過程では多量のエネルギーが放出されるが，それぞれの段階に伴うエネルギー変化は比較的小さい．いくつかの反応ではエネルギーが放出されるが，エネルギーが吸収される反応もある．エネルギーを必要とする反応を駆動するためのエネルギーは，ATPの加水分解によって供給される．

たとえば，グルコースの代謝における最初の段階では，グルコースはリン酸水素イオンHPO_4^{2-}と反応して，グルコース6-リン酸が生成する．この反応は13.8 kJ/molのエネルギーを必要とする過程であり，エネルギーが吸収されるので（＋13.8 kJ/mol），不利な過程である．しかし，この反応を，エネルギー的に有利な反応であるATPの加水分解（−30.5 kJ/mol）と共役させることにより，共役反応はエネルギー的に有利な過程となる（−16.7 kJ/mol）．

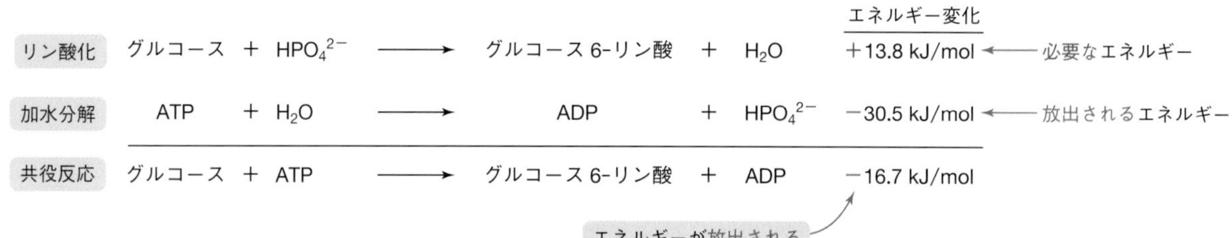

- 共役反応は正味の反応であり，その反応式は，それぞれの段階の反応式を足し合わせ，反応矢印の両側に現れる化合物を消去することによって書くことができる．
- 全体のエネルギー変化は，それぞれの段階におけるエネルギー変化を足し合わせることによって求めることができる．

すなわち，この例では次のように表現することができる．

- ATP の加水分解によって，グルコースのリン酸化に必要なエネルギーが供給される．

上記の例では強調のために，共役反応は二つの別べつの式として書いたが，実際には単一の反応が起こる．図5・5に示すように，ATPとグルコースは酵素ヘキソキナーゼの活性部位において，互いに近接して保持されており，リン酸基がATPからグルコースに移動して，グルコース6-リン酸とADPが生成する．

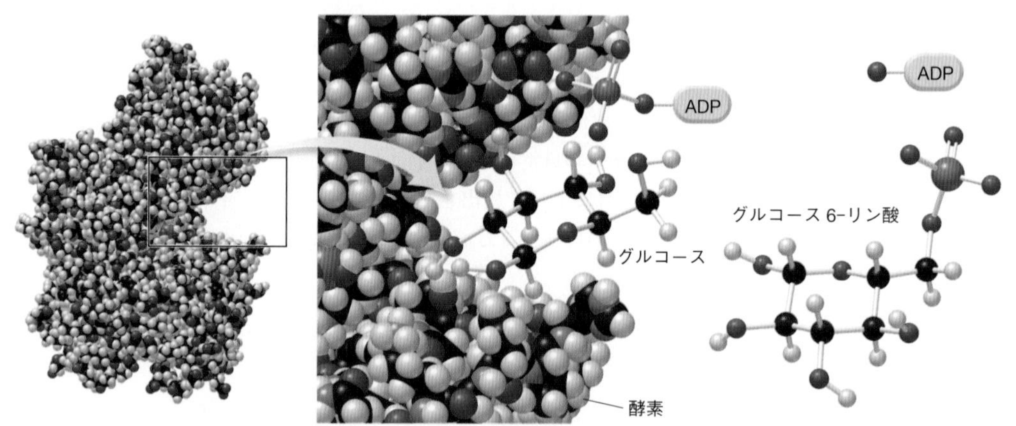

図 5・5　**共役反応：ATP によるグルコースのリン酸化．** 酵素ヘキソキナーゼがその活性部位にグルコースを結合させ，またその近接位置に ATP も結合させる．ATP はグルコース分子にリン酸基を直接移動させ，ADP とグルコース 6-リン酸が生成する．この共役反応はエネルギー的に有利な反応である．

- エネルギー的に不利な反応を進行させるために，必要な量より多くのエネルギーを放出する有利な反応と共役させることは，生化学的な反応において一般的な現象である．

ATPがエネルギー的に不利なリン酸化の過程によって合成されるしくみも，共役反応によって説明される．この場合にはリン酸化は，30.5 kJ/molより多くのエネルギーを放出する反応と共役させなければならない．このような反応は，ピルビン酸を生成するホスホエノールピルビン酸の加水分解である．

							エネルギー変化	
リン酸化	ADP	+	HPO_4^{2-}	⟶	ATP	+ H_2O	+30.5 kJ/mol	← 必要なエネルギー
加水分解	$CH_2{=}C(OPO_3^{2-}){-}COO^-$ ホスホエノールピルビン酸	+	H_2O	⟶	$CH_3{-}C(=O){-}COO^-$ ピルビン酸	+ HPO_4^{2-}	−61.9 kJ/mol	← 放出されるエネルギー
共役反応	$CH_2{=}C(OPO_3^{2-}){-}COO^-$	+	ADP	⟶	$CH_3{-}C(=O){-}COO^-$	+ ATP	−31.4 kJ/mol	エネルギーが放出される

ホスホエノールピルビン酸の加水分解（−61.9 kJ/mol）は，ADP のリン酸化（+30.5 kJ/mol）よりも大きなエネルギーを放出するので，共役反応はエネルギー的に有利な過程となる（−31.4 kJ/mol）.

例題 5・1　共役反応におけるエネルギー変化を求める

フルクトースのリン酸化によりフルクトース 6-リン酸が生成する反応は，15.9 kJ/mol のエネルギーを必要とする．このエネルギー的に不利な反応は，ATP の ADP への加水分解によって駆動させることができる.

フルクトース + HPO_4^{2-} ⟶ フルクトース 6-リン酸 + H_2O　　エネルギー変化 +15.9 kJ/mol

(a) 共役反応の化学反応式を書け.
(b) 共役反応において放出されるエネルギーを求めよ.

解答　(a) 共役反応は，フルクトースのリン酸化と ATP の加水分解を組合わせた全体の反応である.

（反応矢印の両側に現れる化合物を消去する）

[1] フルクトース + ~~HPO_4^{2-}~~ ⟶ フルクトース 6-リン酸 + ~~H_2O~~
[2] ATP + ~~H_2O~~ ⟶ ADP + ~~HPO_4^{2-}~~

共役反応：フルクトース + ATP ⟶ フルクトース 6-リン酸 + ADP

(b) 全体のエネルギー変化は，それぞれの段階におけるエネルギー変化の足し合わせになる.

$$+15.9\ \mathrm{kJ/mol} + (-30.5)\ \mathrm{kJ/mol} = -14.6\ \mathrm{kJ/mol}$$

すなわち，14.6 kJ/mol のエネルギーが放出される.

練習問題 5・1　グルコースのリン酸化によりグルコース 1-リン酸が生成する反応は，20.9 kJ/mol のエネルギーを必要とする．このエネルギー的に不利な反応は，ATP の ADP への加水分解によって駆動させることができる.

グルコース + HPO_4^{2-} ⟶ グルコース 1-リン酸 + H_2O

(a) 共役反応の化学反応式を書け.
(b) 共役反応において放出されるエネルギーを求めよ.

ATP や補酵素を用いる共役反応を表記する際には，まっすぐな反応矢印と曲がった矢印を組合わせて用いる場合が多い．主要な有機物質の反応物と生成物を，通常通り反応矢印のそれぞれ左側と右側に書き，ATP と ADP のような補助的な化合物は曲がった矢印の両端に書く．この書き方は，反応に関わる有機物質を強調することを意図したものであるが，同時に，反応を進行させるためには他の物質を必要とすることを明示している．

$$\mathrm{CH_2{=}C(OPO_3^{2-}){-}COO^-} \xrightarrow{\text{ADP} \curvearrowright \text{ATP}} \mathrm{CH_3{-}C({=}O){-}COO^-}$$

ホスホエノールピルビン酸　→　ピルビン酸

問題 5・3　曲がった矢印の表記法を用いて，次のそれぞれの反応の反応式を書け．
(a) フルクトースと ATP の反応により，フルクトース 6-リン酸と ADP が生成する（例題 5・1）．
(b) グルコースと ATP の反応により，グルコース 6-リン酸と ADP が生成する

5・3C　クレアチンと運動能力

クレアチン creatine

クレアチンリン酸 creatine phosphate，ホスホクレアチン phosphocreatine ともいう

多くの運動選手は能力を高めるために，栄養補助剤として**クレアチン**を摂取する．クレアチンはアミノ酸の一種であるアルギニンから体内で合成され，また肉や魚など日常の食事にも存在する．クレアチンは**クレアチンリン酸**として筋肉中に貯蔵される．クレアチンリン酸は，加水分解によってその P−N 結合が開裂し，エネルギーを放出する高エネルギー分子の一つである．

$$\mathrm{^-O{-}P(=O)(O^-){-}NH{-}C(={}^+NH_2){-}N(CH_3){-}CH_2COO^-} + \mathrm{H_2O} \longrightarrow \mathrm{H_2N{-}C(={}^+NH_2){-}N(CH_3){-}CH_2COO^-} + \mathrm{HPO_4^{2-}}$$

クレアチンリン酸　→　クレアチン

この結合が開裂する（P−N 結合）

エネルギー変化 −43.1 kJ/mol

エネルギーが放出される

クレアチンリン酸の加水分解によって放出されるエネルギーは ADP のリン酸化に必要なエネルギーよりも大きいので，これら二つの反応が共役すると，ADP から ATP が合成される．

$$\text{クレアチンリン酸} \xrightarrow{\text{ADP} \curvearrowright \text{ATP}} \text{クレアチン}$$

好気的反応 aerobic reaction

嫌気的反応 anaerobic reaction

クレアチンリン酸は筋肉中に貯蔵されている．激しい運動の間に既存の ATP が枯渇したとき，クレアチンリン酸が ADP と反応して新たな ATP が生成し，さらなるエネルギー源として供給される．存在する ATP とクレアチンリン酸は，わずか 10 秒程度でともに消費されてしまうので，活動を継続するためには，他の異化過程によってもっと多くの ATP を供給しなければならない．酸素の投入を必要とするエネルギー発生経路を**好気的反応**といい，これについては §5・5, §5・6 で説明する．一方，酸素の投入を必要としないエネルギー発生経路を**嫌気的反応**といい，これは §6・3, §6・4 で説明する．

1990 年代以来，クレアチンは栄養補助剤として，筋肉の量と強度を増大させようとする運動選手に用いられている．

いくつかの証拠によって，短時間で突発的に大きなエネルギーを必要とする競技種目では，クレアチンの摂取量を増やすと，筋肉のクレアチンリン酸の量が増大することが示唆されている．これによって，運動選手は比較的長い時間，高い水準の活動を維持することができる．

問題 5・4 クレアチンリン酸のクレアチンへの加水分解，およびADPのATPへのリン酸化におけるエネルギー変化の値は，それぞれ−43.1 kJ/mol，+30.5 kJ/molである．これらの値を用いて，次の反応のエネルギー変化を求めよ．また，この反応においてエネルギーは放出されるか，あるいは吸収されるかを判定せよ．

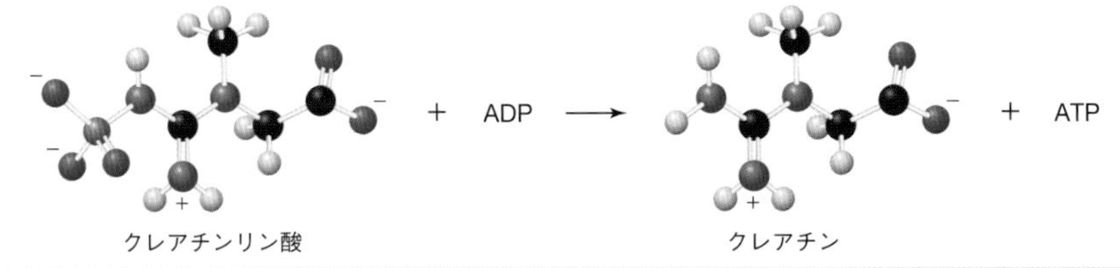

5・4 代謝における補酵素

代謝経路における多くの反応では，**補酵素**が関与する．§3・9で学んだように，補酵素とは酵素が触媒する反応が起こるために必要な有機化合物である．いくつかの補酵素が重要な酸化剤あるいは還元剤として働き（§5・4A，§5・4B），また補酵素Aはアセチル基 CH_3CO- を活性化し，この炭素2個からなる構成単位を他の分子へ移動させる働きをする（§5・4C）．

補酵素 coenzyme

5・4A 補酵素 NAD^+ と NADH

酸化還元反応には多くの補酵素が関与する．**酸化**と**還元**は，電子，水素原子，酸素原子の変化によって定義される．

酸化 oxidation
還元 reduction

- 酸化によって，電子あるいは水素が失われるか，または酸素が獲得される．
- 還元によって，電子あるいは水素が獲得されるか，または酸素が失われる．

補酵素は生化学的な経路において，**酸化剤**あるいは**還元剤**として作用する．

酸化剤 oxidizing agent
還元剤 reducing agent

- 酸化剤は酸化反応をひき起こす反応剤であり，それ自身は還元される．
- 還元剤は還元反応をひき起こす反応剤であり，それ自身は酸化される．

酸化と還元によって，補酵素に何が起こるかを理解するためには，プロトン H^+ と電子 e^- からなる水素原子に注目して考えると便利である．

- 反応によって補酵素が水素原子，すなわち H^+ と e^- を獲得したとき，補酵素は還元される．したがって，その補酵素は酸化剤である．
- 反応によって補酵素が水素原子，すなわち H^+ と e^- を失ったとき，補酵素は酸化される．したがって，その補酵素は還元剤である．

補酵素**ニコチンアミドアデニンジヌクレオチド**（**NAD^+**）は，生物学的な反応で用いられる一般的な酸化剤である．その構造は複雑ではあるが，酸化反応に関与するのは，正電荷をもつ窒素原子を含む六員環の部分である（赤字で示す）．NAD^+ が二つの水素原子と反応すると，この環は一つの H^+ と2個の電子を獲得し，一つの H^+ が残される．こうして六員環は還元され，生成物に新たなC−H結合が形成される．生成物は“**還元型ニコチンアミドアデニンジヌクレオチド**”とよばれ，**NADH** と略記される．

2 H^+ と 2 e^- が反応する

新たな C−H 結合

NAD$^+$
ニコチンアミドアデニンジヌクレオチド

NADH
（還元型 NAD$^+$）

補酵素 NAD$^+$ が関与する反応を表記するために，しばしば曲がった矢印の表記法が用いられる．

一つの C−O 結合　二つの C−O 結合

$^-OOCCH_2CH(COO^-)-C(OH)(H)-COO^- \xrightarrow{NAD^+ \rightarrow NADH + H^+} {}^-OOCCH_2CH(COO^-)-C(=O)-COO^-$

イソクエン酸　オキサロコハク酸

上記のイソクエン酸がオキサロコハク酸へ変換される反応は，酸化である．なぜなら反応物において，C−O 結合の数が増加するからである．したがって NAD$^+$ は酸化剤として作用し，その過程で NADH へ還元される．還元型の補酵素 NADH は，生物学的な還元剤となる．NADH が還元剤として反応すると，生成物として NAD$^+$ が生成する．こうして，NAD$^+$ と NADH は酸化還元反応によって相互変換される．

例題 5・2　酸化あるいは還元に必要な補酵素を決定する

次のそれぞれの反応は，酸化あるいは還元のどちらであるか．また，反応を行うために用いることができる反応剤は，NAD$^+$ と NADH のどちらであるか．

(a) $CH_3-CH_2-OH \longrightarrow CH_3CHO$

エタノール　アセトアルデヒド

(b) $CH_3COCOO^- \longrightarrow CH_3CH(OH)COO^-$

ピルビン酸　乳酸

解答　(a) エタノールのアセトアルデヒドへの変換は，生成物は二つの C−O 結合をもつが反応物には一つしかないので，酸化である．酸化を行うためには，酸化剤 NAD$^+$ を用いることができる．

$CH_3-CH_2-OH \xrightarrow{NAD^+ \rightarrow NADH + H^+} CH_3CHO$

エタノール　アセトアルデヒド

(b) ピルビン酸の乳酸への変換は，生成物の C−O 結合の数は反応物よりも一つより少ないので，還元である．還元を行うためには，還元剤 NADH を用いることができる．

$CH_3COCOO^- \xrightarrow{NADH + H^+ \rightarrow NAD^+} CH_3CH(OH)COO^-$

ピルビン酸　乳酸

練習問題 5・2　次のそれぞれの反応は，酸化あるいは還元のどちらであるか．また，反応を行うために用いることができる反応剤は，NAD$^+$ と NADH のどちらであるか．

(a) $H_2C{=}O \longrightarrow CH_3OH$

(b) $CH_3CH(OH)COO^- \longrightarrow CH_3COCOO^-$

5・4B 補酵素 FAD と $FADH_2$

一般的に用いられるもう一つの生物学的な酸化剤として，**フラビンアデニンジヌクレオチド**（**FAD**）がある．その構造は複雑であるが，酸化還元反応に関与するのは，三環状系の 4 個の原子（赤字で示す 2 個の窒素原子と 2 個の炭素原子）だけである．FAD が酸化剤として働くと，FAD は 2 個の水素原子が付加することによって還元され，**還元型フラビンアデニンジヌクレオチド**（$\mathbf{FADH_2}$）が生成する．

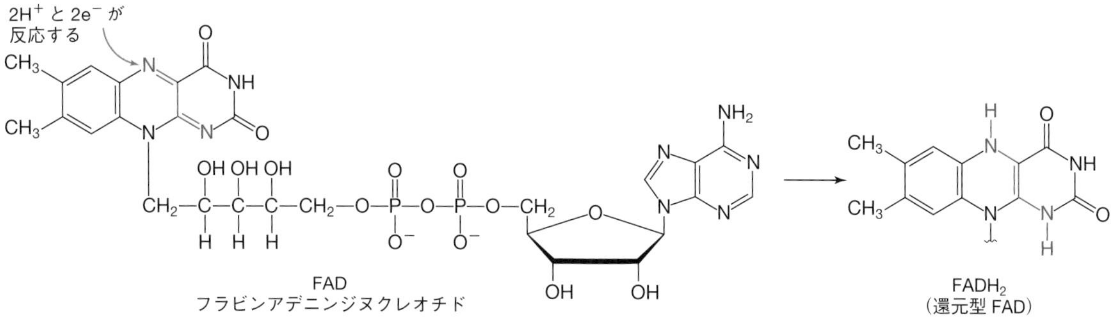

$2H^+$ と $2e^-$ が反応する

FAD
フラビンアデニンジヌクレオチド

$FADH_2$
（還元型 FAD）

表 5・1 には酸化還元反応で用いられる一般的な補酵素をまとめた．

表 5・1 酸化と還元に用いられる補酵素

補酵素の名称	略号	役割
ニコチンアミドアデニンジヌクレオチド	NAD^+	酸化剤
ニコチンアミドアデニンジヌクレオチド（還元型）	NADH	還元剤
フラビンアデニンジヌクレオチド	FAD	酸化剤
フラビンアデニンジヌクレオチド（還元型）	$FADH_2$	還元剤

FAD は細胞内でビタミン B_2，すなわち**リボフラビン**から合成される．リボフラビンは黄色の水溶性ビタミンであり，緑色葉野菜，ダイズ，アーモンド，レバーなどから食事で得られる．多量のリボフラビンを摂取したときには，過剰な量は尿中に排泄されるため，尿は鮮黄色を呈する．

リボフラビン riboflavin

緑色葉野菜，ダイズ，アーモンドはリボフラビン，すなわちビタミン B_2 のよい供給源である．このビタミンは光に敏感なので，暗所で保存しなければならない．

リボフラビン
ビタミン B_2

問題 5・5 上図に示したリボフラビンの球棒模型を構造式に変換せよ．また，リボフラビンが水溶性である理由を説明せよ．

5・4C　補酵素 A

補酵素 A coenzyme A

補酵素 A は酸化剤あるいは還元剤ではない点で，この節で扱った他の補酵素とは異なっている．補酵素 A は，多くの他の官能基に加えてメルカプト基－SH をもつので，チオール RSH の一つとみることができる．この官能基を強調するために，補酵素 A の構造式は HS－CoA と略記されることが多い．

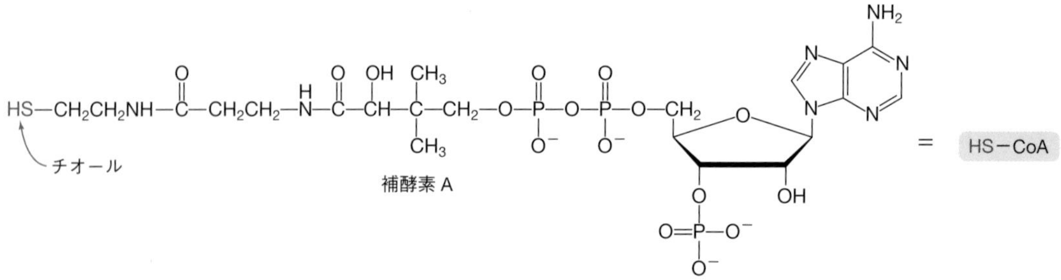

チオール

補酵素 A

HS－CoA

補酵素 A のメルカプト基はアセチル基 CH_3CO－あるいは他のアシル基 RCO－と反応して，**チオエステル** RCOSR′ を形成する．アセチル基が補酵素 A に結合した場合は，生成物は**アセチル補酵素 A**，あるいは単に**アセチル CoA** とよばれる．図 5・6 にアセチル CoA の骨格構造式と球棒模型を示す．

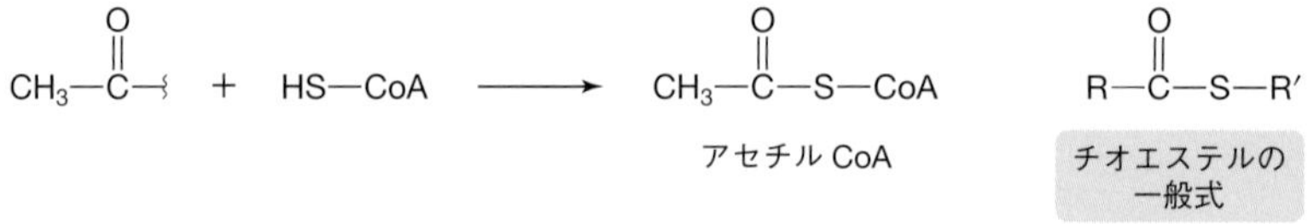

チオエステル thioester

アセチル補酵素 A acetyl coenzyme A

$$CH_3-\overset{O}{\overset{\|}{C}}- \;+\; HS-CoA \longrightarrow CH_3-\overset{O}{\overset{\|}{C}}-S-CoA \qquad R-\overset{O}{\overset{\|}{C}}-S-R'$$

アセチル CoA

チオエステルの一般式

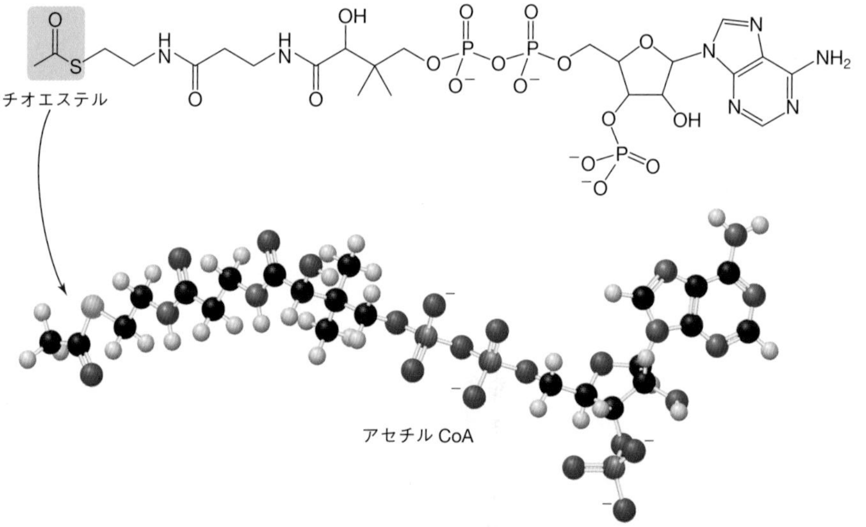

チオエステル

アセチル CoA

図 5・6　**アセチル補酵素 A**．アセチル補酵素 A(アセチル CoA)はチオエステル誘導体であり，さまざまな代謝経路において 2 個の炭素原子からなるアセチル基を運搬する．

アセチル CoA のようなチオエステルは水と反応してエネルギーを放出するので，高エネルギー分子の一種である．さらに，アセチル CoA は，§5・5 で述べるクエン酸回路のような代謝経路において，他の物質に対して 2 個の炭素原子からなるアセチル基を受渡す反応を起こす．

$$CH_3-\overset{\overset{\displaystyle O}{\|}}{C}-S-CoA \;+\; H_2O \longrightarrow CH_3-\overset{\overset{\displaystyle O}{\|}}{C}-O^- \;+\; HS-CoA$$

アセチル CoA（この結合が開裂する：C−S 結合）　　補酵素 A　　エネルギー変化 −31.4 kJ/mol

補酵素 A は細胞内でパントテン酸，すなわちビタミン B_5 から合成される．パントテン酸はさまざまな食品，特に全粒穀物や卵から食事によって得られる．

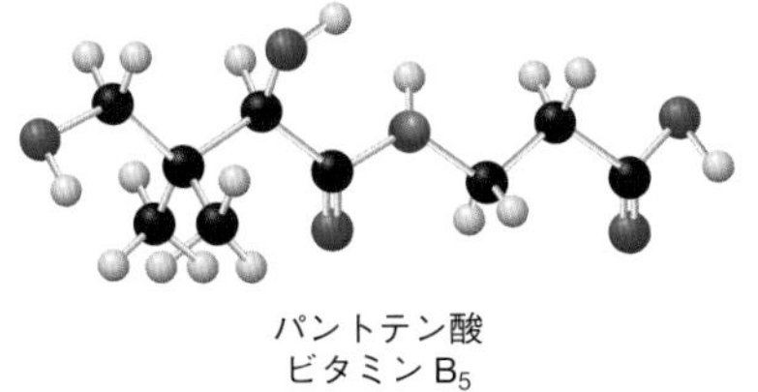

パントテン酸
ビタミン B_5

アボカドは，食事によってパントテン酸，すなわちビタミン B_5 を摂取するための優れた供給源である．

問題 5・6 上記のパントテン酸の球棒模型を構造式に変換せよ．また，パントテン酸の水に対する溶解性を予想せよ．

5・5 クエン酸回路

クエン酸回路はミトコンドリアで起こる一連の酵素触媒反応であり，生体分子の異化，すなわち炭水化物，脂質，タンパク質が二酸化炭素と水，およびエネルギーへと変換される過程の段階 [3]（図 5・2）を構成している．

クエン酸回路 citric acid cycle

- クエン酸回路は環状代謝経路の一つであり，4 個の炭素原子からなる化合物にアセチル CoA が付加する反応から始まり，8 段階を経て同じ 4 炭素化合物が生成したときに終わる．
- クエン酸回路によって，異化の段階 [4]（電子伝達系と酸化的リン酸化）における ATP 合成のための高エネルギー化合物が生成する．

5・5A クエン酸回路の概要

クエン酸回路は**トリカルボン酸回路**，あるいは**クレブス回路**ともよばれる．図 5・7 にクエン酸回路の一般的な図式を示す．この図は，以下に述べるようなクエン酸回路の重要な特徴を示している．クエン酸回路に現れる中間物質はすべて，ジカルボン酸あるいはトリカルボン酸に由来するカルボキシラートイオンである．

トリカルボン酸回路 tricarboxylic acid cycle，TCA 回路

クレブス回路 Krebs cycle

クレブス回路は，1937 年にこれらの反応の詳細を解明したドイツの化学者であり，ノーベル賞受賞者のクレブス（Hans Krebs）にちなんで名づけられたものである．

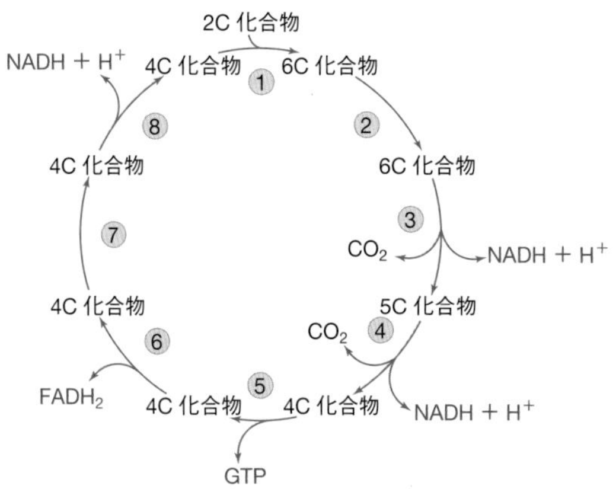

図 5・7 クエン酸回路の一般的特徴． クエン酸回路は段階①において，アセチル CoA に由来する 2 個の炭素原子が，4 個の炭素原子からなる有機分子に付け加わることにより開始される．この段階は左図の環状経路の頂上に示されている．クエン酸回路が 1 回転すると，2 分子の CO_2，4 分子の還元型補酵素（3 分子の NADH と 1 分子の $FADH_2$），および 1 分子の高エネルギー分子 GTP が生成する．

アセチル CoA は解糖，脂肪酸の酸化，アミノ酸の異化の三つの過程によって生成する．これらについては6章で詳しく説明する．

- クエン酸回路は，アセチル CoA（$CH_3COSCoA$）の 2 個の炭素原子が 4 個の炭素原子からなる有機分子と反応し，6 炭素化合物を生成する反応（段階①）によって開始される．
- 2 個の炭素原子が除去されて，2 分子の CO_2 が生成する（段階③と④）．
- 段階③, ④, ⑥, ⑧において，4 分子の還元型補酵素（NADH および $FADH_2$）が生成する．これらの分子は，異化の段階 [4] における電子伝達系への電子伝達体として働き，最終的に多数の ATP の合成をひき起こす．
- 段階⑤において，1 mol の GTP が合成される．GTP は ATP に類似したヌクレオシド三リン酸であり，高エネルギー化合物の一つである．

5・5B　クエン酸回路の特定の段階

脱炭酸 decarboxylation

図 5・8 にクエン酸回路の八つの反応を示す．これらは概念的に二つの部分に分けることができる．クエン酸回路の最初の部分（部分 [1]，段階 ①〜④）では，アセチル CoA のオキサロ酢酸への付加によって 6 炭素化合物のクエン酸が生成し，さらに 2 回の独立した**脱炭酸**，すなわち CO_2 を放出する反応が起こる．第二の部分（部分 [2]，段階 ⑤〜⑧）では，コハク酸に官能基が付け加わった後に酸化が起こり，回路を再び開始するために必要なオキサロ酢酸が再生される．

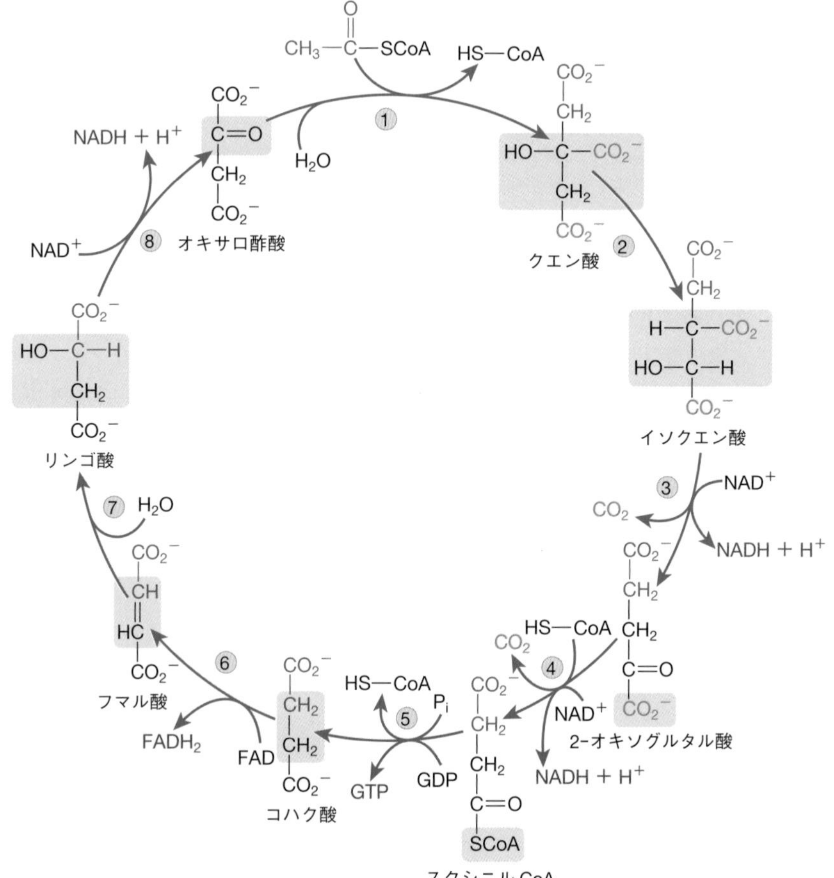

図 5・8　クエン酸回路の段階． クエン酸回路のそれぞれの段階は酵素によって触媒される．8 段階を経る回路の正味の結果として，オキサロ酢酸に付け加わった 2 個の炭素原子が 2 分子の CO_2 に変換される．同時に，還元型補酵素（NADH と $FADH_2$）が生成し，これらは ATP が合成される電子伝達系に電子を伝達する．1 分子の高エネルギー分子 GTP が段階⑤で合成される．回路のそれぞれの段階で変化する原子は，灰色の枠で囲み強調した．

クエン酸回路の部分 [1]

図5・8に示すように，アセチル CoA は段階①において，オキサロ酢酸との反応によってクエン酸回路に入る．この反応は酵素クエン酸シンターゼによって触媒され，2個の炭素原子がオキサロ酢酸に付加し，クエン酸が生成する．段階②では，酵素アコニターゼにより，第三級アルコールのクエン酸が第二級アルコールのイソクエン酸に異性化する．これらの最初の二つの段階によって，炭素原子が付け加わり，官能基が転移する．

段階③から二つの炭素原子が失われる反応が始まる．まず，酵素イソクエン酸デヒドロゲナーゼにより，イソクエン酸が脱炭酸するとともに，酸化剤 NAD^+ によって第二級アルコールがケトンに変換され，炭素原子が一つ少ない 2-オキソグルタル酸が生成する．この反応によって NADH とプロトン H^+ が生成し，これらはこの反応で得られる電子と H^+ を電子伝達系へと運搬する．続く段階④では，脱炭酸により第二の CO_2 分子が放出される．また，酵素 2-オキソグルタル酸デヒドロゲナーゼによって，補酵素 A の存在下で NAD^+ による酸化が起こり，チオエステルの一つであるスクシニル CoA が生成する．こうして，段階①から段階④までの間に，2個の炭素原子が CO_2 として失われ，2分子の NADH が生成する．

放出された2分子の CO_2 は，段階①で付け加わったアセチル CoA に由来すると考えると便利かもしれないが，CO_2 の炭素原子はこの段階で付け加えられたものではない．

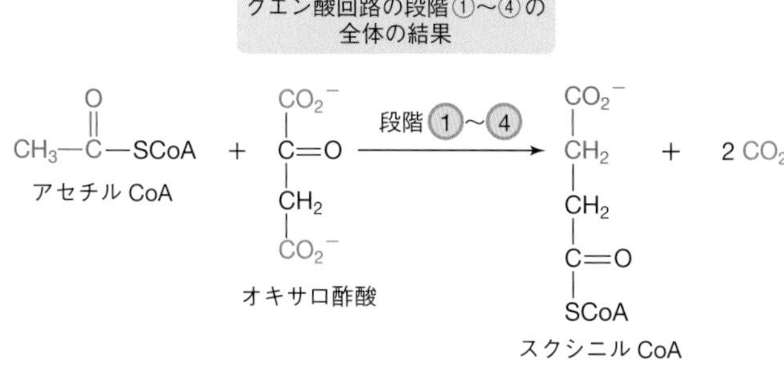

クエン酸回路の部分 [2]

クエン酸回路の部分 [2] は四つの反応からなり，スクシニル CoA の官能基が変換されて，オキサロ酢酸が再生される．まず，段階⑤では，スクシニル CoA のチオエステル結合が加水分解されてコハク酸が生成し，それに伴ってエネルギーが放出され，GDP（グアノシン 5′-二リン酸）が GTP（グアノシン 5′-三リン酸）に変換される．GTP は ATP に類似した高エネルギー分子であり，P−O 結合が加水分解されるとエネルギーが放出される．この段階はクエン酸回路において，三リン酸誘導体が直接生成する唯一の段階である．

段階⑥では，酵素コハク酸デヒドロゲナーゼと FAD によって，コハク酸がフマル酸に変換される．この反応によって還元型補酵素 $FADH_2$ が生成し，これは電子と H^+ を電子伝達系へと運搬する．段階⑦ではフマル酸に水が付加してリンゴ酸が生成し，続く段階⑧では NAD^+ によりリンゴ酸の第二級アルコールが酸化されて，オキサロ酢酸が生成する．また，段階⑧ではもう1分子のNADHが生成する．こうして，段階⑤から段階⑧までの間に，さらに2分子の還元型補酵素（$FADH_2$ とNADH）が生成する．段階⑧の生成物は段階①の出発物質なので，さらなるアセチルCoAが段階①に与えられる限り，この回路は継続されることになる．

クエン酸回路の段階⑤〜⑧の全体の結果

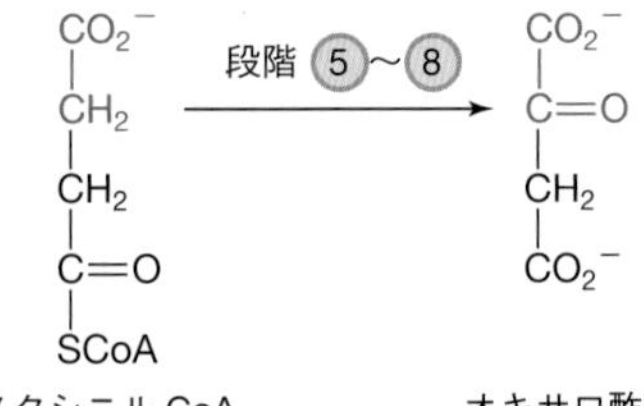

スクシニル CoA　　オキサロ酢酸

・段階①におけるアセチル CoA に由来する炭素原子は青字で示してある
・炭素原子の数は変化しない
・CH_2 基は C=O 基に酸化される
・チオエステルは CO_2^- に加水分解される

クエン酸回路の結果，全体として次の化合物が生成する．

- 2分子の CO_2
- 4分子の還元型補酵素（3分子の NADH と1分子の $FADH_2$）
- 1分子の GTP

クエン酸回路に対する全体の反応式は，次式のように書くことができる．また，それぞれの生成物の最終的な代謝経路も付記した．

$$CH_3-\overset{O}{\overset{\|}{C}}-SCoA + 2\,H_2O + 3\,NAD^+ + FAD + GDP + HPO_4^{2-}$$

↓ 全体の反応

$$2\,CO_2 + HS-CoA + 3\,NADH + 3\,H^+ + FADH_2 + GTP$$

排出される気体　補酵素は再び回路に入る　還元型補酵素は電子伝達系に入る　エネルギー源

- クエン酸回路の主要な機能は，電子伝達系によって最終的に ATP を生産する還元型補酵素を生産することである．

クエン酸回路が進行する速度は，生体がエネルギーをどの程度必要としているかに依存する．エネルギーの必要度が高く，利用できる ATP の量が少ないときには，回路は促進される．一方，エネルギーの必要度が低く，NADH の濃度が高いときには，回路は抑制される．

クエン酸回路は複雑ではあるが，それぞれの反応の多くは，有機化学の基本的な原理を適用することによって理解することができる．

例題 5・3 クエン酸回路の個々の段階を解析する

(a) 曲がった矢印の表記法を用いて，FAD によりコハク酸をフマル酸に変換する反応の反応式を書け．
(b) この反応は酸化，還元，脱炭酸のうちのいずれに分類されるか．

解答 (a) まず，図5・8を用いて，まっすぐの反応矢印の両端に反応物のコハク酸と生成物のフマル酸の構造式を書く．ついで，曲がった矢印に酸化剤 FAD を書く．FAD は $FADH_2$ に変換される．

反応式

$$\underset{\text{コハク酸}}{{}^{-}O_2C-CH_2-CH_2-CO_2^{-}} \xrightarrow{\text{FAD} \ \curvearrowright \ \text{FADH}_2} \underset{\text{フマル酸}}{{}^{-}O_2C-CH=CH-CO_2^{-}}$$

(b) コハク酸は四つの C−H 結合をもち，フマル酸の C−H 結合は二つだけである．したがって，水素原子が失われているので，この反応は酸化である．この過程では，FAD が $FADH_2$ に還元される．

練習問題 5・3 (a) 曲がった矢印の表記法を用いて，NAD^+ によりリンゴ酸をオキサロ酢酸に変換する反応の反応式を書け．
(b) この反応は酸化，還元，脱炭酸のうちのいずれに分類されるか．

問題 5・7 下に示す図はクエン酸回路に関与する中間物質の球棒模型である．この図を骨格構造式に変換し，化合物の名称を記せ．また，クエン酸回路において後に CO_2 に変換される炭素原子を識別せよ．

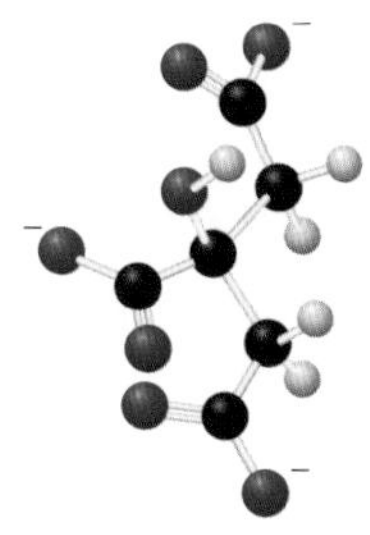

問題 5・8 クエン酸回路の段階⑧において，リンゴ酸をオキサロ酢酸に変換する反応を触媒する酵素の名称を推定せよ．

5・6 電子伝達系と酸化的リン酸化

生体分子の分解によって発生するエネルギーのほとんどは，異化の段階［4］（図5・2）によって生成する．この過程には酸素が必要なので，この段階は**好気呼吸**とよばれる．この段階には次の二つの過程がある．

好気呼吸 aerobic respiration

• 電子伝達系あるいは呼吸鎖　• 酸化的リン酸化

クエン酸回路で生成した還元型補酵素（NADH，$FADH_2$）は**電子伝達系**に入り，それらによって運ばれた電子は，一連の酸化還元反応によって一つの分子から別の分子へと伝達される．それぞれの反応ではエネルギーが放出され，最終的に電子とプロトン H^+ は酸素 O_2 と反応して水 H_2O が生成する．また，電子伝達に伴ってミトコンドリアの細胞膜を横切って H^+ が輸送され，ADP の**リン酸化**によって ATP を合成するために用いられるエネルギーが蓄積される．

電子伝達系 electron transport chain

ガソリンの燃焼では，単一の反応によってすべてのエネルギーが一度に放出される．これとは対照的に，代謝において発生するエネルギーは，多数の反応の結果として少しずつ放出される．

5・6A 電子伝達系

複合体 I，II，III，IV complex I，II，III，IV

電子伝達系は，**複合体** I，II，III，IVとよばれる四つの酵素系と，移動できる電子伝達体から構成される多段階過程である．それぞれの複合体は酵素と補助的なタンパク質分子，さらに酸化還元反応において電子の授受を行う金属イオンからなる．複合体はミトコンドリアの内膜の中に位置し，電子が逐次的により強い酸化剤へと受渡されるように配列している（図 5・9）．

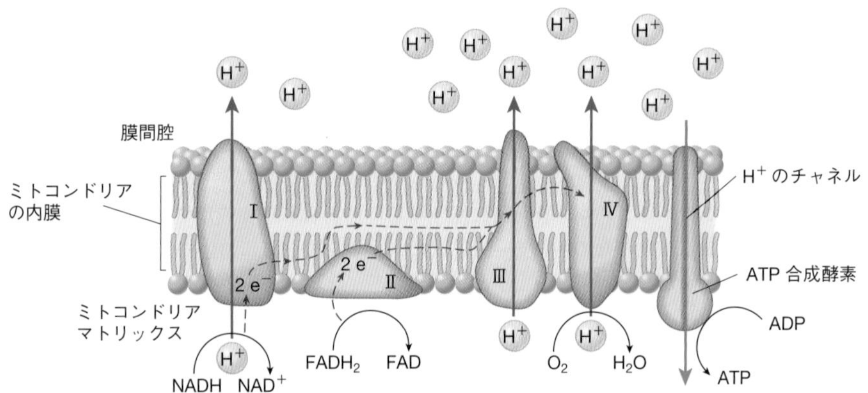

図 5・9　**ミトコンドリアにおける電子伝達系と ATP 合成．** 電子伝達系となる四つの酵素複合体（I～IV）が，ミトコンドリアマトリックスと膜間腔の間にある内膜に存在している．電子は NADH あるいは $FADH_2$ が酸化されることによって系に入り，赤の破線で示した経路に沿って一連の複合体の間を伝達される．最終的に電子は酸素 O_2 と結合して水 H_2O が生成する．青矢印で示した三つの位置において，電子伝達に伴ってプロトン H^+が，内膜を横切って膜間腔側へ輸送される．緑矢印で示したチャネル（流路）を通して H^+がマトリックス側へ戻るときに放出されるエネルギーを用いて，ATP 合成酵素の作用により ADP が ATP に変換される．

電子伝達系は，クエン酸回路で生成した還元型補酵素，すなわち 3 分子の NADH と 1 分子の $FADH_2$ から始まる．これらの還元型補酵素は電子豊富であるため，電子を他の化学種へ供与することができる．すなわち，NADH と $FADH_2$ は還元剤であり，電子を供与するとそれらは酸化される．NADH が 2 個の電子を供与すると，それは NAD^+ に酸化され，再びクエン酸回路に入ることができる．同様に，$FADH_2$ が 2 個の電子を供与すると，それは FAD に酸化され，再びクエン酸回路の段階⑥において酸化剤として用いられる．

また電子伝達系では，電子が一連の酸化還元反応によって一つの複合体から別の複合体へと受渡され，経路に沿ってエネルギーが少しずつ放出される．電子伝達系の末端では，電子 e^- とプロトン H^+（還元型補酵素あるいはミトコンドリアマトリックスから得られる）が，吸入された酸素と反応して水が生成し，電子伝達系は完了となる．

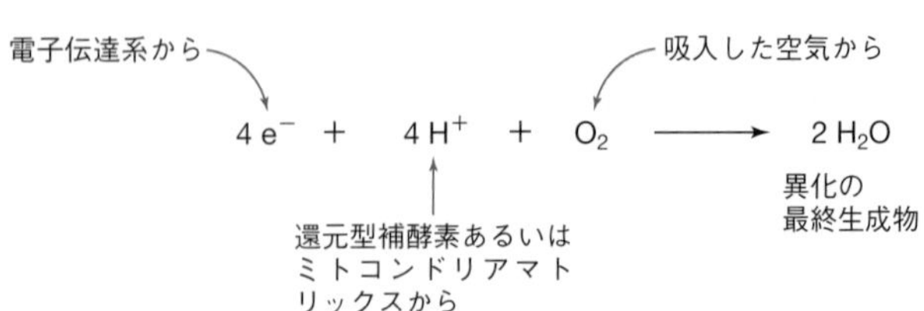

電子伝達の最終段階では酸素が必要なので，この過程は**好気的**であるといわれる．

好気的 aerobic

電子伝達系は細胞におけるエネルギーの生産にとってきわめて重要であるので，電子伝達系を中断させる物質は有毒である場合が多い．ヒカマの種子や他の植物から単離される有機化合物のロテノンは，複合体Ｉにおける電子伝達を阻害する作用をもち，農薬や殺虫剤として用いられる．ロテノンはヒトに対してもわずかに毒性をもつので，米国ではその使用は段階的に廃止されている．シアン化水素による電子伝達の阻害については，p.141 のコラムで説明する．

ロテノン

問題 5・9 電子伝達系におけるいくつかの段階で，Fe^{2+} と Fe^{3+} が相互変換する反応によって，鉄イオンが電子の授受に関与している．
(a) Fe^{3+} が Fe^{2+} に変換されるとき，この反応は酸化か，それとも還元か．
(b) Fe^{3+} は酸化剤か，それとも還元剤か．

5・6B 酸化的リン酸化による ATP 合成

電子伝達系によって，還元型補酵素によって運ばれた電子が最終的にどのように酸素と反応し，水が生成するかが示された．しかし，エネルギーの運搬に必要な高エネルギー分子である ATP の合成過程については，まだ説明していなかった．この答えは，ミトコンドリアにおけるプロトン H^+ の挙動にある．

反応によって生成した H^+，およびミトコンドリアマトリックスに存在する H^+ は，電子伝達に伴って，三つの位置においてミトコンドリアの内膜を横切って膜間腔へと汲み上げられる（図 5・9）．この過程は，濃度勾配に逆らって H^+ を移動させる過程であるから，エネルギーを必要とする．このエネルギーは，電子伝達系における酸化還元反応によって供給されている．これにより H^+ の濃度が膜の一方の側でより高くなるので，ポテンシャルエネルギーの勾配が形成される．これは，ダムに蓄えられた水のポテンシャルエネルギーとよく似ている．

H^+ は膜間腔からマトリックスへ戻るために，ATP 合成酵素のチャネル（流路）を通って移動する．ATP 合成酵素は ADP のリン酸化を触媒し，ATP を合成する酵素である．H^+ がマトリックスへ戻る際に放出されるエネルギーによって，ADP が ATP に変換される．この過程を**酸化的リン酸化**という．“酸化的”というのは，還元型補酵素の酸化によって得られたエネルギーが，リン酸基の移動に用いられているためである．

酸化的リン酸化 oxidative phosphorylation

H⁺ の移動により放出されるエネルギーがリン酸化のエネルギーに用いられる

$$ADP + HPO_4^{2-} \longrightarrow ATP + H_2O$$

問題 5・10　ミトコンドリアマトリックスと膜間腔のうち，pH が低い領域はどちらか．判断した理由も説明せよ．

5・6C　酸化的リン酸化から生成する ATP の収量

異化の段階 [4] の間に，どのくらいの ATP が生成するだろうか．

- それぞれの NADH はミトコンドリアの内膜にある複合体 I において電子伝達系に入り，段階的な反応の結果，2.5 分子の ATP を合成するために十分なエネルギーを生産する．
- $FADH_2$ は複合体 II において電子伝達系に入り，1.5 分子の ATP が合成されるエネルギーを生産する．

生体分子に共通した異化の過程，すなわち異化の段階 [3] と [4] に入ったそれぞれのアセチル CoA 当たり，どのくらいの ATP が生成するだろうか．

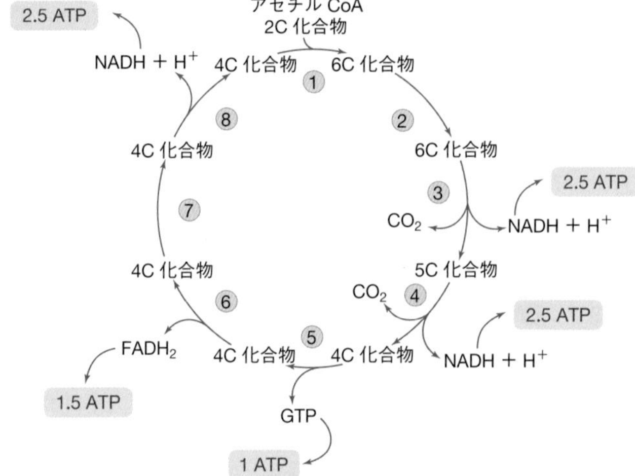

クエン酸回路が 1 回転すると，3 分子の NADH と 1 分子の $FADH_2$ が生成する．これに加えて，クエン酸回路によって 1 分子の GTP が直接生成する（段階⑤）．1 分子の GTP は 1 分子の ATP とエネルギー的に等価である．これらの事実から，それぞれのアセチル CoA に対して生成する ATP 分子の総数を計算することができる．

$$
\begin{aligned}
3\ \text{NADH} \times 2.5\ \text{ATP/NADH} &= 7.5\ \text{ATP} \\
1\ \text{FADH}_2 \times 1.5\ \text{ATP/FADH}_2 &= 1.5\ \text{ATP} \\
1\ \text{GTP} &= \underline{1\ \ \ \text{ATP}} \\
&\ 10\ \ \text{ATP}
\end{aligned}
$$

- クエン酸回路に入る 1 分子のアセチル CoA の完全な異化によって，10 分子の ATP が生成する．

こうして合成された ATP 分子によって，エネルギー的に不利な反応を駆動するためのエネルギーが供給される．

シアン化水素

電子伝達系と酸化的リン酸化における精緻な反応は，生体の健康にとってきわめて重要であるので，一つの段階が阻害されても重大な結果を招く可能性がある．どの段階が阻害されても，エネルギーの生産は停止し，生物は生き残ることはできない．

シアン化水素（hydrogen cyanide）HCN は第一次世界大戦では化学兵器として，また第二次世界大戦ではナチスドイツのガス室で用いられた毒ガスである．HCN が有毒であるのは，HCN から生成するシアン化物イオン CN^- が，酵素シトクロームオキシダーゼの Fe^{3+} に不可逆的に結合するためである．シトクロームオキシダーゼは電子伝達系の複合体 IV における重要な酵素である．シアン化物イオンが結合すると，Fe^{3+} は Fe^{2+} に還元されることができず，水を生成する酸素への電子伝達が起こらない．ATP 合成は停止し，その結果として細胞は死に至る．

シアノ基 −CN を含む化合物が天然にいくつか存在し，それがある酵素の存在下で加水分解されると，HCN が生成する．例として，アンズ，モモ，サクランボの種子や核に存在する**アミグダリン**（amygdalin）がある．

アミグダリン $\xrightarrow[\text{酵素}]{H_2O}$ HCN ＋ 他の生成物

興味深いことに，マダガスカルに生息する絶滅寸前種のキンイロジェントルキツネザルは，タケノコを主食としている．このタケには高濃度のシアン化物イオンが含まれているので，ほとんどの哺乳動物は食べると死んでしまう．明らかに，キンイロジェントルキツネザルはシアン化物イオンを解毒する機構を発達させたが，その機構は現在もわかっていない．

マダガスカルに生息するキンイロジェントルキツネザルは，有毒なシアン化物イオンを高濃度に含むタケをおもに食べて生活している．

6

炭水化物，脂質，タンパク質の代謝

摂取した炭水化物，脂質，タンパク質は，一連の複雑な代謝経路によって，生体の要求を満たす有用な材料物質とエネルギーに変換される．

6・1 序　論
6・2 生化学的な反応の理解
6・3 解　糖
6・4 ピルビン酸の運命
6・5 グルコースから生成する ATP の収量
6・6 糖新生
6・7 トリアシルグリセロールの異化
6・8 ケトン体
6・9 アミノ酸の代謝

摂取した食物の代謝は，大きな生体分子が，腸壁を通って吸収されうる小さい分子へ加水分解されることから始まる．5 章で学んだように，異化の最後の段階では，アセチル CoA からクエン酸回路，電子伝達系，酸化的リン酸化によってエネルギーが生産されるが，その段階はすべての種類の生体分子で同じである．しかし，アセチル CoA を生成する経路は生体分子によって異なっている．6 章では，炭水化物，脂質，タンパク質における特定の代謝経路について説明する．

6・1 序　論

§5・2 で述べたように，概念的に異化は，四つの段階の総和とみなせることを思い出してほしい（図 5・2）．異化は，段階 [1] における食物の消化によって開始される．ここでは，炭水化物，トリアシルグリセロール，タンパク質が，血流の中に吸収されて個々の細胞へ運搬できるような小さい分子に加水分解される．そして段階 [2] において，それぞれの生体分子は，異なる経路によってアセチル CoA に変換される．アセチル CoA はクエン酸回路に入って還元型補酵素が生成し，そのエネルギーは ATP に貯蔵される（段階 [3] と [4]）．すでに異化の段階 [1], [3], [4] については多くの重要事項を学んだので，本章では段階 [2] において，単糖，脂肪酸とグリセロール，およびアミノ酸をアセチル CoA に変換する異化経路について考えてみよう．

段階 [1]　トリアシルグリセロール → 脂肪酸 + グリセロール　炭水化物 → 単糖　タンパク質 → アミノ酸
段階 [2]　脂肪酸の酸化　解糖　アミノ酸の異化　→ ピルビン酸 → アセチル CoA
段階 [3]　クエン酸回路 → 還元型補酵素
段階 [4]　電子伝達系と酸化的リン酸化

- 炭水化物：最も一般的な単糖であるグルコースは解糖によって，ピルビン酸に変換され，さらにアセチル CoA に代謝される（§6・3～§6・4）．

グルコース $\xrightarrow{\text{解糖}}$ $2\,CH_3-C(=O)-C(=O)-O^-$（ピルビン酸） ⟶ $2\,CH_3-C(=O)-SCoA$（アセチル CoA）

- 脂質：脂肪酸はチオエステルに変換され，さらにカルボニル基側から2個の炭素を単位として連続的に開裂させる段階的な過程によって酸化され，アセチル CoA を生成する（§6・7）．

$CH_3(CH_2)_{16}-C(=O)-OH$ → $CH_3(CH_2)_{16}-C(=O)-SCoA$ → $9\ CH_3-C(=O)-SCoA$

脂肪酸　チオエステル　アセチル CoA

- アミノ酸：タンパク質の加水分解によって生成したアミノ酸は，しばしばいかなる他の修飾を受けることなく，新たなタンパク質の構成成分として用いられる．過剰なアミノ酸は体内に貯蔵されないので，異化されてエネルギーを生産する．この過程は§6・9で説明する．アミノ酸のアミノ基 NH_2 は尿素 $(NH_2)_2C{=}O$ に変換され，尿中に排出される．

6・2 生化学的な反応の理解

解糖における特定の反応を説明する前に，ひと休みして，これらの過程をもっとよく理解するために役立ついくつかの原理について考えてみよう．

5章と6章で扱う生化学的な反応は，これらに取組む学生にとってしばしば難解である．一方では，細胞は有機化学の基本原理を用いて，酸化還元反応や酸塩基反応などを行う．しかし他方では，細胞は酵素と補酵素を用いることによって，実験室では容易に再現できない，あるいは可能でさえない変換を行うので，多くの反応は新しく，また異なった反応にみえる．さらに，多くの物質はいくつもの官能基をもつが，反応はそのうちのただ一つにおいて，完全に選択的に進行する場合が多い．

一般に反応の生成物を正確に予想することはむずかしいが，反応物と生成物，反応剤（補酵素と他の物質），および酵素を検討することによって，反応を理解し，解析することはできるはずである．酵素の名称は反応の種類に関する手がかりとなることが多い．一般的な種類の酵素は，表3・3に一覧表で示されている．

例として，解糖の段階［3］であるフルクトース 6-リン酸のフルクトース 1,6-ビスリン酸への変換（§6・3）を考えてみよう．この反応では，リン酸基が，ATP からフルクトース 6-リン酸へ移動する．§3・9で学んだように，**キナーゼ**は，リン酸基の移動を触媒する転移酵素であることを思い出そう．

キナーゼ kinase

ATP は反応剤として"リン酸基の移動"を行う

C6　ATP　ADP　ホスホフルクトキナーゼ　C1

フルクトース 6-リン酸　→　フルクトース 1,6-ビスリン酸

新たなリン酸基

酵素キナーゼは"リン酸基の移動"を触媒する

おそらく，反応物が四つの OH 基をもつことを考えると，この反応において C1 の OH 基だけがリン酸基に変換することを予測するのはむずかしいだろう．それでも，

反応に関わるすべての成分を調べることによって，次のように反応を理解することができる．

- リン酸基がフルクトース 6-リン酸に付け加わり，二つのリン酸基をもつフルクトース 1,6-ビスリン酸が生成する．
- 生成物の新たなリン酸基は ATP に由来する．ATP は高エネルギーのヌクレオシド三リン酸の一つであり，リン酸基を他の化合物，この場合はフルクトース 6-リン酸へ移動させる．
- ATP からリン酸基が失われると，ADP が生成する．
- 反応は酵素キナーゼによって触媒される．この酵素の名称も，リン酸基が移動する反応であることを示している．

例題 6・1 と 6・2 で他の例について，反応の過程を考えてみよう．

例題 6・1　生化学的な反応を解析する

次の反応について，変化する官能基と酵素の名称を手がかりとして，どのような種類の反応が起こっているかを説明せよ．

$$CH_3{-}C({=}O){-}C({=}O){-}O^- \xrightarrow{\text{ピルビン酸デカルボキシラーゼ}} CH_3{-}C({=}O){-}H + CO_2$$

ピルビン酸

解答　ピルビン酸の $-COO^-$ 基が二酸化炭素 CO_2 として失われているので，脱炭酸（decarboxylation）が起こっていることがわかる．これは反応を触媒する酵素の種類が，脱炭酸を触媒する代表的な酵素である脱炭酸酵素（デカルボキシラーゼ）であることからも支持される（表 3・3）．反応過程で炭素－炭素結合が開裂し，生成物の一つとして CO_2 が生成する．この反応では補酵素は関与しない．反応は酸化，還元，チオエステル合成のいずれでもない．

練習問題 6・1　次の反応について，変化する官能基と酵素の名称を手がかりとして，どのような種類の反応が起こっているかを説明せよ．

$$^-O{-}P({=}O)(O^-){-}O{-}CH_2{-}C({=}O){-}CH_2OH \xrightarrow{\text{トリオースリン酸イソメラーゼ}} {^-O}{-}P({=}O)(O^-){-}O{-}CH_2{-}CH(OH){-}C({=}O){-}H$$

ジヒドロキシアセトンリン酸　　　グリセルアルデヒド 3-リン酸

例題 6・2　生化学的な反応を解析する

次の反応について，変化する官能基，用いられる補酵素，および酵素の名称を手がかりとして，どのような種類の反応が起こっているかを説明せよ．

$$^-O{-}P({=}O)(O^-){-}O{-}CH_2{-}CH(OH){-}C({=}O){-}O{-}P({=}O)(O^-){-}O^- \xrightarrow[\text{ホスホグリセリン酸キナーゼ}]{\text{ADP} \to \text{ATP}} {^-O}{-}P({=}O)(O^-){-}O{-}CH_2{-}CH(OH){-}C({=}O){-}O^-$$

1,3-ビスホスホグリセリン酸　　　3-ホスホグリセリン酸

解答　反応物からリン酸基が除去されて，3-ホスホグリセリン酸が生成する．このリン酸基はヌクレオシド二リン酸（ADP）へ移動し，ヌクレオシド三リン酸（ATP）が生成する．酵素キナーゼはリン酸基の付加あるいは除去を触媒するので，反応に用いられる触媒はホスホグリセリン酸キナーゼである．この反応では補酵素は関与しない．反応は酸化，還元，チオエステル合成のいずれでもない．

（つづく）

練習問題 6・2 次の反応について，変化する官能基，用いられる補酵素，および酵素の名称を手がかりとして，どのような種類の反応が起こっているかを説明せよ．

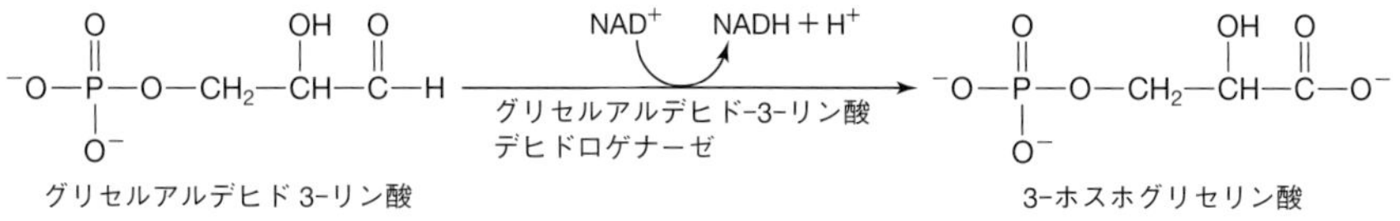

$$^{-}O-P(=O)(O^{-})-O-CH_2-CH(OH)-C(=O)-H \xrightarrow[\text{グリセルアルデヒド-3-リン酸デヒドロゲナーゼ}]{NAD^{+} \rightarrow NADH + H^{+}} {}^{-}O-P(=O)(O^{-})-O-CH_2-CH(OH)-C(=O)-O^{-}$$

グリセルアルデヒド 3-リン酸　→　3-ホスホグリセリン酸

6・3 解　　糖

単糖の代謝はグルコースが中心となる．その起源が摂取された多糖か，あるいは蓄積されたグリコーゲン（§2・6）かにかかわらず，グルコースは人体がエネルギーを得るために用いる主要な単糖である．

- 6 炭素からなる単糖のグルコースは 10 段階の線状代謝経路により，2 分子のピルビン酸 $CH_3COCO_2^-$ に変換される．この一連の過程を**解糖**という．

解糖 glycolysis

解糖は**嫌気的**，すなわち空気を必要としない過程である．解糖は細胞の細胞質で起こり，概念的に二つの部分に分けることができる（図 6・1）．

嫌気的 anaerobic

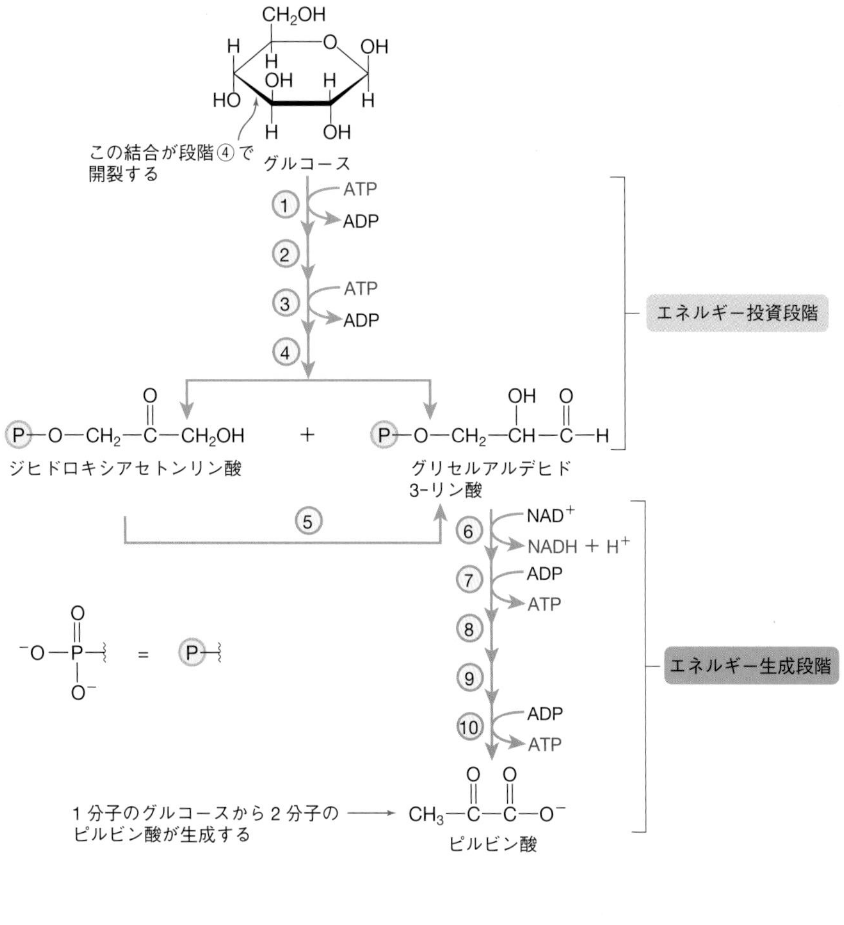

図 6・1 解糖の概要．解糖のエネルギー投資段階では，ATP によって段階①と③で必要なエネルギーが供給される．エネルギー生成段階では，段階⑤で生成する 3 炭素化合物の 1 分子から 1 分子の NADH と 2 分子の ATP が生成する．1 分子のグルコースから 2 分子のグリセルアルデヒド 3-リン酸が生成するので，エネルギー生成段階では，全部で 2 分子の NADH と 4 分子の ATP が生成することになる．

- 段階①〜⑤は，エネルギー投資段階を構成する．二つのリン酸基が付け加わるが，この過程には2分子のATPに貯蔵されたエネルギーが必要となる．炭素−炭素結合の開裂により，2分子の3炭素化合物が生成する．
- 段階⑥〜⑩は，エネルギー生成段階を構成する．それぞれの3炭素化合物は最終的には酸化されてNADHが生成し，また二つの高エネルギーリン酸結合が開裂して2分子のATPが生成する．

解糖における具体的な反応は，§6・3Aで説明する．これらの反応をもっとよく理解するために，5章で学んだ次の事項を思い出してほしい．

- 補酵素 NAD^+ はC−H結合をC−O結合に変換する生化学的な酸化剤である．この過程において，NAD^+ はNADHと H^+ に還元される．
- ADPのリン酸化にはエネルギーが必要であり，高エネルギー分子のヌクレオシド三リン酸の一つであるATPが生成する．
- ATPの加水分解によってエネルギーが放出され，ADPが生成する．

6・3A 解糖の段階

図6・2〜6・4に解糖の各段階の具体的な反応と，必要なすべての酵素を示した．

解糖：段階①〜③

解糖はグルコースのリン酸化により，グルコース6-リン酸が生成する反応によっ

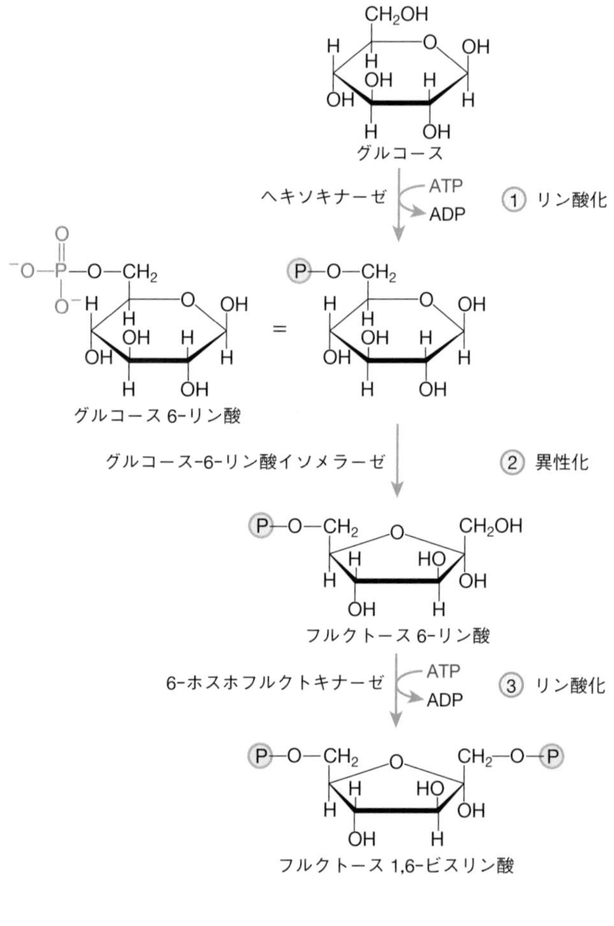

グルコース
ヘキソキナーゼ　ATP → ADP　① リン酸化
グルコース6-リン酸
グルコース-6-リン酸イソメラーゼ　② 異性化
フルクトース6-リン酸
6-ホスホフルクトキナーゼ　ATP → ADP　③ リン酸化
フルクトース1,6-ビスリン酸

図6・2 解糖：段階①〜③． 解糖におけるすべての $-PO_3^{2-}$ 基は−Ⓟと略記した．2分子のATPに由来するエネルギーが，段階①と③のリン酸化に用いられる．

て開始される（図6・2）．この反応はエネルギー的に不利な反応であるが，ATPのADPへの加水分解と共役することにより，エネルギー的に有利になる．段階②では酵素イソメラーゼによって，グルコース6-リン酸のフルクトース6-リン酸への異性化が起こる．段階③のリン酸化もエネルギーを吸収する反応であり，ATPの加水分解によって駆動され，フルクトース1,6-ビスリン酸が生成する．

- 全体として，解糖の最初の3段階では，二つのリン酸基が付け加わり，六員環のグルコースが五員環のフルクトースに異性化する．
- 2分子のATPに貯蔵されたエネルギーを用いて，エネルギーを生成する後続の段階のためにグルコースの構造が修飾を受ける．

解糖：段階④〜⑤

図6・3に示すように，6炭素からなるフルクトース1,6-ビスリン酸の分子鎖が開裂して，2分子の3炭素化合物であるジヒドロキシアセトンリン酸とグリセルアルデヒド3-リン酸が生成する．これら二つの化合物は同じ分子式をもつが，原子の配列が異なっている．すなわち，これらは互いに構造異性体である．グリセルアルデヒド3-リン酸だけが継続して解糖に用いられるので，段階⑤において，ジヒドロキシアセトンリン酸はグリセルアルデヒド3-リン酸に異性化する．これによって，解糖のエネルギー投資段階が完了する．

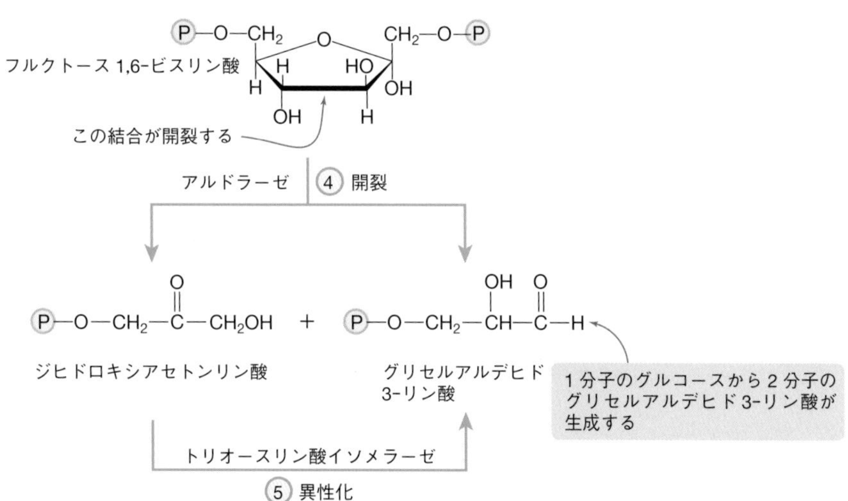

図6・3 **解糖：段階④と⑤．** グルコースから炭素−炭素結合の開裂と異性化によって，2分子のグリセルアルデヒド3-リン酸が生成し，解糖におけるエネルギー投資段階が完了する．

解糖の段階①〜⑤を要約すると，次のようになる．

- 解糖のエネルギー投資段階では，グルコースが2分子のグリセルアルデヒド3-リン酸に変換される．
- 反応には，2分子のATPに由来するエネルギーが用いられる．

問題6・1　§5・3で学んだように，ATPのADPへの加水分解によって30.5 kJ/molのエネルギーが放出される．もし，共役反応，フルクトース6-リン酸＋ATP ⟶ フルクトース1,6-ビスリン酸＋ADPによって14.2 kJ/molのエネルギーが放出されるとすると，次式に示すフルクトース6-リン酸のリン酸化に必要なエネルギーはいくらか．

$$\text{フルクトース6-リン酸} + HPO_4^{2-} \longrightarrow \text{フルクトース1,6-ビスリン酸} + H_2O$$

解糖：段階⑥〜⑩

解糖の段階⑤で生成した3炭素化合物のグリセルアルデヒド3-リン酸は，一連の五つの反応を経て，最終的にピルビン酸に変換される（図6・4）.

段階⑥では，グリセルアルデヒド3-リン酸のCHO基の酸化とHPO_4^{2-}によるリン酸化によって，1,3-ビスホスホグリセリン酸が生成する．この段階で，酸化剤NAD^+がNADHに還元される．段階⑦では，1,3-ビスホスホグリセリン酸からADPへリン酸基が移動し，3-ホスホグリセリン酸が生成するとともにATPが生じる．段階⑧におけるリン酸基の転移と，段階⑨における水の脱離を経て，ホスホエノールピルビン酸が生成する．最後に段階⑩において，リン酸基がADPに移動し，ATPとピルビン酸が生成する．こうして，解糖の段階⑤で生成したグリセルアルデヒド3-リン酸の1分子に対して，段階⑥で1分子のNADHが生成し，段階⑦と⑩で2分

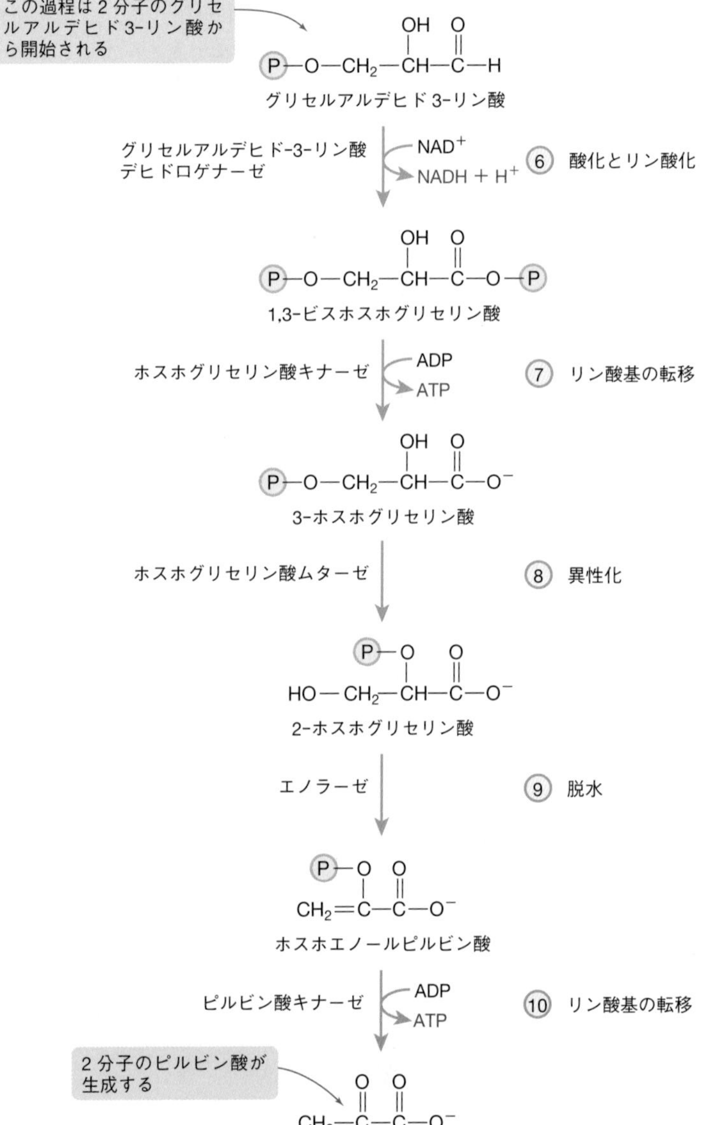

図6・4　**解糖：段階⑥〜⑩**．解糖のエネルギー生成段階では，NADHが段階⑥で生成し，ATPが段階⑦と⑩で生成する．1分子のグルコースが2分子のグリセルアルデヒド3-リン酸を与え，それがこの過程を開始するので，段階⑥〜⑩では最終的に2分子のピルビン酸$CH_3COCO_2^-$，2分子のNADH，4分子のATPが生成する．

子の ATP が生成する．

- 1 分子のグルコースから段階⑤において 2 分子のグリセルアルデヒド 3-リン酸が生成するので，解糖のエネルギー生成段階では，全体で 2 分子の NADH と 4 分子の ATP が生成する．

問題 6・2　解糖の反応のうち，キナーゼを用いるすべての反応を記せ．また，それぞれの反応において，リン酸化される化学種の構造式を書け．

問題 6・3　解糖の反応のうち，一つの構造異性体から他の構造異性体への変換を含む三つの反応を記せ．また，それぞれの反応に関与する酵素の名称を記せ．

6・3B 解糖の正味の結果

解糖では三つの重要な化合物，ATP，NADH，ピルビン酸が得られる．

- エネルギー投資段階において 2 分子の ATP が用いられ（段階①と③），エネルギー生成段階において 4 分子の ATP が生成する（段階⑦と⑩）．したがって，全体の結果として，解糖により 2 分子の ATP が合成される．

- 段階⑥において，2 分子のグリセルアルデヒド 3-リン酸から 2 分子の NADH が生成する．解糖によって生成した NADH は細胞質からミトコンドリアへと輸送され，電子伝達系に入ってさらに ATP を合成するために用いられる．

- グルコースの 6 個の炭素原子から，3 炭素分子であるピルビン酸 $CH_3COCO_2^-$ が 2 分子生成する．§6・4 で説明するように，ピルビン酸の最終的な代謝経路は，酸素が利用できるかどうかに依存する．

このように解糖で生成する ATP は，電子伝達系と酸化的リン酸化で生成する ATP に比べて少ない．解糖における全体の反応は，次式で要約される．

$$\underset{\text{グルコース}}{C_6H_{12}O_6} + 2\,NAD^+ \xrightarrow{2\,ADP \;\to\; 2\,ATP} \underset{\text{ピルビン酸}}{2\,CH_3-\overset{\overset{\displaystyle O}{\|}}{C}-\overset{\overset{\displaystyle O}{\|}}{C}-O^-} + 2\,NADH + 2\,H^+$$

問題 6・4　クエン酸はクエン酸回路における中間物質の一つである．解糖の速度は，クエン酸の濃度によっても制御される．クエン酸の濃度が高いことは，解糖の速度にどのような影響を与えると考えられるか．

解糖は細胞内で進行する過程であるが，解糖の速度は解糖の生成物，すなわちピルビン酸，ATP，NADH を生体がどの程度必要としているかに依存する．ATP の濃度が高いときには，解糖はさまざまな段階で阻害を受ける．一方，激しい運動の間のように ATP が枯渇するときには，解糖は促進されて，多くの ATP が合成される．

解糖とがん細胞

解糖によって得られる ATP の量は少なく，1 分子のグルコースに対して生成する ATP はわずか 2 分子である．それにもかかわらず，多くのがん性腫瘍では，それらが必要とするエネルギーの供給が，解糖に大きく依存していることが以前から知られている．これが起こる理由の一つは，解糖が嫌気的過程であり，腫瘍細胞は酸素を運搬する血管の近くには存在しないことが多いからである．その結果，腫瘍細胞における解糖は，健常な細胞の 10 倍の速さで進行することもある．

がんに対する多くの化学療法は，速やかに増殖するがん細胞を殺す方法として，DNA の合成過程を狂わせることを目的としている．しかし最近では，解糖の経路における特定の箇所を攻撃することを目的とする研究が行われている．この戦略は，解糖で生成する ATP がなければ，がん細胞はエネルギーが欠乏し生存できないであろうという考え方に基づいている．実際，特定の酵素を標的にすることにより乳がん細胞における解糖を停止させる方法によって，有望な結果が得られている．このような研究は，伝統的な化学療法よりも，おそらく副作用の少ない新たな治療法への道を拓くものである．

6・3C　解糖と他のヘキソース

グルコースは摂取した炭水化物の加水分解によって得られるおもな単糖であるが，次の3種類のヘキソースも，少ない量ではあるが食事によって得られる．

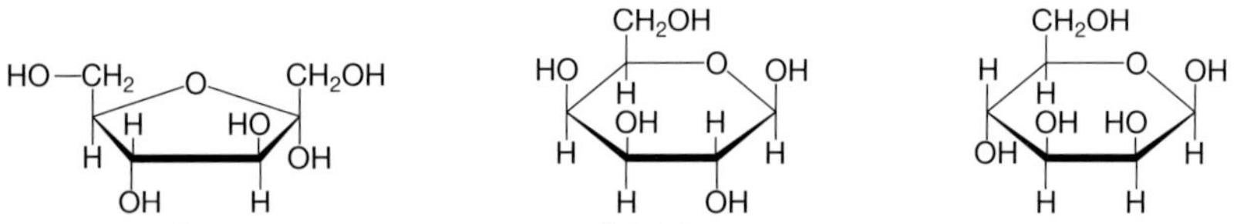

フルクトース　ガラクトース　マンノース

フルクトース fructose

ガラクトース galactose

マンノース mannose

- **フルクトース**は，テンサイやサトウキビにみられる二糖のスクロースの加水分解によって得られる．
- **ガラクトース**は，牛乳に含まれる二糖のラクトースの加水分解によって得られる．
- **マンノース**は，クランベリーやスグリのような果実に含まれる多糖から得られる．

これらのヘキソースはそれぞれの代謝経路に従って，さまざまな位置で解糖の経路に入る．フルクトースが解糖の経路に入るには，二つの方法がある．筋肉や腎臓では，フルクトースはATPによってリン酸化され，フルクトース6-リン酸となる．これは解糖の段階③における基質にほかならない．一方，肝臓では，フルクトースは多段階によってグリセルアルデヒド3-リン酸に変換され，段階⑥で解糖の経路に入る．

ガラクトース血症 galactosemia

ガラクトースはATPによってリン酸化されて，ガラクトース1-リン酸となり，さらに数段階を経てグルコース6-リン酸に変換される．**ガラクトース血症**は，この過程に必要な酵素の一つを欠くために生じる疾患である．この患者は血液中のガラクトース濃度が異常に高くなり，それによってさまざまな不具合が生じ，死に至ることもある（§2・2）．ガラクトース血症は新生児スクリーニングによって検出することができ，それに対しては，食事からガラクトースを取除く治療法がとられる．

問題 6・5　(a) ガラクトースとマンノースは構造異性体か，それとも立体異性体か．
(b) ガラクトース1-リン酸とマンノース6-リン酸の構造式を書け．
(c) これら二つのリン酸は構造異性体か，それとも立体異性体か．

マンノースはマンノース6-リン酸に変換され，さらに解糖の段階③の基質であるフルクトース6-リン酸に異性化する．このようにして，一般的なヘキソースはすべて，解糖の経路における中間物質に変換され，この結果，それらはいずれもピルビン酸へと代謝される．

6・4　ピルビン酸の運命

ピルビン酸は解糖の最終生成物であるが，それはグルコースの代謝における最終生成物ではない．ピルビン酸の運命，すなわちピルビン酸が最終的にどのように代謝されるかは，反応が行われている条件と生物に依存する．特に，次の3種類の生成物が可能である．

$$CH_3{-}CO{-}CO{-}O^- \longrightarrow CH_3{-}CO{-}SCoA \text{ あるいは } CH_3{-}CH(OH){-}CO{-}O^- \text{ あるいは } CH_3CH_2OH$$

ピルビン酸　アセチルCoA　乳酸　エタノール

- 好気的な条件では，アセチルCoA（$CH_3COSCoA$）が生成する．
- 嫌気的な条件では，乳酸 $CH_3CH(OH)CO_2^-$ が生成する．
- 発酵では，エタノール CH_3CH_2OH が生成する．

6・4A アセチル CoA への変換

酸素が豊富に存在するときには，ピルビン酸は補酵素 A の存在下で NAD^+ により酸化され，アセチル CoA と二酸化炭素が生成する．この過程が起こるためには，ピルビン酸はミトコンドリアの外膜を横切って拡散し，さらにミトコンドリアの内膜を横切ってミトコンドリアマトリックスへと輸送されなければならない．

$$CH_3-\overset{O}{\overset{\|}{C}}-\overset{O}{\overset{\|}{C}}-O^- + HS-CoA \xrightarrow{NAD^+ \rightarrow NADH + H^+} CH_3-\overset{O}{\overset{\|}{C}}-SCoA + CO_2$$

ピルビン酸　補酵素 A　アセチル CoA

酸素はこの特定の反応には必要ないが，NADH を酸化して NAD^+ に戻すために必要である．NAD^+ が適切に供給されなければ，この経路は進行しない．この経路で生成したアセチル CoA は，共通の代謝経路，すなわちクエン酸回路，電子伝達系，酸化的リン酸化に入り，多量の ATP が合成される．

6・4B 乳酸への変換

酸素濃度が低いときには，ピルビン酸は異なる経路に従って代謝されることになる．酸素は，解糖の段階⑥において生成する NADH を酸化し，NAD^+ に戻すために必要である．しかし，NADH を酸化するための十分な酸素がない場合には，細胞は異なる手段で NAD^+ を得なければならない．ピルビン酸の乳酸への変換が，その手段を与える．

ピルビン酸が NADH により還元されると，乳酸と NAD^+ が生成する．得られた NAD^+ は再び解糖の経路に入ることができ，段階⑥において，グリセルアルデヒド 3-リン酸の酸化に用いられる．

NAD^+ は段階⑥で再び解糖に入る

$$CH_3-\overset{O}{\overset{\|}{C}}-\overset{O}{\overset{\|}{C}}-O^- \xrightarrow{NADH + H^+ \rightarrow NAD^+} CH_3-\underset{H}{\underset{|}{\overset{OH}{\overset{|}{C}}}}-\overset{O}{\overset{\|}{C}}-O^-$$

ピルビン酸　乳酸

ヒトが安静にしているときには，細胞の酸素濃度は，好気的酸化によってピルビン酸をアセチル CoA にするために十分である．このため，乳酸の生成は，ミトコンドリアがないため好気的異化の機構をもたない赤血球細胞で定常的に起こるだけである．しかし，激しい運動により多量の ATP が必要になるとき，電子伝達系によって NADH を再酸化するためには細胞の酸素濃度は十分ではない．このとき，解糖を継続させるために NADH を NAD^+ に再酸化することだけを目的として，ピルビン酸が乳酸に還元される．このため，嫌気的条件下では，乳酸がグルコース代謝のおもな生成物となり，グルコース 1 分子当たりわずか 2 分子の ATP が生成する．

嫌気的条件

$$C_6H_{12}O_6 \xrightarrow{2\,ADP \rightarrow 2\,ATP} 2\,CH_3-\underset{H}{\underset{|}{\overset{OH}{\overset{|}{C}}}}-CO_2^-$$

グルコース　乳酸

乳酸の影響

嫌気的代謝によって，筋肉における乳酸の濃度が増大し，それによって痛みやけいれんがひき起こされる．これらの間に，いわゆる"酸素負債"が生じる．激しい活動が終わると，ヒトは深く息を吸込み，過激な運動によって生じた酸素負債を解消させる．すると乳酸はしだいにピルビン酸へと再酸化され，それは再びアセチル CoA へ変換される．それに伴って，筋肉の痛み，疲労，息切れも解消する．

酸素が乏しい組織では，ピルビン酸はアセチル CoA よりも，むしろ乳酸へ変換される．たとえば，心臓まひの際に生じる痛みは，心筋の一部への血液の供給が妨げられたときに生じる乳酸濃度の増大によってひき起こされる（右図）．心臓の組織への酸素供給が不足すると，アセチル CoA ではなく，乳酸を生成するグルコースの嫌気的代謝が起こる．

血液中の乳酸濃度を測定することは，ヒトの病気の進行の程度を評価するために医師が用いる一般的な診断法である．一般に，通常よりも高い乳酸濃度は，いくつかの組織で酸素供給が不十分であることを示している．乳酸濃度は，運動の間に一時的に増大することはあるが，肺疾患，うっ血性心不全，あるいは重篤な感染症などによって，高い値が維持されることがある．

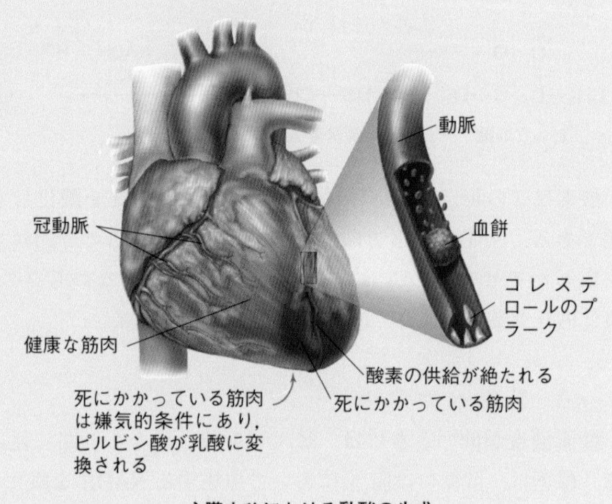

心臓まひにおける乳酸の生成

6・4C　エタノールへの変換

酵母などの微生物では，ピルビン酸はエタノール CH_3CH_2OH と二酸化炭素 CO_2 に変換される．この反応は，ピルビン酸の脱炭酸，すなわち CO_2 の脱離によるアセトアルデヒドの生成と，それに続くエタノールへの還元の二つの段階を経て進行する．

$$\underset{\text{ピルビン酸}}{CH_3-\overset{\overset{O}{\|}}{C}-\overset{\overset{O}{\|}}{C}-O^-} \xrightarrow[\text{ピルビン酸デカルボキシラーゼ}]{} CH_3-\overset{\overset{O}{\|}}{C}-H + CO_2 \xrightarrow[\text{アルコールデヒドロゲナーゼ}]{NADH + H^+ \to NAD^+} \underset{\text{エタノール}}{CH_3CH_2OH}$$

還元の段階で生成した NAD^+ は，解糖の段階⑥における酸化剤として，解糖の経路に入ることができる．この結果，酵母はグルコースを，嫌気的条件下において代謝することができる．すなわち，解糖によってピルビン酸が生成し，それはさらにエタノールと CO_2 へ代謝される．解糖の過程で，2 分子の ATP が生成する．

発酵 fermentation

- グルコースを嫌気的にエタノールと CO_2 へ変換する過程を**発酵**という．

$$\text{発酵}\quad \underset{\text{グルコース}}{C_6H_{12}O_6} \xrightarrow{2\,ADP \to 2\,ATP} \underset{\text{エタノール}}{2\,CH_3CH_2OH} + 2\,CO_2$$

問題 6・6

(a) ピルビン酸のアセチル CoA への変換と，ピルビン酸のエタノールへの変換において，類似している点を説明せよ．

(b) 二つの過程において，異なる点を説明せよ．

飲料と食料品における発酵

ビールやワインなどのアルコール飲料に含まれるエタノールは，糖の発酵によって得られる．この反応はおそらく，最も古い化学合成の例であろう．炭水化物の供給源によって，生成するアルコール飲料の種類が決まる．ブドウに含まれる糖類は発酵によりワインとなり，大麦の麦芽はビールの製造に用いられ，トウモロコシやライムギの炭水化物はウイスキーの原料となる．発酵で生成したエタノールの濃度が約 12% に到達すると，その過程に必要な酵素を提供していた酵母細胞が死に，発酵は停止する．エタノール濃度が 12% 以上のアルコール飲料を得るには，蒸留によってエタノール含有量を増大させなければならない．

発酵は他の食料品の生成にも重要な役割を果たしている．チーズは凝固した牛乳を発酵させることによって製造され，ヨーグルトは新鮮な牛乳を発酵させることによってつくられる．酵母を小麦粉，水，砂糖と混合すると，酵母の酵素によって発酵が起こり，CO_2 が発生して膨らみ，それによってパンがつくられる．

発酵はパン，ビール，チーズなどの製造に重要な役割を果たす．

6・5　グルコースから生成する ATP の収量

グルコース $C_6H_{12}O_6$ の二酸化炭素 CO_2 への完全な異化によって，どのくらいの ATP が生成するであろうか．この質問に答えるためには，次の連続的な経路において生成する ATP 分子の数を考慮しなければならない．

- グルコースの解糖によるピルビン酸 2 分子の生成
- ピルビン酸 2 分子の酸化によるアセチル CoA 2 分子の生成
- クエン酸回路
- 電子伝達系と酸化的リン酸化

いくつの ATP が生成するかを計算するには，反応で直接生成する ATP と，酸化的リン酸化によって還元型補酵素から生成する ATP の両方を考慮しなければならない．

§5・6で学んだように，ミトコンドリアマトリックスで生成した NADH は 1 分子当たり 2.5 分子の ATP を生成するエネルギーを供給し，また $FADH_2$ は 1 分子当たり 1.5 分子の ATP を生成する．これに対して，解糖の過程で得られる NADH は，ミトコンドリアの外側の細胞質で生成する．それはミトコンドリアの膜を透過することはできないが，その電子とエネルギーは他の NADH あるいは $FADH_2$ に伝達され，最終的にそれぞれの NADH に対して 1.5 個あるいは 2.5 個の ATP を生成する．計算を簡単にするために，ここでは一貫して 1 分子の NADH に対して 2.5 個の ATP が生成するとして計算を行う．

最後に，すべての計算では，解糖の段階④において，グルコースが 2 分子の 3 炭素化合物に分裂することも考慮する必要がある．したがって，この段階以降は，それぞれの反応において生成する ATP の量を 2 倍しなければならない．この情報と図 6・5 を参照して，グルコースの完全な異化によって生成する ATP の全収量を求めることができる．

- 解糖によって 2 分子の ATP 分子が生成する．解糖の段階⑥で生成する 2 分子の NADH から，さらに 5 個の ATP が生じる．

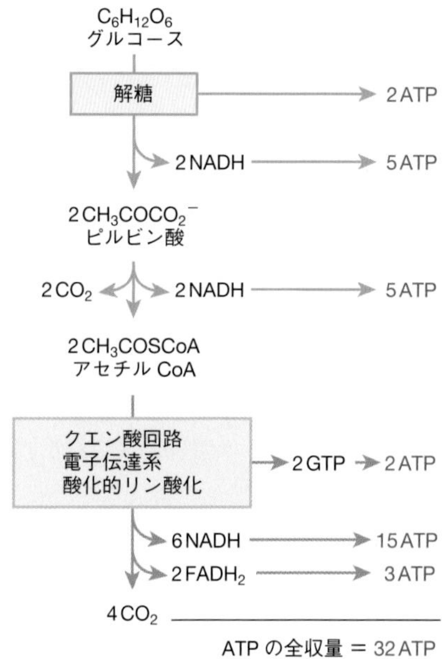

図 6・5　**グルコースの CO_2 への好気的代謝によって生成する ATP の収量．** グルコース 1 分子の完全な異化によって，6 分子の CO_2 と 32 分子の ATP が生成する．

$$\underset{\text{グルコース}}{C_6H_{12}O_6} \longrightarrow \underset{\text{ピルビン酸}}{2CH_3COCO_2^-} + 2ATP + 2NADH$$

2NADH → 2 × (2.5 ATP/NADH) = 5 ATP

- ミトコンドリアにおけるピルビン酸 2 分子のアセチル CoA への酸化によって 2 分子の NADH が生成し，それから 5 個の ATP が生じる．

$$\underset{\text{ピルビン酸}}{2CH_3COCO_2^-} \longrightarrow \underset{\text{アセチル CoA}}{2CH_3COSCoA} + 2CO_2 + 2NADH$$

2NADH → 2 × (2.5 ATP/NADH) = 5 ATP

- クエン酸回路（図 5・7）が 2 分子のアセチル CoA から開始されると，段階⑤で 2 分子の GTP が生成するが，これは 2 分子の ATP とエネルギー的に等価である．生成した 6 分子の NADH と 2 分子の $FADH_2$ から電子伝達系と酸化的リン酸化により，さらに 18 個の ATP が生じる．すなわち，2 分子のアセチル CoA から 20 個の ATP が生成する．

$$\underset{\text{アセチル CoA}}{2CH_3COSCoA} \longrightarrow 4CO_2 + 2GTP + 6NADH + 2FADH_2$$

2GTP → 2ATP
6NADH → 6 × (2.5 ATP/NADH) = 15 ATP
$2FADH_2$ → 2 × (1.5 ATP/$FADH_2$) = 3 ATP

それぞれの経路で生成する ATP を足し合わせることにより，1 分子のグルコースの完全な異化によって，全部で 32 分子の ATP が生成することがわかる．グルコースの代謝によって生成するほとんどの ATP は，クエン酸回路，電子伝達系，酸化的リン酸化の過程に由来している．

グルコースは細胞におけるおもなエネルギー源であり，脳で用いられる唯一のエネルギー源である．身体のエネルギー必要量が少ないときには，グルコースは肝臓と筋肉においてポリマーのグリコーゲンとして貯蔵される．一方，血液中のグルコース濃度（血糖値）が低いときは，グリコーゲンが加水分解され，身体のエネルギー必要量を満たすために血糖値が適切に保持される．

血糖値は2種類のホルモンによって注意深く制御されている．食事の後に血糖値が上昇するときには，**インスリン**がグルコースの細胞への透過を刺激し，代謝が促進される．一方，血糖値が低いときには，**グルカゴン**というホルモンによって，貯蔵されているグリコーゲンのグルコースへの変換が促進される．

インスリン insulin
グルカゴン glucagon

問題 6・7 次のそれぞれの変換によって，何個のATPが生成するか．
(a) グルコース ⟶ 2分子のピルビン酸
(b) ピルビン酸 ⟶ アセチル CoA
(c) グルコース ⟶ 2分子のアセチル CoA
(d) 2分子のアセチル CoA ⟶ 4分子の CO_2

問題 6・8 グルコースが完全に異化される過程において，CO_2 が発生する三つの反応を記せ．

6・6 糖 新 生

これまでにグルコースが二酸化炭素 CO_2 とエネルギーに変換されるしくみを学んだので，さらにグルコースを含むもう一つの代謝過程を考察することができる．

- 乳酸，アミノ酸，グリセロールなど炭水化物でない物質を供給源として，グルコースを合成する過程を**糖新生**という．

糖新生 gluconeogenesis

糖新生では小さい分子からグルコースが合成されるので，糖新生は異化というよりもむしろ同化過程である．糖新生は，身体が利用できるグルコースや貯蔵されたグリコーゲンをいずれも使い切ったときに，肝臓で行われる．このような状況は，激しい運動を継続したときや絶食したときに起こる．

たとえば，激しい運動の結果として筋肉で生成した乳酸は，肝臓に輸送される．そこで乳酸はピルビン酸に酸化され，さらに糖新生によってグルコースに変換される．新たに合成されたグルコースは，エネルギーを得るために利用されるか，あるいはグリコーゲンとして筋肉に蓄えられる．

$$2\,CH_3-\underset{H}{\overset{OH}{C}}-CO_2^- \xrightarrow{\text{酸化}} 2\,CH_3-\overset{O}{\overset{\|}{C}}-CO_2^- \xrightarrow{\text{糖新生}} C_6H_{12}O_6$$

乳酸　　　　ピルビン酸　　　　グルコース

概念的には，糖新生は解糖の逆反応である．すなわち，2分子のピルビン酸が，解糖の過程と同じ中間物質をすべて経由する段階的な過程によって，グルコースに変換される．実際に，糖新生の10段階のうちの7段階は，解糖と同じ酵素が用いられる．しかし，解糖の三つの段階，すなわち段階①,③,⑩では，エネルギー的に糖新生が起こるようにするために，異なる酵素を用いなければならない．結果として，糖新生により，他の物質から新たなグルコース分子を合成するための機構が与えられる．

- 解糖はグルコースをピルビン酸に変換する異化過程である．
- 糖新生はピルビン酸からグルコースを合成する同化過程である．

化合物を筋肉から肝臓へ輸送し，また筋肉へと循環させる経路を，**コリ回路**という．図6・6にコリ回路に含まれる四つの段階を示した．

コリ回路 Cori cycle

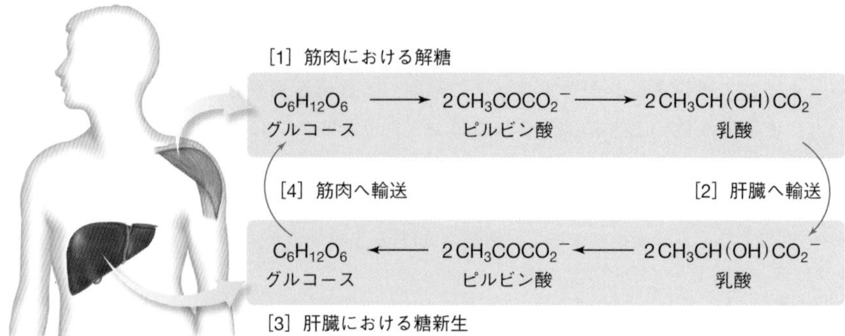

図 6・6　**コリ回路：解糖と糖新生.** コリ回路における段階. [1] 筋肉におけるグルコースの異化によって, ピルビン酸が生成する. 酸素の供給が十分でないときには, ピルビン酸は乳酸に還元される. [2] 乳酸は肝臓に輸送される. [3] 乳酸が酸化されてピルビン酸が生成する. ピルビン酸は 10 段階を経る糖新生の過程により, グルコースに変換される. [4] グルコースは再び筋肉に輸送される.

脳はエネルギー源としてグルコースだけを用いるので, 糖新生は, 食事における炭水化物の含有量が少なく, またグリコーゲンの貯蔵量も少ないときでさえも, 脳へのグルコースの供給を保証する機構である. 炭水化物の摂取量が多いときには, 糖新生は一般に代謝経路として用いられない. 一方, 食事における炭水化物の含有量が少ないときには, 糖新生は, 炭水化物でない物質, すなわち脂質やアミノ酸を必要なグルコースへ変換する重要な過程となる.

問題 6・9　§6・3 で解糖について学んだことに基づいて, 糖新生における次のそれぞれの段階の反応物と生成物を記せ.

(a) 段階①　　(b) 段階③　　(c) 段階⑩

6・7　トリアシルグリセロールの異化

最も一般的な脂質であるトリアシルグリセロールの異化過程の第一段階は, 三つのエステル結合の加水分解である. 加水分解によってグリセロールと脂肪酸が生成し, さらにそれらは別べつの経路で代謝される.

$$\begin{array}{l} CH_2-O-\overset{O}{\overset{\|}{C}}-R \\ \;| \\ CH-O-\overset{O}{\overset{\|}{C}}-R \\ \;| \\ CH_2-O-\overset{O}{\overset{\|}{C}}-R \end{array} + 3\,H_2O \xrightarrow[\text{リパーゼ}]{} \begin{array}{l} \quad CH_2-OH \\ \quad\;| \\ H-C-OH \\ \quad\;| \\ \quad CH_2-OH \end{array} + 3\,HO-\overset{O}{\overset{\|}{C}}-R$$

トリアシルグリセロール　　　グリセロール　　　脂肪酸

6・7A　グリセロールの異化

トリアシルグリセロールの加水分解によって生成したグリセロールは, 2 段階でジヒドロキシアセトンリン酸に変換される. まず, グリセロールが ATP によりリン酸化されてグリセロール 3-リン酸が生成し, さらにそれは NAD^+ によってジヒドロキシアセトンリン酸に酸化される.

$$\underset{\text{グリセロール}}{HOCH_2-CH(OH)-CH_2OH} \xrightarrow[\text{グリセロールキナーゼ}]{ATP \rightarrow ADP} \underset{\text{グリセロール3-リン酸}}{HOCH_2-CH(OH)-CH_2-O-Ⓟ} \xrightarrow[\text{グリセロール-3-リン酸デヒドロゲナーゼ}]{NAD^+ \rightarrow NADH + H^+} \underset{\text{ジヒドロキシアセトンリン酸}}{HOCH_2-C(=O)-CH_2-O-Ⓟ}$$

$$^-O-P(=O)(O^-)- = Ⓟ-$$

解糖および糖新生の中間物質

ジヒドロキシアセトンリン酸は解糖と糖新生の両方の中間物質であるから，生命体のエネルギー必要度に依存して，二つの過程のいずれかに利用される．

問題 6・10 グリセロールの代謝の第一段階であるグリセロールのリン酸化ついて，§6・2で行ったように，官能基，反応剤，酵素の名称を手がかりとして，どのような種類の反応が起こっているかを説明せよ．

6・7B β酸化による脂肪酸の異化

脂肪酸の異化は，2個の炭素原子からなるアセチル CoA 単位が，脂肪酸から連続的に開裂する過程によって進行する．この過程を**β酸化**という．この過程の重要な点は，チオエステル RCOSR′のカルボニル基に対してβ位の炭素が酸化され，α炭素とβ炭素の間で開裂が起こることである．

β酸化 β oxidation

$$-CH_2-CH_2-CH_2-\underset{\beta}{CH_2}-\underset{\alpha}{CH_2}-C(=O)-$$

この炭素が酸化される（β炭素）
これらの炭素原子はアセチル CoA として脱離する
このC−C結合が開裂する

脂肪酸の酸化は，脂肪酸が補酵素Aにより，チオエステルに変換されることから始まる．この過程はエネルギーを必要とする過程であり，そのエネルギーは，ATP の二つの P−O 結合が加水分解されて AMP（アデノシン一リン酸）が生成する反応によって供給される．解糖の開始にエネルギー投資が必要であったことと同様に，脂肪酸の酸化の最初の段階においてもエネルギーの投入が必要となる．

$$\underset{\text{ステアリン酸}}{CH_3(CH_2)_{14}-CH_2-CH_2-C(=O)-OH} + HS-CoA \xrightarrow[\text{アシル CoA シンテターゼ}]{ATP \rightarrow AMP + 2HPO_4^{2-}} \underset{\text{アシル CoA の一種}}{CH_3(CH_2)_{14}-CH_2-CH_2-C(=O)-SCoA}$$

ひとたび生成物の**アシル CoA** がミトコンドリアの内部に生じると，β酸化の過程が開始される．β酸化によって，アシル CoA から2炭素のアセチル CoA 単位を開裂させるためには，四つの段階を必要とする．図6・7には18炭素からなる脂肪酸のステアリン酸について，β酸化の過程を示した．

アシル CoA acyl CoA

段階①では，FAD によってアシル CoA から2個の水素原子が取除かれ，$FADH_2$ が生成するとともに，チオエステルのα炭素とβ炭素の間に二重結合が形成される．段階②では，二重結合に水が付加することにより，カルボニル基のβ炭素上に OH 基が導入される．続く段階③では，OH 基が酸化されてカルボニル基が生成するとともに，酸化剤である NAD^+ が NADH に還元される．最後に段階④において，α炭

図 6・7　脂肪酸の β 酸化. それぞれの反応段階に関与する原子を灰色で標識した.

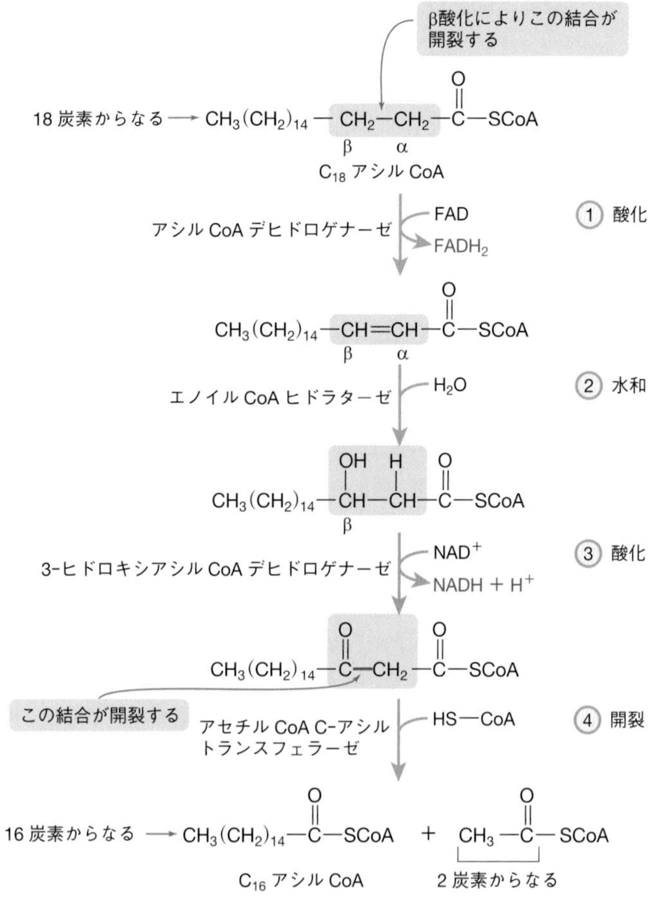

β酸化によりこの結合が開裂する

18 炭素からなる → $CH_3(CH_2)_{14}-CH_2-CH_2-C(=O)-SCoA$（β, α）
C_{18} アシル CoA

アシル CoA デヒドロゲナーゼ（FAD → $FADH_2$）　① 酸化

$CH_3(CH_2)_{14}-CH{=}CH-C(=O)-SCoA$（β, α）

エノイル CoA ヒドラターゼ（H_2O）　② 水和

$CH_3(CH_2)_{14}-CH(OH)-CH(H)-C(=O)-SCoA$（β）

3-ヒドロキシアシル CoA デヒドロゲナーゼ（NAD^+ → $NADH + H^+$）　③ 酸化

$CH_3(CH_2)_{14}-C(=O)-CH_2-C(=O)-SCoA$

この結合が開裂する

アセチル CoA C-アシルトランスフェラーゼ（HS—CoA）　④ 開裂

16 炭素からなる → $CH_3(CH_2)_{14}-C(=O)-SCoA$ + $CH_3-C(=O)-SCoA$
C_{16} アシル CoA　　2 炭素からなる

素と β 炭素の間の結合が開裂し，アセチル CoA と 16 炭素からなるアシル CoA が生成する.

- β 酸化の結果，もとのアシル CoA よりも炭素原子が二つ少ない新たなアシル CoA が生成する.

次の反応式に，一般的なアシル CoA（$RCH_2CH_2COSCoA$）の β 酸化に関与する重要な成分を要約した. 一連の 4 段階過程によって，アセチル CoA, NADH, $FADH_2$ がそれぞれ 1 分子ずつ生成する.

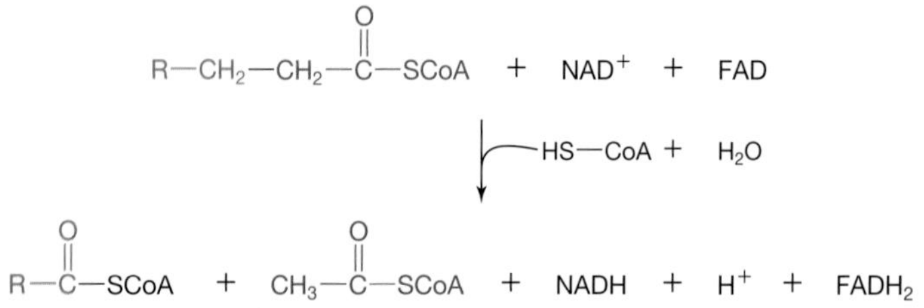

$$R-CH_2-CH_2-C(=O)-SCoA + NAD^+ + FAD$$

$$\downarrow \; HS-CoA + H_2O$$

$$R-C(=O)-SCoA + CH_3-C(=O)-SCoA + NADH + H^+ + FADH_2$$

ひとたび段階④で 16 炭素からなるアシル CoA が生成すると，それは新たな 4 段階の β 酸化過程に対する基質となる. このように，一組の同じ反応が繰返されて基質がだんだんと小さくなる過程を，渦巻経路という. この過程は，4 炭素からなるアシル CoA が開裂して，2 分子のアセチル CoA が生成するまで続く．その結果，次のようになる．

- 18 炭素からなるアシル CoA は開裂して，9 個の 2 炭素からなるアセチル CoA を与える．
- 八つの炭素−炭素結合を開裂させるためには，β 酸化経路を全部で 8 回繰返す必要がある．

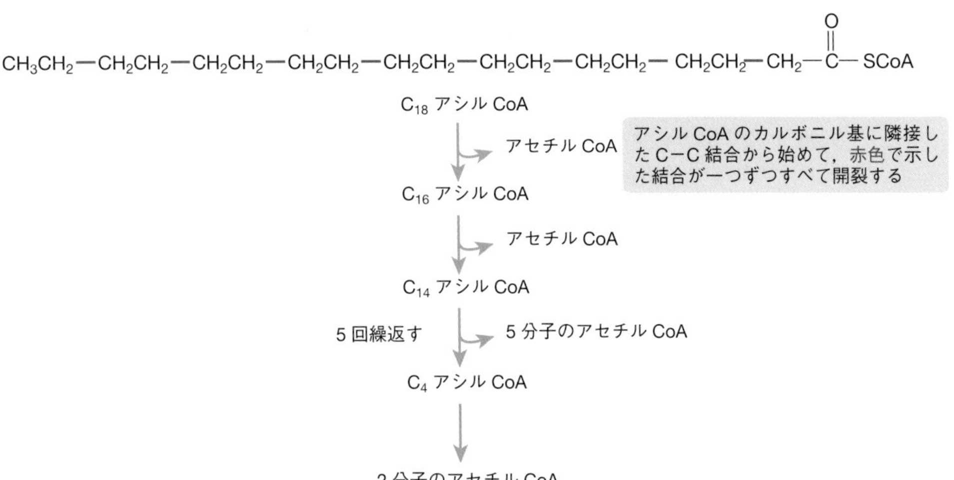

こうして，ステアリン酸に由来するアシル CoA の完全な β 酸化により，次の分子が生成することになる．

- 18 炭素からなる脂肪酸に由来する 9 個の $CH_3COSCoA$
- 8 回の β 酸化で生成した 8 個の NADH
- 8 回の β 酸化で生成した 8 個の $FADH_2$

不飽和脂肪酸の β 酸化は，補助的な段階が付け加わるものの，基本的には同じ様式で進行する．最終的に，もとの脂肪酸のすべての炭素原子は，アセチル CoA の炭素原子となる．

例題 6・3 脂肪酸の β 酸化の結果を推定する

ラウリン酸 $CH_3(CH_2)_{10}CO_2H$ について次の問いに答えよ．

(a) 1 分子のラウリン酸の完全な β 酸化によって，何分子のアセチル CoA が生成するか．

(b) 1 分子のラウリン酸の完全な異化のために，β 酸化経路を何回繰返す必要があるか．

解答 脂肪酸を構成する炭素原子の数によって，生成するアセチル CoA の分子数と，β 酸化を繰返す回数が決まる．

- 生成するアセチル CoA の分子数は，もとの脂肪酸に含まれる炭素原子の数の半分に等しい．
- 最後の回では 2 分子のアセチル CoA が生成するので，β 酸化を繰返す回数は，生成するアセチル CoA の分子数よりも一つ少ない．

(a)，(b) ラウリン酸は 12 個の炭素原子をもつので，β 酸化経路を 5 回繰返すことにより，6 分子のアセチル CoA が生成する．

練習問題 6・3 以下のそれぞれの脂肪酸に対して，次の問い ①，② に答えよ．

① 1 分子の脂肪酸の完全な β 酸化によって，何分子のアセチル CoA が生成するか．

② 1 分子の脂肪酸の完全な異化のために，β 酸化経路を何回繰返す必要があるか．

(a) アラキジン酸（$C_{20}H_{40}O_2$）

(b) パルミトレイン酸（$C_{16}H_{30}O_2$）

6・7C　脂肪酸の異化によって生成するエネルギーの収量

1分子の脂肪酸の完全な異化によって，いくらのエネルギーが，すなわち何分子のATPが生成するだろうか．この量を求めるには，還元型補酵素NADHと$FADH_2$に由来するATP生成，およびβ酸化によって生成するアセチルCoAのみならず，脂肪酸をアセチルCoAに変換するために消費されるATPも考慮しなければならない．脂肪酸から生成するATPの分子数は，次のHow Toに示す段階によって求めることができる．

How To　脂肪酸から生成するATP分子数を決定する方法

例　ステアリン酸$C_{18}H_{36}O_2$の完全な異化によって生成するATPの分子数を求めよ．

段階 1　脂肪酸からアセチルCoAを合成するために必要なATPの量を求める．

- ステアリン酸$C_{17}H_{35}COOH$をアシルCoA（$C_{17}H_{35}COSCoA$）へ変換するためには，二つのP−O結合の加水分解を必要とする．これは，2個のATPが2個のADPへ変換されるときに放出されるエネルギーと等価である．
- したがって，異化の第一段階では2個のATPに等価なエネルギーが消費される．すなわち，生成するATPは−2個である．

段階 2　β酸化によって生成する還元型補酵素から得られるATPを足し合わせる．

- §6・7Bで学んだように，1回のβ酸化過程によって，NADHと$FADH_2$がそれぞれ1分子生成する．ステアリン酸の八つの炭素−炭素結合を開裂するために，β酸化過程を8回繰返す必要がある．したがって，8個のNADHと8個の$FADH_2$が生成する．

$$8\,\text{NADH} \times 2.5\,\text{ATP/NADH} = 20\,\text{ATP}$$
$$8\,\text{FADH}_2 \times 1.5\,\text{ATP/FADH}_2 = 12\,\text{ATP}$$

還元型補酵素から　**32 ATP**

- こうして，還元型補酵素が電子伝達系に入った後に，酸化的リン酸化を経て，32個のATPが生成すると考えられる．

段階 3　1分子のアセチルCoAから生成するATPの量を求め，段階1〜3で得られた結果を足し合わせる．

- §6・7Bで述べたように，ステアリン酸から9分子のアセチルCoAが生成する．それはクエン酸回路に入り，さらに電子伝達系と酸化的リン酸化によってATPが生成する．§5・6で学んだように，1分子のアセチルCoAから10個のATPが得られる．

$$9\,\text{アセチル CoA} \times 10\,\text{ATP/アセチル CoA} = 90\,\text{ATP}$$

- 段階1〜3で得られた値を足し合わせると，求める答えが得られる．

$$(-2) + 32 + 90 = 120\,\text{ATP}$$

ステアリン酸から120個のATPが生成する．

脂肪酸の異化によって生成するエネルギーと，グルコースから生成するエネルギーを比較してみよう．§6・5では，グルコース1分子（あるいは1 mol）から32分子（あるいは32 mol）のATPが生成することを示した．一方，本節のHow Toでは，1分子（あるいは1 mol）のステアリン酸から120分子（あるいは120 mol）のATPが生成することが示された．

これらの値を比較する際には，それぞれの物質の単位質量当たりのATP生成量を比較するのが適当である．この計算を行うためには，グルコースのモル質量（180 g/mol）とステアリン酸のモル質量（284 g/mol）を用いる必要がある．

問題 6・11　アラキジン酸$C_{20}H_{40}O_2$の完全な異化によって生成するATPの分子数を求めよ．

モル質量変換因子

グルコースに対して
$$\frac{32\ \text{ATP}}{\text{グルコース/mol}} \times \frac{1\ \text{mol}}{180\ \text{g}} = \frac{0.18\ \text{mol ATP}}{\text{グルコース 1 g}}$$

ステアリン酸に対して
$$\frac{120\ \text{ATP}}{\text{ステアリン酸/mol}} \times \frac{1\ \text{mol}}{284\ \text{g}} = \frac{0.42\ \text{mol ATP}}{\text{ステアリン酸 1 g}}$$

1 g 当たり 2 倍以上のエネルギー

この計算から，脂肪酸はグルコースよりも，1 g 当たり生成する ATP の物質量として，2 倍以上多くのエネルギーを生成することがわかる．これが，脂質が炭水化物よりも，エネルギーを貯蔵する分子として有効であることの理由である．

ハイイログマは何カ月もの冬眠の間，蓄積した体脂肪を唯一のエネルギー源として用いている．脂肪酸の β 酸化によって，体温を 32〜35 ℃ の一定に保ち，また生命維持に必要な細胞内のすべての過程を機能させるためのエネルギーが供給される．

問題 6・12　分子のエネルギーを比較するもう一つの方法は，その分子に含まれる炭素原子 1 個当たり生成する ATP の分子数を比較することである．次の問いに答えよ．
(a) グルコースが完全に異化されたとき，炭素原子 1 個当たり生成する ATP の分子数を求めよ．
(b) ステアリン酸が完全に異化されたとき，炭素原子 1 個当たり生成する ATP の分子数を求めよ．
(c) これらのデータは，脂質が炭水化物よりもエネルギーを貯蔵する分子として有効であるという事実を支持しているか．それともそれに反しているか．

6・8 ケトン体

身体のエネルギー要求量が多く，炭水化物が供給するエネルギーでは足りない場合には，身体はエネルギー供給を貯蔵されたトリアシルグリセロールの異化に頼り，脂肪酸の β 酸化によってアセチル CoA が生成する．通常は，アセチル CoA はクエン酸回路によって代謝される．しかし，アセチル CoA がクエン酸回路で処理できる量を超えるときには，アセチル CoA はアセト酢酸，3-ヒドロキシ酪酸，アセトンに変換される．これら 3 種類の化合物は，**ケトン体**と総称される．

ケトン体 ketone body

$2\,CH_3-C(=O)-SCoA$（アセチル CoA）$\xrightarrow{\text{数段階}}$ $CH_3-C(=O)-CH_2-C(=O)-O^-$（アセト酢酸）$\xrightarrow{NADH + H^+ \to NAD^+}$ $CH_3-CH(OH)-CH_2-C(=O)-O^-$（3-ヒドロキシ酪酸）

アセト酢酸 $\xrightarrow{-CO_2}$ $CH_3-C(=O)-CH_3$（アセトン）

• アセチル CoA からケトン体が合成される過程を**ケトン体生成**という．

ケトン体生成 ketogenesis

まず 2 分子のアセチル CoA から多段階過程を経て，アセト酢酸が生成する．アセト酢酸は NADH によって 3-ヒドロキシ酪酸に還元されるか，あるいは脱炭酸を起こしアセトンを与える．ケトン体は肝臓で生成し，それらは水と水素結合できる小さい分子なので，血液や尿に容易に溶ける．ひとたびそれらが組織に到達すると，3-ヒドロキシ酪酸とアセト酢酸はアセチル CoA へ再変換され，代謝されてエネルギーを供給する．

問題 6・13　ケトン体の 3 種類の化合物に共通した構造的特徴を記せ．

炭水化物抜きダイエット

炭水化物を減らす食事法は，1990年代にアトキンス博士（Robert Atkins）によって出版された一連のダイエット本によって普及した．そこでは，おもなエネルギー源として身体に貯蔵された脂肪の利用を促進するために，炭水化物の摂取を制限している．脂肪酸代謝の比率が増加すると，その結果として血液中のケトン体の濃度が上昇する．尿中のケトン体の濃度の上昇は，ケトン体試験紙によって検出することができるが，これは身体の代謝機構が，おもなエネルギー源として炭水化物よりも脂肪を用いる機構に切替わったことの指標として利用できる．ある医師は，ケトアシドーシスの危険性を避けるために，ケトン体の濃度を監視することを推奨している．

ケトーシス ketosis

ある状況下，特に飢餓，極端なダイエット，適切に治療されていない糖尿病などにおいて，グルコースが利用できなかったり，エネルギー源として用いるために細胞内へ入ることができないときには，ケトン体が蓄積する．このような状態を**ケトーシス**という．この結果，ケトン体は尿へ排出され，またアセトンの甘いにおいが呼気に検出されることがある．患者にみられる糖尿病の最初の兆候は，尿検査における過剰のケトン体の検出である場合が多い．

ケトアシドーシス ketoacidosis

問題 6・14　ケトン体の生成とアセチル CoA の濃度との関係を説明せよ．

ケトン体の濃度が異常に高いと，3-ヒドロキシ酪酸とアセト酢酸の濃度の増大によって，血液の pH の低下がひき起こされることがある．この症状を**ケトアシドーシス**という．血液における炭酸水素イオン/炭酸緩衝作用によって pH の急激な変化は妨げられるが，pH のわずかな低下であっても，多くの重要な生化学的過程が変化を受けることがある．

6・9 アミノ酸の代謝

胃と小腸でタンパク質が加水分解された後，それぞれのアミノ酸は新しいタンパク質へ再構成されるか，あるいは他の代謝経路における中間物質へと変換される．炭水化物や脂質の供給が尽きたとき，アミノ酸の代謝によってエネルギーが供給される．

概念的にアミノ酸の異化は，二つの部分に分割することができる．一つはアミノ基の代謝経路であり，もう一つは炭素の代謝経路である．図6・8に示すように，アミノ酸の炭素骨格は，ピルビン酸，アセチル CoA あるいはクエン酸回路に関わるさまざまな炭素化合物へと変換される．

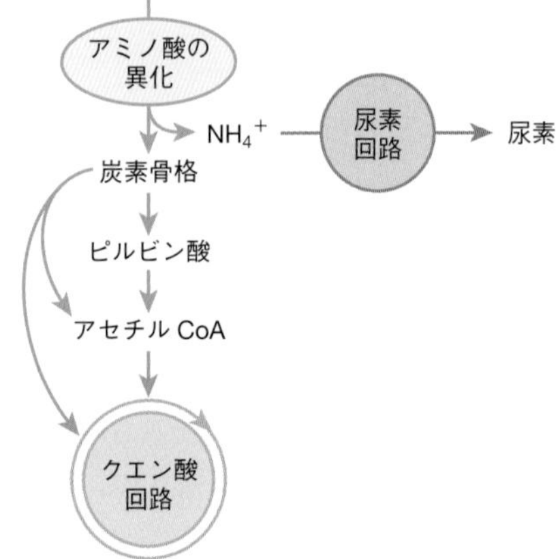

図 6・8　アミノ酸の異化の概要． アミノ酸の分解によって NH_4^+ と炭素骨格が生成する．NH_4^+ は尿素回路に入り，尿素 $(NH_2)_2C{=}O$ を与える．一方，炭素骨格は代謝されて，ピルビン酸，アセチル CoA，あるいはクエン酸回路における中間物質のいずれかを与える．

6・9A アミノ酸の分解: アミノ基の代謝

炭水化物とトリアシルグリセロールの異化では，炭素骨格の酸化だけを扱った．しかし，アミノ酸では，アミノ基 NH_2 もまた代謝されなければならない．アミノ酸の異化は，炭素骨格からアミノ基の除去とアンモニウムイオン NH_4^+ の生成の 2 段階の経路によって開始される．それぞれの過程を**アミノ基転移**，**酸化的脱アミノ**という．

アミノ基転移 transamination
酸化的脱アミノ oxidative deamination

- アミノ酸から 2-オキソ酸（一般に 2-オキソグルタル酸）へアミノ基が移動する反応をアミノ基転移という．

C−H 結合と C−$\overset{+}{N}H_3$ 結合が C=O 結合に置き換わる

$R-CH(\overset{+}{N}H_3)-CO_2^-$（アミノ酸） ＋ $R'-C(=O)-CO_2^-$（2-オキソ酸） —アミノトランスフェラーゼ→ $R-C(=O)-CO_2^-$（2-オキソ酸） ＋ $R'-CH(\overset{+}{N}H_3)-CO_2^-$（アミノ酸）

C=O の結合が C−H 結合と C−$\overset{+}{N}H_3$ 結合に置き換わる

アミノ基転移では，アミノ酸のアミノ基と 2-オキソ酸のカルボニル酸素が交換されて，新たなアミノ酸と新たな 2-オキソ酸が生成する．たとえば，アラニンから 2-オキソグルタル酸へのアミノ基転移によって，ピルビン酸とグルタミン酸イオン，すなわちグルタミン酸が完全にイオン化した化学種が生成する．

$CH_3-CH(\overset{+}{N}H_3)-CO_2^-$（アラニン） ＋ $^-O_2CCH_2CH_2-C(=O)-CO_2^-$（2-オキソグルタル酸） —アミノトランスフェラーゼ→ $CH_3-C(=O)-CO_2^-$（ピルビン酸） ＋ $^-O_2CCH_2CH_2-CH(\overset{+}{N}H_3)-CO_2^-$（グルタミン酸（完全にイオン化した形態））

アミノ酸からアミノ基が除去される

アミノ基転移によって，アミノ酸からアミノ基が除去され，炭素，水素，酸素原子だけを含む炭素骨格が形成される．生成した化合物は，§6・9B で述べるように，さらに他の異化経路に沿って分解される．

例題 6・4 アミノ基転移の生成物を書く

次のアミノ基転移によって生成する化合物の構造式を書け．

$(CH_3)_2CH-CH(\overset{+}{N}H_3)-CO_2^-$（バリン） ＋ $^-O_2CCH_2CH_2-C(=O)-CO_2^-$（2-オキソグルタル酸） —アミノトランスフェラーゼ→

解答 アミノ基転移の生成物を書くには，アミノ酸の C−H 結合と C−NH_3^+ 結合を C=O 結合に変換し，2-オキソ酸を生成させる．

$(CH_3)_2CH-CH(\overset{+}{N}H_3)-CO_2^-$（バリン） ＋ $^-O_2CCH_2CH_2-C(=O)-CO_2^-$（2-オキソグルタル酸） —アミノトランスフェラーゼ→ $(CH_3)_2CH-C(=O)-CO_2^-$（2-オキソ酸） ＋ $^-O_2CCH_2CH_2-CH(\overset{+}{N}H_3)-CO_2^-$（グルタミン酸）

新しい C−$\overset{+}{N}H_3$ 結合

アミノ酸からアミノ基が除去される

（つづく）

練習問題 6・4　次のそれぞれのアミノ酸が，2-オキソグルタル酸とアミノ基転移を行ったときに生成する化合物の構造式を書け．

(a) $HOCH_2-C(H)(\overset{+}{N}H_3)-CO_2^-$ セリン

(b) $CH_3SCH_2CH_2-C(H)(\overset{+}{N}H_3)-CO_2^-$ メチオニン

(c) $HSCH_2-C(H)(\overset{+}{N}H_3)-CO_2^-$ システイン

アミノ基転移によって生成したグルタミン酸は，さらにNAD^+を用いる酸化的脱アミノによって分解される．

- 酸化的脱アミノでは，グルタミン酸のα炭素上のC−H結合と$C-NH_3^+$結合が，C=O結合とアンモニウムイオンNH_4^+に変換される．

$$^-O_2CCH_2CH_2-\underset{\alpha}{C}(H)(\overset{+}{N}H_3)-CO_2^- + H_2O \xrightarrow[\text{グルタミン酸デヒドロゲナーゼ}]{NAD^+ \rightarrow NADH + H^+} {}^-O_2CCH_2CH_2-C(=O)-CO_2^- + NH_4^+$$

グルタミン酸（これらの結合が開裂する）　2-オキソグルタル酸（この生成物は再びアミノ基転移に用いられる）　NH_4^+（尿素回路に入る）

酸化的脱アミノでは，グルタミン酸は2-オキソグルタル酸へ再変換される．生成した2-オキソグルタル酸は他のアミノ酸と再びアミノ基転移を行うことができるので，この循環が繰返される．このように，2-オキソグルタル酸がアミノ酸からアミノ基を除去し，そして第二段階で，そのアミノ基はNH_4^+として失われる．

尿素回路 urea cycle

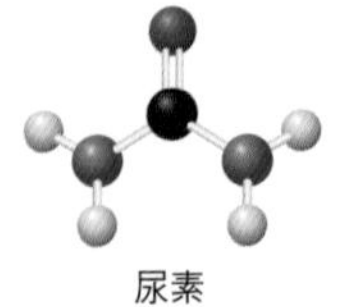

尿素

その後，アンモニウムイオンNH_4^+は**尿素回路**に入り，肝臓において，多段階過程を経て尿素$(NH_2)_2C=O$に変換される．さらに尿素は腎臓に送られ，尿中に排出される．

- アミノ基転移と酸化的脱アミノの全体の結果として，アミノ酸からアミノ基が除去され，アンモニウムイオンNH_4^+が生成する．

$$R-C(H)(\overset{+}{N}H_3)-CO_2^- \xrightarrow[\text{[2] 酸化的脱アミノ}]{\text{[1] アミノ基転移}} R-C(=O)-CO_2^- + NH_4^+$$

アミノ酸　2-オキソ酸

例題 6・5　アミノ基転移と酸化的脱アミノの生成物を書く

ロイシンがアミノ基転移とそれに続く酸化的脱アミノを行ったとき，最終的に生成する化合物の構造式を書け．

$$(CH_3)_2CHCH_2-C(H)(\overset{+}{N}H_3)-CO_2^-$$

ロイシン

（つづく）

解答 二段階の反応で生成する有機化合物を書くには，アミノ酸の α 炭素上の C−H 結合と $C-NH_3^+$ 結合を，C=O 結合で置き換える．同時に，アミノ基から NH_4^+ が生成する．

$$(CH_3)_2CHCH_2-\overset{\overset{+}{N}H_3}{\underset{H}{C}}-CO_2^- \xrightarrow[\text{[2] 酸化的脱アミノ}]{\text{[1] アミノ基転移}} (CH_3)_2CHCH_2-\overset{O}{\overset{\|}{C}}-CO_2^- + NH_4^+$$

（α 炭素）

練習問題 6・5 次のそれぞれのアミノ酸が，アミノ基転移とそれに続く酸化的脱アミノを行ったとき，生成する化合物の構造式を書け．アミノ酸の構造式は表 3・2 を参照せよ．
(a) トレオニン (b) グリシン (c) イソロイシン

6・9B アミノ酸の分解：炭素骨格の代謝

ひとたびアミノ酸から窒素原子が除去されると，それぞれのアミノ酸の炭素骨格はさまざまな経路で異化される．アミノ酸の炭素骨格の代謝には，次のような三つの一般的な経路がある．それらを図 6・9 に示す．

- ピルビン酸 $CH_3COCO_2^-$ への変換
- アセチル CoA（$CH_3COSCoA$）への変換
- クエン酸回路における中間物質への変換

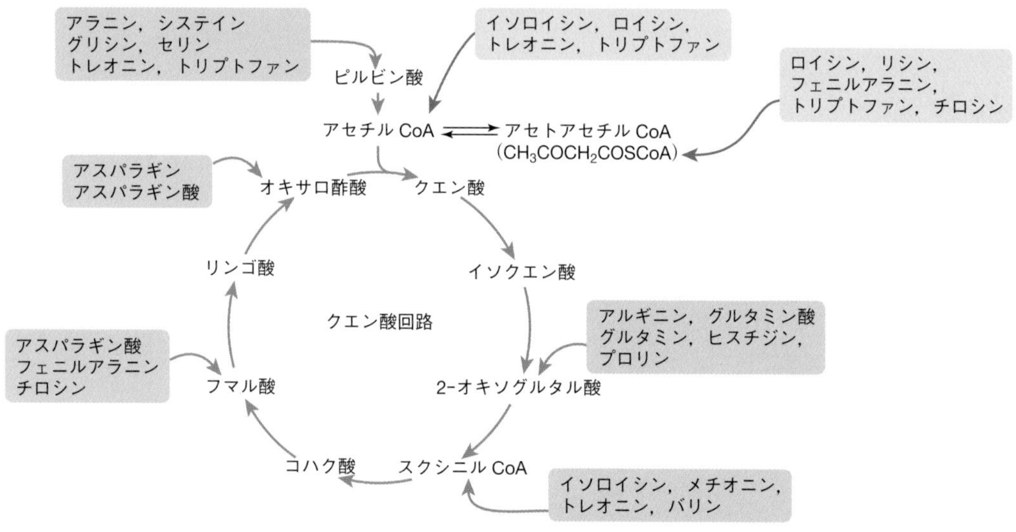

図 6・9 **アミノ酸の異化**．糖原性アミノ酸は青で，またケト原性アミノ酸は灰色で強調されている．図で複数回現れているアミノ酸は，多くの経路によって分解される．

アラニン（§6・9A）などいくつかのアミノ酸は，ピルビン酸へ異化される．ピルビン酸は解糖と糖新生の両方の中間物質であるから，エネルギーを得るために分解されるか，あるいはグルコースの合成に用いられる．アミノ酸の異化を考えるとき，一般にアミノ酸は 2 種類に分類される．

糖原性アミノ酸 glycogenic amino acid

ケト原性アミノ酸 ketogenic amino acid

- ピルビン酸あるいはクエン酸回路における中間物質へ異化されるものを，**糖原性アミノ酸**という．これらのアミノ酸の異化生成物は糖新生の中間物質であるから，糖原性アミノ酸はグルコースの合成に用いることができる．
- アセチル CoA や関連するチオエステルであるアセトアセチル CoA（$CH_3COCH_2COSCoA$）へ変換されるものを，**ケト原性アミノ酸**という．これらのアミノ酸の異化生成物はグルコースの合成に用いることはできないが，ケトン体に変換できるので，ケトン体を経由してエネルギーを与えることができる．

それぞれのアミノ酸の炭素骨格が，他の化合物へ変換される特定の経路については，本書では扱わない．図 6・9 はそれぞれのアミノ酸が，すでに説明した代謝経路に流れ込む位置を示している．

問題 6・15　次のそれぞれのアミノ酸の異化において，その炭素骨格から生成する代謝中間物質の名称を記せ．
(a) システイン　(b) アスパラギン酸　(c) バリン　(d) トレオニン

掲 載 図 出 典

1 章

章頭図 ©Vachira Sat/Shutterstock.com，p.5 欄外 ©tono-balaguer/123RF.com，p.6 上から ©wildestanimal/Shutterstock.com，©Daniel C. Smith，©Dmytro Smaglov/Fotolia，USDA, ARS, National Arid Land Plant Genetic Resources Unit，図 1・1 ©McGraw-Hill Education/Jill Braaten, photographer，図 1・2 ©McGraw-Hill Education/Dennis Strete, photographer，p.14 左から ©MaraZe/Shutterstock.com，©Sergiy Kuzmin/Shutterstock.com，p.22 欄外 ©aaltair/Shutterstock.com，図 1・9 Ed Reschke/Getty images

2 章

章頭図 ©indigolotos/123RF.com，p.32 欄外 ©Daniel C. Smith，p.34 欄外 ©Digital Vision/Alamy，p.37 欄外 ©Andrey_Popov/Shutterstock.com，p.46 コラム図 ©McGraw-Hill Education/Jill Braaten, photographer，p.50 コラム図 ©Daniel C. Smith，図 2・2 ©Biophoto Associates/Science Source，p.52 欄外上から ©Daniel C. Smith，©StarchTech, Inc.，図 2・3 左から Felicia Varzari on Unsplash，©Frolova_Elena/Shutterstock.com，p.54 ©Dennis Kunkel Microscopy, Inc./Science Source

3 章

章頭図 ©McGraw-Hill Education/Jill Braaten, photographer, p.60 欄外 ©gowithstock/Shutterstock.com，p.72 欄外 ©Usanee Hirata/123RF.com，図 3・11 ©McGraw-Hill Education/Suzi Ross, photographer，p.76 欄外 ©Daniel C. Smith，p.77 欄外 ©Eye of Science/Science Source，p.79 欄外 ©McGraw-Hill Education/Jill Braaten, photographer，p.80 欄外 ©Daniel C. Smith，p.82 欄外 ©McGraw-Hill Education/David Moyer, photographer

4 章

章頭図 ©Daniel C. Smith， 図 4・2a ©molekuul/123RF.com，図 4・6b ©Kenneth Eward/Science Source，p.113 欄外 ©design56/123RF.com，p.116 コラム図 Courtesy Genelex Corp., www.genelex.com，p.117 欄外 ©McGraw-Hill Education/Jill Braaten, photographer

5 章

章頭図 ©fsstock /123RF.com, p.131 欄外 ©McGraw-Hill Education/Jill Braaten, photographer，p.133 欄外 ©Spayder pauk_79/Shutterstock.com，p.141 コラム図 ©Gabriel Leboff/Shutterstock.com

6 章

章頭図 ©monticello/123RF.com，p.153 コラム図 ©Zanna Pesnina/Shutterstock.com，p.161 欄外 ©Daniel C. Smith

索　　引

あ　行

アクチン　58
アコニターゼ　135
アジドチミジン　118
アシル CoA　157
アスパラギン　59
アスパラギン酸　59
アスパルテーム　49
アスピリン　29
アセタール　32, 46
N-アセチル-D-ガラクトサミン　56
N-アセチル-D-グルコサミン　54, 56
アセチル CoA　122, 132, 151
アセチルコリン　89
アセチル補酵素 A → アセチル CoA
アセト酢酸　161
アセトン　161
アデニン　92
アデノシン 5′-三リン酸 → ATP
アデノシン 5′-二リン酸 → ADP
アトルバスタチン　24
アナボリックステロイド　25
アノマー　38
アノマー炭素　38
油　8, 10
アミグダリン　141
アミド結合　57, 63
アミノ基転移　163
アミノ酸　57, 58, 143
——の異化　165
——の酸性と塩基性　61
——の代謝　162
アミノ酸残基　63
アミノ糖　54
アミノトランスフェラーゼ　81
アミラーゼ　121
アミロース　53
アミロペクチン　53
アラキジン酸　4
アラキドン酸　4, 28
アラニン　59
rRNA　103
RNA　91, 103
アルギニン　59
アルジトール　43
アルドース　33
アルドステロン　25
アルドラーゼ　147
アルドン酸　44
α アノマー　38
α-アミノ酸　58
α グリコシド　47
α1→4 グリコシド結合　47
α ケラチン　75
α ヘリックス　69
アロステリック酵素　87
アロステリック制御　87
アンギオテンシン変換酵素阻害剤　90
アンチコドン　104, 107
アンチコドンアーム　104
アンチコドンステム → アンチコドンアーム
アンドステロン　26
アンドロゲン　25
アンドロステロン　25
アンプレナビル　90

異　化　119, 121
アミノ酸の——　165
グリセロールの——　156
脂肪酸の——　157
トリアシルグリセロールの——　156
鋳型鎖　104
異性化　82
異性化酵素　82
イソクエン酸　134, 135
イソクエン酸デヒドロゲナーゼ　135
イソメラーゼ → 異性化酵素
イソロイシン　59
一次構造
タンパク質の——　69
ポリヌクレオチドの——　98
一不飽和トリアシルグリセロール　7
遺伝暗号　106
遺伝子　92
遺伝子工学　112
遺伝病　112
イブプロフェン　29
インスリン　37, 58, 73, 74, 155

ウイルス　117
ウラシル　92

エイコサノイド　28
AIDS　90, 118
ACE 阻害剤 → アンギオテンシン変換酵素阻害剤
エストラジオール　25
エストロゲン　24
エストロン　25
AZT → アジドチミジン
エタノール　152
HIV　90, 118
HIV プロテアーゼ阻害剤　90
A-T 塩基対　99
ATP　95, 123
ADP　95, 123
ATP 合成酵素　138, 139
エナンチオマー　34, 60
NAD^+　81, 123, 129
NADH　81, 129
N 末端アミノ酸　64
エネルギー生成段階　146
エネルギー投資段階　146
エノラーゼ　148
FAD　123, 131
$FADH_2$　131
mRNA　103
L-アミノ酸　61
L　糖　35
塩基性アミノ酸　60
塩基対　99
エンケファリン　66
エンドルフィン　67

黄体ホルモン → プロゲスチン
オキサロ酢酸　135, 136
オキシダーゼ → 酸化酵素
オキシトシン　67
オキシドレダクターゼ → 酸化還元酵素
2-オキソグルタル酸　134, 135, 163
2-オキソグルタル酸デヒドロゲナーゼ　135
ω-n 脂肪酸　4
オリゴ糖　50
オルガネラ → 細胞小器官
オレイン酸　4
オレイン酸ナトリウム　14

か　行

壊血病　76
開　始　108
解　糖　145, 149
鍵と鍵穴モデル　85
可逆的阻害剤　88
核　酸　91, 96
加水分解
タンパク質の——　78
トリアシルグリセロールの——　11
加水分解酵素　82
加水分解性脂質　2
カタラーゼ　80
活性部位　85
ガドレイン酸　5
カプトプリル　90
鎌状赤血球症　77
ガラクトース　37, 150
D-ガラクトース　56
ガラクトース血症　37, 150
カルボキシペプチダーゼ A　80
カルボキシラーゼ　83
カロテン　2
カロリー　3
還　元　129
還元酵素　81
還元剤　129
還元糖　44
がん細胞　149
環状代謝経路　120

気管支喘息　30
キシリトール　43
キチン　55
キナーゼ　81, 143
キモトリプシン　121
逆転写　118
球状タンパク質　75
競合阻害　88
共役反応　125
局所伝達物質　28
極性頭部　14, 20
キラル中心　34, 60

グアニン　92
グアノシン 5′-三リン酸 → GTP
グアノシン 5′-二リン酸 → GDP
クエン酸　134
クエン酸回路　123, 133
組換え DNA　112
クモの糸　71
グリコーゲン　51, 53, 154
グリコサミノグリカン　54
グリコシド結合　46
グリシン　58, 59
グリセルアルデヒド　33, 34
グリセルアルデヒド 3-リン酸　147
グリセルアルデヒド-3-リン酸デヒドロゲナーゼ　148

グリセロリン脂質　15, 19
グリセロール　7
　——の異化　156
クリック（Francis Crick）　98
グルカゴン　155
D-グルクロン酸　54
D-グルコサミン　54, 55
グルコース　31, 33, 35, 37, 46, 145, 146, 153, 155
　——の環状形　39
グルコースオキシダーゼ　46
グルコース 6-リン酸　146
グルコース-6-リン酸イソメラーゼ　146
グルコン酸　44, 46
グルシトール　43
グルタミン　59
グルタミン酸　59
クレアチン　128
クレアチンリン酸　128
クレブス回路 → クエン酸回路
クロマチン　101
クローン　114

鯨ろう　6
血液型　56
欠失突然変異　110
血清コレステロール　10, 22
血糖値　37, 46, 154
ケトアシドーシス　162
ケト原性アミノ酸　166
ケトーシス　162
ケトース　33
ケトン体　161
ケファリン　16
ケラチン　58, 75
ゲル電気泳動　116
嫌気的　145
嫌気的反応　128

コイルドコイル　75
高エネルギー分子　124
好気呼吸　137
好気的　139
好気的反応　128
光合成　32
酵　素　80, 85
構造異性体　33
酵素-基質複合体　85
酵素前駆体　89
酵素阻害剤　88
後天性免疫不全症候群　90, 118
高密度リポタンパク質（HDL）　23
抗利尿ホルモン → バソプレッシン
呼吸鎖　137
コドン　106
コハク酸　134, 135
コハク酸デヒドロゲナーゼ　135
5′ 末端　96
コラーゲン　58, 75
コリ回路　155
コルチゾール　26
コルチゾン　26
コレステロール　1, 22
混合トリアシルグリセロール　7
コンドロイチン硫酸　54

さ　行

細　胞　19
細胞質　19, 120
細胞小器官　120
細胞膜　19
サイレント突然変異　111
サッカリン　49
サブユニット　74
サーマルサイクラー　115
サリン　89
酸　化　129
酸化還元酵素　81
酸化酵素　81
酸化剤　129
酸化的脱アミノ　163
酸化的リン酸化　123, 137, 139
三次構造（タンパク質）　72
三重らせん　75
酸性アミノ酸　60
酸素負債　152
3′ 末端　96

シアン化水素　141
C-G 塩基対　99
脂　質　1, 143
脂質二重層　20
脂質二重膜 → 脂質二重層
システイン　59
ジスルフィド結合　68, 72
シチジン　93
GTP　125, 135
GDP　125
ジデオキシイノシン　118
シトシン　92
ジノプロストン　29
ジヒドロキシアセトン　33
ジヒドロキシアセトンリン酸　147, 156
ジペプチド　63
脂　肪　8, 10
脂肪細胞　12
脂肪酸　3, 143
　——の異化　157
C 末端アミノ酸　64
終　結　108, 109
終止コドン　107, 109
受容ステム　104
消　化　121
脂溶性ビタミン　26
女性ホルモン　24
ショ糖 → スクロース
ジロートン　30
神経ペプチド　66
人工甘味料　49
親水性　3
新生児スクリーニング　115
シンターゼ　82
伸　長　108, 109
シンバスタチン　24

髄鞘 → ミエリン鞘
スクシニル CoA　134, 135
スクラロース　49
スクロース　50
スタチン　24
スタノゾロール　25
スタール（Franklin Stahl）　102
ステアリン酸　4
ステアリン酸ナトリウム　14
ステロイド　22
スフィンゴシン　17
スフィンゴミエリン　18
スフィンゴリン脂質　15, 17, 19
スルファニルアミド　88

制御物質　87
制限酵素　113
正のアロステリック制御　87
性ホルモン　24
セッケン　14
セリン　59
セルロース　51
セレコキシブ　29
繊維状タンパク質　75
線状代謝経路　120
染色体　91, 101
先天性代謝異常検査　115

双性イオン　60
挿入突然変異　110
相補的塩基対　99
阻害剤　88
側　鎖　58
促進輸送　21
疎水性　3
ソルビトール　2, 43

た　行

代　謝　119
　アミノ酸の——　162
　トリアシルグリセロールの——　12
代謝経路　119
Taq ポリメラーゼ　115
脱水酵素　82
脱水素酵素　81
脱炭酸　134
脱炭酸酵素　82
多　糖　32, 51
多発性硬化症　18
多不飽和トリアシルグリセロール　7
単純トリアシルグリセロール　7
炭水化物　31, 142
男性ホルモン　25
単糖　31, 33
　——の還元と酸化　43
　——の環状形　38
タンパク質　57, 63, 69, 75
　——の加水分解と変性　78
タンパク質合成　107

チオエステル　132
チミン　92
チモーゲン → 酵素前駆体
中性アミノ酸　60
チロシン　59

D-アミノ酸　61
tRNA　104
DHA　5
DNA　91, 98
DNA 指紋鑑定法　116
ddI → ジデオキシイノシン
D　糖　35
低密度リポタンパク質（LDL）　23
デオキシアデノシン　93
デオキシリボ核酸 → DNA
D-2-デオキシリボース　92
デオキシリボヌクレオチド　94
デカルボキシラーゼ → 脱炭酸酵素
デキストロース → グルコース
デザイナーステロイド　25
テストステロン　25
テトラヒドロゲストリノン　25
テトロース　33
デヒドラターゼ → 脱水酵素
デヒドロゲナーゼ → 脱水素酵素
転移 RNA　104
転移酵素　81
電子伝達系　123, 137, 138
　ミトコンドリアにおける——　138
転　写　101, 104
点突然変異　110
デンプン　32, 51, 52

糖　31
糖アルコール　43
同　化　119
糖原性アミノ酸　166
糖脂質　20
糖新生　155
糖タンパク質　20
等電点　62
4, 7, 10, 13, 16, 19-ドコサヘキサエン酸 → DHA
突然変異　110
トランス形トリアシルグリセロール　10
トランス脂肪　11
トランスフェラーゼ → 転移酵素
トリアシルグリセロール　1, 7, 19
　——の異化　156
　——の加水分解　11
　——の代謝　12
トリオース　33
トリオースリン酸イソメラーゼ　147
トリカルボン酸回路 → クエン酸回路
トリグリセリド → トリアシルグリセロール

トリプシン 121
トリプトファン 59
トリペプチド 63
トレオニン 59

な 行

ナンドロロン 25

ニコチンアミドアデニンジヌクレオチド → NAD
二次構造（タンパク質） 69
二重らせん 98
二 糖 32, 46
乳 酸 151, 152, 155
乳酸デヒドロゲナーゼ 80
乳糖 → ラクトース
乳糖不耐症 47
尿素回路 164

ヌクレアーゼ 82
ヌクレオシド 92
ヌクレオソーム 100
ヌクレオチド 91, 94

能動輸送 22
嚢胞性線維症 112
嚢胞性線維症膜貫通調節タンパク質 112

は 行

バイオ燃料 13
麦芽糖 → マルトース
ハース投影式 40
バソプレッシン 68
発 酵 152, 153
パパイン 82
パーム油 9
バリン 59
バルデコキシブ 29
パルミチン酸 3, 4
パルミチン酸セチル 6
パルミチン酸ミリシル 6
パルミトレイン酸 4
パントテン酸 133
万能給血者 56
万能受血者 56
半保存的複製 101

ヒアルロン酸 54
非鋳型鎖 104
非加水分解性脂質 3
非還元糖 44
非競合阻害 88
PCR 114
ヒスチジン 59
非ステロイド性抗炎症薬 29
ヒストン 100
1,3-ビスホスホグリセリン酸 148
ビタミン 26
ビタミンA 27
ビタミンB_2 → リボフラビン
ビタミンB_5 → パントテン酸
ビタミンC 76
ビタミンD 27
ビタミンE 1, 27
ビタミンK 27
必須アミノ酸 60
必須脂肪酸 4
ヒトゲノム 100
ヒトゲノム計画 115
ヒト母乳オリゴ糖 50
ヒト免疫不全ウイルス 90, 118
3-ヒドロキシ酪酸 161
ヒドロラーゼ → 加水分解酵素
非表現突然変異 → サイレント突然変異
ピリミジン 92
ピルビン酸 150
ピルビン酸キナーゼ 148

フィッシャー投影式 35, 60
フェニルアラニン 59
フェリチン 58
不可逆的阻害剤 88
複合体Ⅰ, Ⅱ, Ⅲ, Ⅳ 138
複合タンパク質 76
副腎皮質ホルモン 24
複 製 101
複製バブル 102
複製フォーク 102
L-フコース 56
付着末端 114
ブドウ糖 → グルコース
負のアロステリック制御 87
不飽和脂肪酸 4
不飽和トリアシルグリセロール 9, 10
フマラーゼ 82
フマル酸 134, 135
プライマー 114
プラーク 23
プラスミド 113
フラビンアデニンジヌクレオチド → FAD
プリン 92
フルクトース 31, 37, 150
——の環状形 42
フルクトース 1,6-ビスリン酸 146, 147
フルクトース 6-リン酸 146
プレドニソン 26
プロゲスチン 24
プロゲステロン 25
プロスタグランジン 28
プロテアーゼ 82, 121
プロリン 59

ヘキソキナーゼ 146
ヘキソース 33
βアノマー 38
β-カロテン 2
β-グリコシダーゼ 52
βグリコシド 47
β1→4グリコシド結合 47
β 鎖 70
β酸化 157
βシート 70
ペニシリン 88
ベネディクト試薬 44
ヘパリン 54
ペプシン 121
ペプチド 63, 66
ペプチド結合 63
ペプチドホルモン 67
ヘミアセタール 32, 38
ヘ ム 76
ヘモグロビン 58, 74, 77
変異原 110
変 性 79
変旋光 40
ペントース 33

補因子 81
飽和脂肪酸 4
飽和トリアシルグリセロール 8, 10
補酵素 81, 129
補酵素A 132
ホスファチジルエタノールアミン 16
ホスファチジルコリン 16
ホスホエノールピルビン酸 126, 148
2-ホスホグリセリン酸 148
3-ホスホグリセリン酸 148
ホスホグリセリン酸キナーゼ 148
ホスホグリセリン酸ムターゼ 148
ホスホクレアチン → クレアチンリン酸
ホスホジエステル結合 96
6-ホスホフルクトキナーゼ 146
ホスホリン脂質 → グリセロリン脂質
ポリヌクレオチド 97
ポリペプチド 63
ポリメラーゼ連鎖反応 114
ホルミル基 43
ホルモン 24
翻 訳 101, 107

ま 行

膜間腔 120
膜内在性タンパク質 20
膜表在性タンパク質 20
マルトース 48
マンノース 40, 150

ミエリン鞘 18
ミオグロビン 58, 76
ミオシン 58
ミソプロストール 29
蜜ろう 6
ミトコンドリア 120
——における電子伝達系 138
ミトコンドリアマトリックス 120
ミリスチン酸 4

無極性尾部 14, 20
無機リン酸 124

メセルソン（Matthew Meselson） 102
メチオニン 59
メッセンジャーRNA 103

や〜わ

ヤシ油 9, 13

誘導適合モデル 85

四次構造（タンパク質） 74

ラウリン酸 4
ラギング鎖 103
ラクトース 32, 47
卵胞ホルモン → エストロゲン

リアーゼ 82
リガーゼ 83
リシン 59
リゾチーム 72
リーディング鎖 103
リノール酸 4
リノレン酸 4
リパーゼ 13, 82, 121, 156
リボ核酸 → RNA
D-リボース 92
リボソームRNA 103
リポタンパク質 22
リボヌクレオチド 94
リボフラビン 131
リボン図 71
両性イオン → 双性イオン
リンゴ酸 134, 135
リン酸 15
リン酸化 124, 137
リン酸ジエステル 15
リン脂質 15

レシチン 16
レダクターゼ → 還元酵素
レトロウイルス 118

ロイコトリエン 28, 30
ロイシン 59
ろ う 5
ロテノン 139
ロフェコキシブ 29
ロンドンの分散力 20

ワクチン 117
ワトソン（James Watson） 98

村田　滋（むらた しげる）
1956年 長野県に生まれる
1979年 東京大学理学部 卒
1981年 東京大学大学院理学系研究科修士課程 修了
現 東京大学大学院総合文化研究科 教授
専門 有機光化学，有機反応化学
理学博士

第1版第1刷 2021年11月30日 発行

スミス 基礎生化学（原著第4版）

訳　者　村　田　滋
発行者　住　田　六　連
発　行　株式会社 東京化学同人
東京都文京区千石3丁目36-7（〒112-0011）
電話 (03)3946-5311・FAX (03)3946-5317
URL: http://www.tkd-pbl.com/

印刷・製本　日本ハイコム株式会社

ISBN978-4-8079-2015-0
Printed in Japan